SCÈNES DE LA NATURE

DANS

LES ÉTATS-UNIS

ET

LE NORD DE L'AMÉRIQUE

TOME PREMIER

Au dépôt des publications de la librairie P. BERTRAND *chez* MM. TREUTTEL *et* WÜRTZ, *à Strasbourg.*

Paris. — Imprimerie de L. MARTINET, rue Mignon, 2.

SCÈNES DE LA NATURE

DANS

LES ÉTATS-UNIS

ET

LE NORD DE L'AMÉRIQUE

OUVRAGE TRADUIT D'AUDUBON

PAR

EUGÈNE BAZIN

AVEC PRÉFACE ET NOTES DU TRADUCTEUR

« Genuine poetry, like gold, loses little when properly transfused. »

(MACPHERSON.)

TOME PREMIER

PARIS

P. BERTRAND, LIBRAIRE-ÉDITEUR

RUE DE L'ARBRE-SEC, 22

1857

AU PRINCE

CHARLES-LUCIEN BONAPARTE

Hommage de reconnaissance et de profond respect,

EUGÈNE BAZIN.

PRÉFACE DU TRADUCTEUR.

Issu d'une ancienne famille française, l'auteur que nous venons présenter au public français, AUDUBON, encore peu connu parmi nous, n'en est pas moins l'un des plus brillants, des plus substantiels écrivains dont puisse s'enorgueillir toute nation, et particulièrement l'Amérique; l'Amérique, par qui ses ancêtres furent adoptés, qui l'a inspiré, pour laquelle il travailla, et qui se devait de l'adopter plus solennellement lui-même, en lui offrant le patronage dont il avait tant de besoin, et en disputant à tout autre l'honneur d'éditer ses œuvres.

Si audacieux quand il s'agit de commerce et d'industrie; si chaleureux et si prodigue pour des artistes appelés du dehors, et dont, au reste, nous ne prétendons pas méconnaître le talent, le peuple de Washington ne pouvait-il cependant risquer quelques dollars lorsqu'il s'agissait à ce point de sa dignité et de sa propre gloire?

Après de vains efforts pour se faire publier aux États-Unis, après s'être entendu dire à Philadelphie, on devine avec quel serrement de cœur, que jamais ses dessins ne trouveraient de graveur, c'est à l'Angleterre, jugée plus hospitalière et plus capable, que l'étranger, plein d'angoisse et doutant de soi-même, se décide enfin à apporter son trésor, et à confier l'espoir de sa renommée. Disons-le tout de suite, en l'accueillant comme un frère (*received me as a brother*), l'Angleterre a répondu d'une manière digne d'elle et de lui, et peut noblement revendiquer sa part d'une entreprise gigantesque, et tout simplement immortelle.

Cinq gros volumes de texte, illustrés par quatre cents planches, où les figures, de dimensions naturelles et d'un coloris achevé, sont représentées chacune dans l'attitude propre à ses mœurs, et même avec l'encadrement harmonique du ciel, de la terre et des eaux; voilà pour l'exécution typographique et l'iconographie, en rapport de tout point avec la valeur intrinsèque de l'ouvrage. Ainsi Cuvier a pu dire que c'était le plus beau monument que la science eût encore élevé à la nature. En ferons-nous mieux comprendre la valeur, si nous ajoutons que chaque exemplaire coûte de trois à quatre mille francs!

Cette dernière considération suffit à expliquer comment une publication de cette importance se trouve jusqu'à présent si peu répandue. S'efforcer de populariser de tels travaux, n'est-ce pas, en quelque sorte, s'acquitter d'une dette envers le pays? Trop longtemps, en France, Newton lui-même ne rencontra que de rares appréciateurs, ou plutôt resta généralement ignoré! Or, nous sommes ici devant un nom auquel, avec ou sans notre concours, doit tôt ou tard s'attacher un grand éclat, et que nous voudrions voir, dès maintenant, entouré chez nous d'un juste hommage.

Toutefois nous ne nous présentons point avec une traduction de l'ouvrage dans son entier. Son mode de composition en tableaux complétement détachés, étrangers à tout arrangement systématique, l'espèce d'avertissement qu'Audubon lui-même nous donne dans son introduction, nous autorisaient d'avance à considérer un choix, non-seulement comme facile, mais comme avantageux. Voici donc ce que nous avons cru devoir faire : en intercalant des descriptions plus spécialement scientifiques, avec des scènes de mœurs prises sur le fait, dans les parties encore à demi sauvages du vaste territoire de l'Union, nous avons voulu composer un ensemble, ou mieux peut-être une succession de lectures d'un intérêt varié et saisissant, dans lesquelles s'unît à la vraie science le goût du beau et du bon, et d'où pussent ressortir, en pleine lumière, toutes les qualités de notre auteur.

En quelques mots résumons-les :

Dévouement absolu à la mission qu'il déclare lui-même lui avoir été départie par Dieu. Jamais, en effet, vocation ne fut plus manifeste et plus héroïquement accomplie. Tout enfant encore, un irrésistible instinct, ou plutôt une sorte de frénésie, l'entraîne déjà vers ces êtres, ces objets, ces représentations de la nature inanimée ou vivante, à l'étude de laquelle il consacrera bientôt des années entières d'un labeur sans relâche, mais payé, comme il nous l'apprend, par de bien pures et de bien vives jouissances.

Et aussi que de fraîcheur et que de grâce; quelle abondance, quelle richesse de facultés, lorsqu'il prend, soit le pinceau, soit la plume, pour nous peindre tant de merveilleuses scènes, charme de son cœur et de ses yeux !

Cet enthousiasme, on le comprend, on le partage, chaque fois qu'il nous met, avec lui, en face de la nature, de cette nature qui est celle du nouveau monde. Il faut l'entendre : comme il s'identifie avec elle ! quel ravissement de tout son être, quel amour !... Nous eussions dit quelle adoration, si, à travers cette nature même, et plus haut qu'elle, son hommage n'allait toujours expressément chercher et glorifier le Créateur.

Il s'agit ici d'un protestant : or, pourquoi ne pas le dire ? Au XVIe siècle, comme de nos jours (1), cette vue nette et ferme qui, sans se laisser entraîner aux illusions du panthéisme ou du déisme, n'aperçoit que Dieu, seul agissant, et par sa providence éternellement présent dans la grande œuvre des six jours; cette conviction, fruit d'idées religieuses solides et éclairées, se remarque à un haut degré chez ces hommes rendant un culte fervent à la nature, mais que l'intelligence de la Bible, ce *livre des livres*, ainsi qu'Audubon l'appelle, a, comme lui, nourris et dirigés dès leurs premiers pas.

D'un autre côté, ne craignez point que son âme, profondément contemplative, se perde jamais dans le vague de la rêverie, ni dans l'infini des descriptions qui, si larges et hardies qu'elles puissent être, ne cessent pas pour cela de rester exactes et vraies. C'est qu'observateur expérimenté autant que fécond, à la puissance de l'imagination, à l'ampleur et à la magnificence des formes, il allie cette précision, cette réalité, cette solidité du fond, valeur inestimable que les progrès de la science moderne permettent d'ajouter aux plus brillants tableaux.

Il a vu, il sait et il sent, voilà tout le secret de son

(1) Voyez les Œuvres de Bernard Palissy.

génie; il a cherché la nature dans ses sanctuaires : la montagne, la forêt, le rivage, ont été tour à tour l'objet de son étude; là surtout, et à la source même, il a bu l'onde pure de la connaissance et de la vérité.

Au milieu de ses courses lointaines, au sein des vastes solitudes, il se complaît parfois à s'entourer de jeunes adeptes, passionnés comme lui, pour les fleurs, les grands bois et leurs innombrables habitants. C'est à son exemple et sous ses yeux qu'ils apprennent à s'initier à cette vie de liberté, d'enchantements et de périls, et à goûter toutes les beautés d'un spectacle véritablement incomparable.

Nous n'exprimons qu'un vœu, en terminant, c'est qu'aujourd'hui, parmi eux, les leçons du maître aient pu faire école, si toutefois cette expression ne semble pas trop technique, là où, pour l'esprit de l'homme, comme pour les produits les plus splendides d'un sol vierge, il peut être bien moins question de culture et de procédés de l'art que d'une inspiration propre, et d'une fécondité toute spontanée.

EUG. BAZIN.

INTRODUCTION ET DÉDICACE.

En écrivant ces pages, cher lecteur, je n'avais qu'un but, celui de vous être agréable. Puissent-elles vous procurer une partie seulement du plaisir que j'ai trouvé moi-même à rassembler les matériaux propres à leur composition. Je ne demande pas d'autre dédommagement de tous mes travaux, et peut-être encore est-ce trop exiger ; car enfin je ne suis pour vous qu'un inconnu. Permettez-moi donc, avant d'aller plus loin, de vous rendre compte de ma vie et des motifs qui ont pu me déterminer à vous mettre ainsi en rapport avec un Américain, un homme des bois.

J'ai reçu la vie et vu le jour dans le Nouveau-Monde. A peine avais-je appris à faire quelques pas et à bégayer ces premiers mots toujours si doux à l'oreille des parents, que les productions de la nature, de toutes parts répandues autour de moi, étaient déjà l'objet constant de ma curiosité enfantine. Bientôt elles devinrent mes uniques compagnons de jeu ; et avant même que mes idées fussent assez développées pour me permettre de faire la différence entre la couleur azurée du ciel et la teinte émeraude du clair feuillage je sentais que, d'elles à moi, se formait une intimité, je ne dis pas de l'amitié seulement, mais presque du délire, qui pour toujours accompagnerait mes pas dans la vie. — Et maintenant encore, plus que jamais, je reconnais le pouvoir de ces impressions de l'enfance.— Elles avaient si bien pris possession de moi, que quand il fallait quitter mes bois, mes prairies et mes ruisseaux, quand on me retranchait la vue de l'immense Atlantique, je devenais insensible à tout autre amusement plus en rapport avec mon âge. A mon imagination il fallait des compagnons aériens; aucun toit ne me paraissait plus solide que la voûte épaisse du feuillage, retraite habituelle des tribus emplumées, ou que les cavités et les fissures des rocs massifs dans lesquelles le cormoran, aux ailes sombres, et le courlis venaient chercher le repos, et souvent un abri contre les fureurs de la tempête. Ordinairement mon père m'accompagnait dans mes courses, et se faisait un plaisir de me procurer des fleurs et des oiseaux, m'apprenant à admirer les mouvements élégants de ceux-ci, leur plumage éclatant et soyeux, les signes par lesquels ils manifestent leurs sentiments de jouissance et de crainte; en même temps que les formes toujours parfaites, non moins que la splendide parure de celles-là. Alors mon précepteur bien-aimé se mettait à me parler du départ et du retour des oiseaux avec les saisons; à me décrire les lieux qu'ils préfèrent, et, ce qui est plus étonnant que tout le reste, leurs changements de livrée. Et c'est ainsi qu'il excitait en moi le désir de les étudier, et qu'il élevait mon âme vers leur puissant créateur.

Quels plaisirs vivifiants brillaient sur ces jours de

ma première jeunesse! quelle sérénité de pensées, lorsque, mon attention souvent fixée pendant des heures, je contemplais en extase les œufs perlés et brillants qui reposaient dans leur conque gracieuse, tantôt au milieu d'un duvet moelleux, tantôt parmi des feuilles sèches et de petites branches, ou qui restaient exposés sur le sable brûlant, sur les rochers battus des flots, au bord de notre Océan! Je m'habituais à les regarder comme des fleurs dans le bouton; j'épiais, si je puis dire, leur épanouissement, pour reconnaître selon quelles lois ces yeux, par exemple, dont la nature a pourvu chaque espèce, doivent s'ouvrir, chez l'une dès la naissance, et dans l'autre rester clos quelque temps encore; je suivais à la trace les tardifs progrès des jeunes oiseaux vers la perfection, et j'admirais la rapidité avec laquelle certains d'entre eux, même sans plumes, savaient déjà se sauver du péril et se mettre en sûreté.

Je grandissais, et mes désirs grandissaient avec moi. Ces désirs, cher lecteur, ne visaient à rien moins qu'à l'entière possession de tout ce que je voyais; et je souhaitais passionnément de faire intime connaissance avec la nature. Cependant plusieurs années s'écoulèrent qui ne furent qu'une suite de tristes désappointements; et pour toujours, sans doute, s'élèveront en moi de ces aspirations que rien ne pourra satisfaire! Du moment qu'un oiseau était mort, eût-il été pendant sa vie le plus beau du monde, le plaisir de sa possession devenait pour moi presque un chagrin. Je mettais bien tous mes soins, toute mon attention à tâcher de lui conserver l'apparence de la nature, mais je ne voyais que trop que sa parure était souillée, et que, malgré mes précautions et des réparations continuelles, ce n'était plus là ce charmant petit être sorti si frais des mains de son créateur. Oui, j'aurais désiré posséder toutes les productions de la nature, mais je les désirais avec la vie! cela était impossible; et que faire alors? Je me tournai vers mon père, et lui fis part de mes désappointements et de mon anxiété. Il me procura un livre d'illustrations...... Un nouveau sang courut dans mes veines; je tournai et retournai les pages avec avidité. Il est vrai que ce que j'y voyais ne répondait pas tout à fait à mon attente; mais cela m'inspirait du moins le désir de copier la nature. C'est donc à la nature que je m'adresserai; c'est elle que je m'efforcerai d'imiter: de même que, dans mon enfance, rampant encore sur la terre, je m'étais essayé à me lever moi-même et à prendre peu à peu une attitude droite, avant que la nature m'eût donné la vigueur nécessaire au succès d'une telle entreprise.

Mais ici, nouveaux et non moins cruels désappointements, lorsque, pendant plusieurs autres années, je dus m'avouer à moi-même que mes productions étaient encore pires que celles que, dans le livre de mon père, je me hasardais, à part moi, sans doute, à regarder comme mauvaises. Mon crayon donnait naissance à des familles d'estropiés, si drôlement arrangés, pour la plupart, qu'ils ressemblaient à des êtres entiers et vivants, à peu près comme les corps mutilés d'un champ de bataille. Ces difficultés et ces mécomptes m'irritaient, mais ne diminuaient pas un seul instant en moi le désir d'arriver à de parfaites reproductions d'après nature. Plus mes copies étaient mauvaises, plus je découvrais de beautés dans les originaux. M'arracher de mes études, c'eût été pour moi la mort; tout mon temps y était pris. Chaque année vit éclore des centaines de ces grossières ébauches qui, pendant longtemps, à ma demande, ne servirent qu'à faire des feux de joie aux anniversaires de ma naissance.

Patiemment, et avec assiduité, je continuai de m'appliquer à l'étude. Je sentais bien l'impossibilité de communiquer la vie à mes représentations; mais je n'abandonnais pas pour cela l'idée de reproduire la nature.

Plusieurs plans furent successivement adoptés, de nombreux maîtres me dirigèrent la main. A l'âge de seize ans, quand je revins de France, où j'étais allé pour recevoir les premiers rudiments de mon éducation, mes dessins avaient pris forme. David avait guidé mon crayon traçant des objets de dimensions impossibles, des yeux et des nez de géants, des têtes de chevaux représentées dans d'anciennes sculptures..... Ce pouvait être là des sujets fort convenables pour des individus prétendant atteindre à de plus hautes branches de l'art; mais moi, je les eus bientôt mis de côté, et retournant à mes bois du Nouveau-Monde, plein d'une nouvelle ardeur, je commençai une collection de dessins non interrompue depuis, et que je publie maintenant sous ce titre: « *Les Oiseaux d'Amérique.* »

Il m'arrivera souvent, cher lecteur, de vous renvoyer, par la suite, à ces illustrations, afin que vous puissiez juger par vous-même. Si vous y trouvez quelque mérite, votre approbation me rendra bien heureux, en m'apprenant que je n'ai pas en vain dépensé ma vie. C'est vous qui pouvez le mieux apprécier l'exactitude de chacun de ces traits; car je suis persuadé que vous aimez la nature, que vous l'admirez, que vous l'étudiez. Et quel est l'homme ayant un cœur, qui n'écoute avec délices les notes d'amour des chantres du feuillage? Chaque regard qu'il jette sur leurs formes charmantes fait naître en son esprit mille questions à leur sujet; il ne peut considérer ces arbres qu'ils habitent, ces fleurs sur lesquelles glissent leurs ailes, sans en admirer la grandeur, sans jouir avec transport de leurs doux parfums et de leurs teintes brillantes.

Dans la Pensylvanie, bel État, au centre même de la ligne qui borde nos rivages de l'Atlantique, mon père, toujours empressé de se montrer mon meilleur ami dans la vie, me fit don de ce que les Américains appellent une belle plantation, rafraîchie pendant les chaleurs de l'été par les eaux de la rivière Schuylkil, et traversée par une crique nommée *perkioming*. Ses bois étendus, ses vastes champs, ses montagnes couronnées d'arbres toujours verts, fournirent d'amples sujets à mes pinceaux. C'est là que je commençai mes simples et agréables études, avec aussi peu de souci de l'avenir que si le monde entier eût été fait pour moi. Je partais invariablement pour mes courses dès la pointe du jour, puis m'en revenant tout trempé de rosée et chargé de quelque butin emplumé, je me disais : Oui, c'est là et ce sera toujours pour moi la plus haute jouissance à laquelle il me soit donné d'atteindre.

Cependant, lecteur, n'allez pas croire que l'enthousiasme avec lequel je poursuivais la satisfaction de mes goûts favoris, fût en moi un obstacle à l'admission de sentiments plus délicats. La nature, qui avait tourné mon jeune esprit vers les fleurs et les oiseaux, réclama bientôt ses droits sur mon cœur. Qu'il me suffise de vous dire que depuis longtemps *celle* que j'aimais m'a rendu heureux en me donnant le titre d'époux...... Et maintenant, si vous le permettez, passons; car qui se soucie d'entendre les radotages amoureux d'un naturaliste, dont on peut supposer les sentiments aussi légers que les plumes mêmes que sa main dessine ?

Pendant une période d'une vingtaine d'années ma vie fut une succession de vicissitudes. J'essayai diverses branches de commerce ; mais aucune ne me réussit, sans doute parce que mon esprit tout entier était rempli par ma passion de courir et d'admirer ces productions de la nature, desquelles je recevais mes joies les plus vives. J'avais à lutter contre le mauvais vouloir de ceux qui, dans ce temps-là, s'appelaient mes amis, en en exceptant toutefois ma femme et mes enfants. Les observations de mes autres *amis* m'irritaient outre mesure. Enfin, rompant tout lien, je m'abandonnai sans réserve à mon penchant. Aux yeux de personnes ne comprenant pas le désir extraordinaire qui me possédait alors de voir et de juger par moi-même, je devais évidemment passer pour un individu rebelle à tout sentiment de devoir, et sans égard pour les intérêts des miens. J'entrepris de longs et ennuyeux voyages, fouillai les bois, les lacs, les prairies et les rivages de l'Atlantique. Des années se passèrent loin de ma famille; et pourtant, lecteur, me croirez-vous? je n'avais en vue que cet unique objet: simplement jouir du spectacle de la nature. Jamais, même un seul instant, je n'avais conçu l'espoir d'être, en quoi que ce fût, utile à mes semblables; jusqu'au jour où, par hasard, je fis la connaissance du prince de Musignano, à Philadelphie, où m'avait conduit l'intention de m'avancer plus à l'est, le long de la côte.

J'atteignis Philadelphie le 5 avril 1824, juste au moment où le soleil disparaissait sous l'horizon. Excepté le bon docteur Mease, qui m'avait visité dans ma jeunesse, j'avais à peine un ami dans toute la ville, car alors je ne connaissais ni Harlan, ni Witherell, ni Macmurtrie, ni Lesueur, ni Sully. — J'allai chez lui, et lui montrai quelques-uns de mes dessins. Il me présenta au célèbre Charles-Lucien Bonaparte, qui, à son tour, m'introduisit dans la Société d'histoire naturelle de Philadelphie. Mais ce patronage, dont j'avais tant de besoin, je me sentis bientôt poussé à aller le chercher ailleurs. Je laissai Philadelphie, visitai New-York, où je trouvai un accueil bien propre à relever mes esprits abattus; ensuite, remontant le noble cours de l'Hudson, je glissai sur nos grands lacs, cherchant les plus inaccessibles solitudes de nos sombres et sauvages forêts.

C'est dans ces forêts que me vint, pour la première fois, l'idée d'un second voyage en Europe; et déjà je me figurais mes travaux se multipliant sous le burin du graveur. Heureux jours, nuits de songes fortunés ! Je repassai le catalogue de mes collections, et me mis à réfléchir comment il serait possible, pour un individu sans relations et sans appui, tel que je l'étais, de mener à bien un si grand projet. Le hasard, le hasard seul avait partagé mes dessins en trois classes différentes, d'après les dimensions des objets qu'ils représentaient. A la vérité, je n'avais pas en ce moment tous les spécimens nécessaires; cependant je les distribuai aussi bien que je pus, par cahiers de cinq planches, dont chacune maintenant fait partie de mes illustrations. Je retouchai et amendai le tout de mon mieux; et, m'éloignant chaque jour de plus en plus des demeures de l'homme, je résolus de ne négliger rien de ce que mon travail, mon temps ou mon argent pourraient accomplir.

Un accident arrivé à deux cents de mes dessins originaux, faillit couper court à mes recherches ornithologiques Je veux vous le raconter, simplement pour vous montrer jusqu'à quel point l'enthousiasme — puis-je appeler d'un autre nom ce zèle infatigable avec lequel je travaillais — peut dominer l'observateur de la nature, et le rendre capable de surmonter les plus rebutants obstacles. Je quittai le village de Henderson, dans le Kentucky, sur les bords de l'Ohio, où je demeurais depuis plusieurs années, ayant besoin d'aller à Philadelphie pour affaires. Avant de partir j'eus soin de mettre en sûreté tous mes dessins; je les plaçai dans une caisse de bois, et les donnai en garde à un parent, lui recommandant bien de veiller avec la plus grande attention à ce qu'il ne leur arrivât aucun dommage. Mon absence dura plusieurs mois; et quand je fus de retour, après avoir consacré quelques jours aux douceurs de la famille, je m'informai de ma boîte, et de ce qu'il me plaisait d'appeler mon *trésor*. La boîte fut apportée, je l'ouvris...... Ah! lecteur, mettez-vous à ma place: un couple de rats de Norwége avait tranquillement élevé sa petite famille parmi les débris rongés de ce papier qui, naguère encore, représentait des centaines d'habitants de l'air! Une chaleur brûlante me traversa le cerveau comme un trait; je me sentis défaillir, tout mon système nerveux était atteint. Je souffris plusieurs nuits d'insomnie complète, et mes jours passaient comme des jours d'insensibilité et d'oubli. A la fin, les pouvoirs animaux se réveillant, grâce à la force de ma constitution, je pris mon fusil, mon album, mes crayons, et me replongeai dans mes bois aussi gaiement qui si rien ne me fût arrivé. Je sentais même, avec bonheur, que maintenant je pourrais faire bien mieux; et trois années ne s'étaient pas écoulées que mon portefeuille était de nouveau rempli.

L'Amérique était mon pays, c'est d'elle que m'étaient venues toutes mes jouissances; aussi ne me préparai-je à la quitter qu'avec un profond chagrin. Mais j'avais vainement essayé de publier mes illustrations aux États-Unis: à Philadelphie, le principal graveur, de Wilson, entre autres, avait déclaré à mes amis que jamais mes dessins ne pourraient être gravés; à New-York, nouvelles difficultés, ce qui me détermina tout à fait à porter mes collections en Europe.

En approchant des côtes d'Angleterre, en voyant pour la première fois ses fertiles rivages, je me sentis le cœur grandement oppressé. Je ne connaissais pas une âme dans ce pays. J'avais bien sur moi des lettres d'amis américains et d'hommes d'État très haut placés; mais ma situation ne m'en paraissait pas moins précaire à l'extrême. Je m'imaginais que chaque individu que j'allais rencontrer possédait des talents bien supérieurs à ceux des habitants les plus distingués de nos rivages de l'Atlantique. Et de fait, la première fois que je m'aventurai à travers les rues de Liverpool, je manquai perdre courage : deux grands jours durant, pas un seul regard de sympathie n'avait rencontré le mien..... Et je ne pouvais m'enfuir dans les bois; il n'y en avait aucun dans les environs!

Mais comme tout prit bientôt un autre aspect autour de moi, et que le souvenir de ce changement est encore présent à ma pensée! La première lettre que je présentai me procura immédiatement un monde d'amis. Les Rathbones, les Roscoe, les Chorley, les Mellie, et d'autres, me prirent par la main; et tous se montrèrent envers moi si empressés, si bienveillants, d'une si généreuse bonté, que jamais le souvenir de tant d'obligations ne s'effacera de mon cœur. Mes dessins furent publiquement exposés et loués publiquement. La joie gonflait mon sein; la première difficulté était donc surmontée: ces honneurs, qu'en les sollicitant presque de mes amis, je m'étais vu refuser à Philadelphie, Liverpool me les accordait spontanément.

Je quittai cet emporium du commerce, muni de nombreuses recommandations, et me disposai à visiter la belle Edin (1) ; il me tardait de voir les hommes et les scènes illustrés par la verve brûlante de Burns (2), par la lumineuse éloquence de Scott et de Wilson. J'arrivai à Manchester, et là les Lloyd, les Gregg, les Sergeant, les Holme, les Blackwall, les Bentley, et beaucoup d'autres, se chargèrent de rendre mon séjour aussi agréable que fructueux. De nombreux amis me pressèrent de les accompagner aux jolis villages de Bakewell, de Mattlock et de Buxton: c'était une excursion de pur agrément. La nature était alors dans tout son éclat; du moins c'était ainsi que nous la voyions dans notre société, et l'été apparaissait plein de promesses.

J'accomplis mon voyage vers l'Écosse, en longeant les côtes d'Angleterre; je passai en vue du château de Lancastre et traversai Carlisle. Combien, pendant ce temps, j'avais modifié mes idées sur cette île et ses habitants! A la voûte de chacun de ses temples étaient appendus les trophées de ses gloires, et je trouvais tout son peuple debout pour les devoirs de la plus affectueuse hospitalité. Je vis Edimbourg; je fus frappé de

(1) Edimbourg.

(2) Robert Bruns, poëte écossais, né en 1759, fils d'un jardinier, et dont les chants populaires sont en effet remarquables par beaucoup de verve et d'imagination.

la beauté naturelle de son site, j'en admirai la pittoresque élégance, et je reconnus bientôt dans ses habitants la même urbanité qu'en ceux que je venais de laisser derrière moi. Les savants et les littérateurs de cette antique métropole de l'Écosse me reçurent comme un frère. Impossible d'inscrire ici les noms de tous ceux qui m'accueillirent avec la plus grande bonté ; mais la gratitude me commande de citer les professeurs Jameson, Graham, Russel, Wilson, Brower et Monroë ; sir Walter Scott, le capitaine Hall ; les docteurs Brewster et Gréville ; MM. James Wilson, Neill, Hay, Combe, Hamilton, les Witham, les Lizars, les Syme et les Nicholson. La Société royale, celle des antiquaires d'Écosse, celle des Arts utiles, l'Académie écossaise de peinture, de sculpture et d'architecture, m'inscrivirent d'elles-mêmes et gratuitement au nombre de leurs membres.

C'est dans cette capitale que commença la publication de mes illustrations; et j'aurais pu l'y achever s'il ne m'était survenu des difficultés imprévues. Mon graveur, M. W.-H. Lizars, me conseilla de m'adresser à un artiste de Londres ; et là, après beaucoup de vaines recherches, je parvins à me mettre en rapport avec M. Robert Havell junior, qui, depuis ce temps, n'a pas cessé de travailler pour moi ; et je suis heureux de dire qu'il s'en est acquitté à la satisfaction générale de mes patrons.

Il y a de cela déjà quatre années. Un volume de mes illustrations, contenant cent planches, est sous les yeux du public; et vous pouvez facilement juger, cher lecteur, que c'est à l'Angleterre que je suis redevable de presque tous mes succès: elle m'a fourni les artistes dont le talent a mis mes ouvrages en état de paraître devant le monde; elle m'a accordé le plus haut patronage et les plus grands honneurs; en un mot, grâce à elle, j'ai pu commencer et poursuivre la série de mes illustrations. — A l'Angleterre donc mon éternelle reconnaissance!

Deux objections ont été faites à ce mode de publication: l'une est la grande dimension du papier sur lequel sont représentés les objets; l'autre le temps nécessaire pour pouvoir la compléter.

Quant à la dimension du papier, je ne pouvais faire autrement, sans renoncer en même temps au désir de vous présenter mes oiseaux avec les dimensions mêmes que la nature leur a données. A ce sujet, un des premiers ornithologistes de l'époque, qui a eu la bonté de revoir quelques-unes de mes planches, a fourni des observations comme je ne pourrais me flatter de le faire moi-même, et auxquelles vous me permettrez de vous renvoyer. Le nom de Swainson est sans doute bien connu de vous. Veuillez aussi, sur ce point, vous en rapporter, pour ma défense, à un homme qui, étant le centre de toute la science zoologique, a qualité suffisante pour que vous l'écoutiez dans une question d'ornithologie. — Je veux parler du grand, de l'immortel Cuvier.

En second lieu, quant au temps nécessaire pour achever mon travail, je n'ai qu'une chose à observer: c'est qu'il sera moins long encore que celui requis par beaucoup d'amateurs pour la maturation de certains vins serrés dans leurs celliers. Ils y étaient déjà plusieurs années avant le commencement de mon ouvrage; et ils ne seront cependant considérés comme ayant acquis tout leur bouquet que nombre d'années après que, moi, je serai arrivé à la conclusion des « *Oiseaux d'Amérique.* »

Depuis que j'ai fait la connaissance de M. Alexandre Wilson, le célèbre auteur de l'ouvrage bien connu et justement estimé sur les oiseaux d'Amérique, et plus récemment, celle de mon excellent ami Charles Lucien-Bonaparte, j'ai pu juger avec quelle avidité jalouse, entre confrères en histoire naturelle, chacun se jette à décrire le moindre objet de ses propres découvertes, ou celles que les voyageurs ont eu la chance de faire dans de lointains pays. On semble mettre, à agir ainsi, un tel point d'honneur, une telle gloriole, qu'on laisse volontiers de côté toute autre considération ; et je crois, en vérité, que les liens même de l'amitié n'empêcheraient pas certains naturalistes de voler, oui, de voler à de vieilles connaissances, le mérite de décrire les premiers un objet encore inconnu. Certainement, je ne nierai pas le vif plaisir que j'éprouvais, lorsque venant à m'emparer d'un oiseau, je m'apercevais qu'il était, pour moi, d'une espèce nouvelle; mais ce sentiment auquel je viens de faire allusion, pour ma part, je ne l'ai jamais connu (1). Telle est encore aujourd'hui

(1) L'illustre Réaumur, qui, lui aussi, savait tout ce que vaut une découverte en histoire naturelle, disait, longtemps avant Audubon :

ma manière de voir; et malgré les instances répétées de naturalistes bien plus éminents que je ne puis jamais espérer de le devenir, j'ai gardé, et je garde toujours par-devers moi, ignorées des autres, des espèces que je n'ai trouvées figurées dans aucun livre, et que je considère comme nouvelles; entendant toutefois en donner dans mes illustrations un nombre proportionné à celui des espèces déjà connues qui ont été gravées.— En vous reportant au texte pour les descriptions, vous aurez le lieu et la date de leur découverte.—Et de ces découvertes, ne croyez pas que je prétende me faire un grand mérite; j'aimerais tout autant que les objets en eussent été préalablement observés : cela eût épargné à quelques incrédules la peine de les chercher dans les livres et le désagrément de trouver qu'ils étaient réellement nouveaux. Je vous assure, ami lecteur, que, même en ce moment, j'aurais bien moins de plaisir à présenter au monde savant un nouvel oiseau dont j'ignorerais les habitudes, qu'à décrire les particularités et les mœurs d'un autre déjà depuis longtemps découvert.

Il y a aussi des gens que le désir outré de devenir célèbres pousse à ne rien faire connaître de l'assistance

« Qu'on ne juge pas du prix que je mets à la gloire d'avoir le premier observé un insecte, par la longueur de la description précédente. La nature nous offre un trop prodigieux nombre d'occasions, et trop faciles à saisir, d'acquérir cette sorte de gloire, pour que nous en devions être beaucoup flattés. Il est honteux pour nous de n'être pas assez frappés des beautés qu'elle nous présente, mais il n'y a pas de quoi nous enorgueillir lorsque nous les apercevons. »

qu'ils ont reçue d'autrui dans la composition de leurs ouvrages. En maintes circonstances, en effet, le véritable auteur des dessins et des descriptions dans les livres d'histoire naturelle n'est, autant dire, pas mentionné du tout ; tandis que l'auteur prétendu se pavane dans toute sa gloire en récoltant le mérite que le monde a bien voulu lui accorder. Ce manque de loyauté m'a toujours révolté ; et c'est, au contraire, avec bien du plaisir que je reconnais ici l'assistance que j'ai reçue d'un ami, M. William Macgillivray, dont l'esprit cultivé et le goût prononcé pour l'étude des sciences naturelles m'ont été d'un grand secours, je ne dis pas, pour dessiner mes figures, ou rédiger le livre maintenant entre vos mains, bien que parfaitement apte à l'une et à l'autre tâche, mais pour compléter les détails scientifiques et adoucir certaines aspérités de mes biographies.

Je ne vous présenterai pas les objets dont se compose mon livre, dans l'ordre adopté par les auteurs à systèmes; et j'ai peine à croire que vous vous en plaigniez, cher lecteur. Ce n'est pas que vous et moi, nous ne sachions parfaitement, et tout le monde avec nous, qu'il existe une chaîne immense reliant l'une à l'autre chacune des parties de l'œuvre sublime du Créateur ; mais, après avoir reçu la vie, chaque être a été laissé en liberté pour s'en aller, à son choix, chercher la nourriture la mieux appropriée à ses besoins, ou les conditions de bien-être si abondamment répandu pour eux tous sur la surface du globe. Et je ne sache pas qu'il soit dans leurs habitudes de s'aligner l'un à la suite de l'autre, en procession régulière, comme pour aller à un enterrement ou à une fête. Celui qui voudra écrire une ornithologie universelle, et dont les connaissances seront au niveau d'une telle entreprise, celui-là seul pourra présenter la classification des oiseaux avec une utilité réelle.

Ce que je veux vous offrir, c'est donc simplement le résultat de mes propres observations relativement à chaque espèce, et dans l'ordre où j'ai publié mes figures. Ne craignez pas que j'aille vous ennuyer par d'interminables descriptions, ne vous faisant grâce ni du nombre, ni de la forme des plumes, surtout lorsqu'il s'agira d'espèces bien connues. Quant à des tables de synonymie, j'ai aussi jugé cela superflu : les descriptions techniques et les détails se trouveront comme appendices au chapitre plus généralement intéressant des mœurs de chaque espèce ; de sorte qu'il vous sera loisible de les lire ou non, à votre gré.

Que si vous êtes botaniste, cher lecteur, vous aurez, je l'espère, du plaisir à contempler mes arbres, mes fleurs et mes buissons ; d'autant plus, je m'assure, que déjà peut-être vous les aurez vus au milieu de leurs forêts natales. Dans le cas contraire, puisse le spectacle de mes illustrations faire naître en vous la tentation d'aller vous-même partager la bienveillante hospitalité de nos frères, les aborigènes d'Amérique.

Maintenant, un mot aux critiques : et ceci, je le fais avec une entière déférence. Puissent-ils être, pour moi, des lecteurs également débonnaires ! Ils ont vu mes illustrations, ils les ont jugées favorablement ; ils ont passé leur œil perçant sur chaque page ; ils connaissent enfin la très médiocre portée de mes talents ; qu'ils me permettent, en leur offrant mes compliments, de les assurer d'une chose : c'est que depuis que je sais qu'il existe de par le monde d'aussi respectables personnages, j'ai toujours travaillé plus fort, avec plus de patience et plus de soin, pour mériter leur faveur, leur indulgence et leur appui.

JOHN J. AUDUBON.

SCÈNES DE LA NATURE

DANS LES ÉTATS-UNIS.

LE DINDON SAUVAGE.

La grande taille et la beauté du dindon sauvage, sa valeur comme article de table délicat et hautement prisé, enfin cette circonstance qu'il est la souche de la race domestique répandue maintenant à peu près partout dans les deux continents, nous le recommandent comme l'un des plus intéressants parmi les oiseaux que nous pouvons appeler indigènes en Amérique.

Les portions non encore défrichées des États d'Ohio, de Kentucky, d'Illinois et d'Indiana ; une immense étendue de pays, au nord-ouest de ces districts, sur le Mississipi et le Missouri, et les vastes contrées dont les eaux viennent se déverser dans ces deux fleuves, depuis leur confluent jusqu'à la Louisiane, et qui renferment les parties boisées de l'Arkansas, du Tennessee et de l'Alabama, telles sont les régions où abonde ce magnifique oiseau. Il est moins commun en Géorgie et dans les Carolines; devient encore plus rare dans la Virginie et la Pensylvanie; et maintenant c'est à peine si l'on en voit à l'est de ces derniers États. Dans tout le cours de mes excursions à travers Long-Island, l'État de New-York et les divers pays entourant les lacs, je n'en ai pas rencontré un seul; et pourtant je savais qu'il en existait quelques-uns de ce côté. On en trouve encore tout le long de la chaîne des monts Alleghanys; mais ils y sont devenus si farouches, qu'on ne peut les approcher qu'avec une extrême difficulté. Une fois, en 1829, dans la grande forêt de pins, je ramassai une plume tombée de la queue d'une femelle, mais je ne pus voir l'oiseau. Plus loin, à l'est, je ne pense pas qu'il y en ait aujourd'hui.

Ce que je dirai de cette espèce aura trait aux individus que j'ai observés dans les contrées où il s'en trouve le plus; et comme j'ai longtemps habité le Kentucky et la Louisiane, c'est principalement à ceux de ces derniers États que je ferai allusion.

Le dindon sauvage n'émigre qu'irrégulièrement, et ce n'est qu'irrégulièrement aussi qu'il va par troupes. Comme se rapportant à la première de ces circonstances, je noterai qu'aussitôt que les fruits des forêts (1) deviennent plus abondants dans une partie de la contrée que

(1) *The mast.* En Amérique, on entend par ce mot, non-seulement la faîne, mais en général toute espèce de fruits de forêts, aussi bien que les diverses sortes de baies, et même le raisin.

dans une autre, on voit les dindons se diriger petit à petit vers ce point, en trouvant de plus en plus de nourriture, à mesure qu'ils approchent du lieu qui en est le mieux pourvu ; et c'est ainsi qu'ils s'en vont, troupe après troupe, se suivant les uns les autres, jusqu'à ce qu'un district soit entièrement abandonné, tandis qu'un autre se trouve inondé de ces nouveaux venus. Mais comme ces migrations n'ont rien de périodique et couvrent une vaste étendue de pays, il devient indispensable d'indiquer de quelle manière elles s'accomplissent.

Vers le commencement d'octobre, lorsqu'à peine quelques graines et quelques fruits sont tombés des arbres, ces oiseaux s'attroupent et se mettent lentement en marche vers les riches vallées de l'Ohio et du Mississipi. Les mâles, ou, comme on les appelle plus communément, les *coqs d'Inde*, réunis par sociétés de dix à cent, cherchent leur nourriture à part des femelles ; tandis que celles-ci se tiennent seule à seule, emmenant chacune sa jeune couvée, alors aux deux tiers venue, ou bien se joignent à d'autres familles qui forment ensemble des compagnies de soixante à quatre-vingts individus. Mais toutes, elles sont fort attentives à éviter la rencontre des vieux coqs, qui, lors même que les jeunes ont acquis leur complet développement, se battent avec eux, et souvent les détruisent par des coups répétés sur la tête. Vieux et jeunes, cependant, s'avancent dans la même direction et par terre, à moins que leur voyage ne soit interrompu par le cours d'une rivière, ou qu'un chien de chasse ne les force à prendre la volée. Quand ils ont rencontré une rivière, on les voit gagner les plus hautes éminences aux environs, et souvent demeurer là tout un jour, quelquefois deux, comme pour délibérer. Tant que cela dure, on entend les mâles *glouglouter*, appeler et faire grand bruit; ils s'agitent, font la roue, comme s'ils cherchaient à élever leur courage au niveau d'une si périlleuse aventure; même les femelles et les jeunes se laissent aller parfois à ces démonstrations emphatiques : elles étalent leur queue, tournent l'une autour de l'autre, font entendre un bruit sourd (1), et exécutent des sauts extravagants. A la fin, quand l'air paraît calme et qu'autour d'elle tout est tranquille, la bande entière monte au sommet des plus hauts arbres, d'où, à un signal consistant en un simple *cluck*, *cluck*, donné par le chef de file, les voilà qui s'envolent vers la rive opposée. Les vieux, et ceux qui sont en bon état, l'atteignent aisément, dût la rivière avoir un mille de large; mais les jeunes et les moins robustes tombent fréquemment à l'eau, où cependant ils ne se noient pas, comme vous pourriez le croire; ils ramènent leurs ailes tout près du corps, étendent leur queue pour se soutenir, allongent le cou, et détachant à droite et à gauche de vigoureux coups de patte, nagent rapidement vers le bord. En approchant, s'ils le trouvent trop escarpé pour prendre terre, ils cessent un moment tous leurs mouvements, et se laissent aller au courant jusqu'à quelque endroit abordable, et arrivés là, par un violent effort, parviennent générale-

(1) « *Purring.* » Proprement le bruit d'un chat qui file.

ment à se tirer de l'eau. Il est à remarquer qu'immédiatement après qu'ils viennent de traverser ainsi une grande rivière, on les voit courir çà et là pendant quelque temps comme au perdu ; c'est en cet état qu'ils deviennent facilement la proie du chasseur.

Quand ils sont parvenus aux lieux où le fruit abonde, ils se partagent en plus petites troupes, composées d'individus de tout âge et de tout sexe confusément mêlés, et dévorent tout devant eux. Cela arrive vers le milieu de novembre. Parfois ils deviennent si familiers après ces longs voyages, qu'on en a vu s'approcher des fermes, se réunir aux volailles domestiques, et entrer dans les étables et dans les granges pour chercher la nourriture. Ainsi rôdant à travers les forêts et vivant de leurs produits, ils passent l'automne et une partie de l'hiver.

Dès le milieu de février, l'instinct de la reproduction commence à exercer sur eux son empire. Les femelles se séparent et s'enfuient des mâles. Ceux-ci les poursuivent hardiment et commencent à *glouglouter* , ou à marquer sur d'autres tons leur enivrement. Les deux sexes perchent à part, mais non loin l'un de l'autre. Quand une femelle pousse une note d'appel, tous les mâles à portée de l'entendre lui répondent, roulant notes sur notes avec tant de précipitation, qu'on dirait que la dernière veut sortir en même temps que la première.

Leur queue, alors, n'est pas étalée, comme quand ils font la roue par terre, autour des femelles, ou qu'ils s'arrangent sur les branches des arbres pour y passer la nuit, mais plutôt à la façon du dindon domestique, lorsqu'un bruit soudain ou inaccoutumé l'excite à ses assourdissants *glouglous*. Si l'appel de la femelle vient d'en bas, immédiatement tous les mâles volent vers la terre; et, du moment qu'ils s'y sont posés, que la femelle soit ou non en vue, ils étendent et dressent leur queue, ramènent leur tête en arrière sur les épaules, rabaissent leurs ailes comme par un mouvement convulsif, se pavanent, de çà et de là, de leur air le plus majestueux, tout en émettant de leurs poumons une suite non interrompue de *puffs*, *puffs*, et s'arrêtant de temps à autre pour écouter et regarder. Mais toujours, qu'ils aient ou non aperçu la femelle, ils continuent à *piaffer*, *pouffer*, et à se mouvoir avec autant de célérité que leurs prétentions à la cérémonie semblent toutefois le permettre. Pendant qu'ils sont ainsi occupés, les mâles se rencontrent souvent l'un l'autre; alors ils se livrent des batailles désespérées qui finissent dans le sang, et fréquemment par la perte de plusieurs vies. Malheur aux faibles! ils tombent bientôt sous les coups répétés que les plus forts ne manquent pas de leur asséner sur la tête.

Maintes fois, observant deux mâles engagés dans un rude combat, je me suis amusé à les voir, tantôt avançant, tantôt reculant, selon que l'un ou l'autre avait meilleure prise, les ailes pendantes, la queue à moitié relevée, toutes les plumes hérissées sur le corps, et la tête couverte de sang. Si, pendant qu'ils bataillent ainsi, et qu'ils cherchent à reprendre haleine, l'un d'eux vient à lâcher, il est perdu ; car l'autre, tenant toujours bon, le frappe violemment à coups d'éperons et d'ailes, et en quelques minutes l'étend par terre. Du moment qu'il est mort, le vainqueur se met à piétiner dessus, et, chose étrange, ce n'est pas avec une apparence de haine, mais de l'air et avec les mouvements qu'il se donne quand il caresse sa femelle.

Une fois que le mâle a découvert et accosté la femelle, celle-ci, lorsqu'elle est âgée de plus d'un an, se met elle-même à se pavaner, à glouglouter, à tourner autour du mâle qui continue de son côté à faire la roue; puis, ouvrant les ailes tout à coup, elle s'élance au devant de lui, comme pour couper court à ses délais, se foule par terre, et reçoit ses tardives caresses. Si c'est une jeune poule, le mâle change son mode de procéder: il se pavane d'une manière différente, moins pompeusement, mais avec plus d'ardeur; il se meut plus rapidement, quelquefois voltige autour d'elle, comme font certains pigeons et plusieurs autres oiseaux; puis, redescendu par terre, il court de toute sa vitesse, environ l'espace de dix pas, tout en frottant ses ailes et sa queue contre le sol. Alors il se rapproche de la craintive femelle, calme ses frayeurs en faisant entendre son plus doux *ron-ron*, et finit, quand elle y consent, par lui prodiguer ses caresses.

Je pense que quand un mâle et une femelle se sont ainsi appariés, leur union est formée pour toute la saison; et cependant le mâle ne borne nullement ses soins à une seule femelle; car j'ai souvent vu un coq faire la cour à plusieurs poules, lorsque pour la première fois, il se rencontrait avec elles dans le même lieu. Après cela, les poules suivent leur coq favori, et se perchent dans son voisinage immédiat, sinon sur le même arbre, jusqu'à ce qu'elles commencent à pondre. Alors, d'elles-mêmes, elles s'éloignent pour sauver leurs œufs des atteintes du mâle qui les briserait infailliblement parce qu'il y voit un obstacle à ses amoureux ébats. Les femelles ont donc grand soin de l'éviter, ne lui accordant plus que quelques instants chaque jour; et alors aussi, les mâles deviennent maussades et négligés; plus de combats entre eux, plus de glous-glous, ni de fréquents appels. Ils prennent un air si indifférent, que les poules sont obligées de faire elles-mêmes toutes les avances; elles ne cessent de glousser bruyamment après eux, elles les poursuivent, les caressent, et emploient tous les moyens pour ranimer leur expirante ardeur.

Quand les coqs sont perchés, il leur arrive parfois de faire la roue et de *glouglouter*; mais bien plus souvent, ils étalent et relèvent leur queue, qu'ils rabaissent ainsi que leurs autres plumes, immédiatement après avoir produit avec leurs poumons, ce bruit de *puff puff* qui leur est particulier. Durant les nuits claires, ou quand la lune brille, ils se livrent à cet exercice par intervalles de quelques minutes, et cela, pendant des heures entières, sans bouger de place, et même parfois, sans prendre la peine de se lever sur leurs jambes, principalement vers la fin de la saison des amours. Les mâles, à cette époque, tombent dans une grande maigreur; ils cessent leurs glous-glous, et leurs caroncules deviennent flasques. Ils se séparent des femelles dont ils semblent abandonner entièrement le voisinage. Je les trouvais blotis le long d'une souche, dans quelque partie retirée des bois ou d'un champ de cannes; et souvent ils me laissaient approcher à quelques pas. Ils ne peuvent plus voler, mais ils courent très vite, et s'échappent à de grandes distances. Un chien dressé pour cette chasse, mais lent à la poursuite, me fit faire un jour plusieurs milles avant de pouvoir forcer le même oiseau. Certes, si je ne reculais pas devant de pareilles courses, c'était moins dans l'intention de me procurer de ce gibier dont la chair alors est très mauvaise et qui à le corps couvert de tiques, que pour me rendre compte de ses habitudes et de ses allures. Les coqs se retirent ainsi à l'écart pour se refaire et reprendre des forces en se purgeant avec certaines herbes, et se livrant à moins d'exercice. Aussitôt qu'ils se retrouvent en meilleur état, ils se réunissent de nouveau et recommencent à parcourir les bois.

Mais revenons aux femelles :

Vers le milieu d'avril, quand la saison est sèche, les poules s'occupent à chercher une place pour déposer leurs œufs. Elles tâchent de la dérober, autant que possible aux yeux de la corneille; car cet oiseau ayant l'habitude de les guetter lorsqu'elles se rendent à leur nid, attend dans leur voisinage, qu'elles le quittent un moment, pour enlever et manger les œufs. Le nid, composé seulement de quelques feuilles sèches, repose par terre, dans un trou que la femelle creuse au pied d'une souche, ou dans la cime tombée de quelqu'arbre à feuilles mortes; quelquefois sous un buisson de sumac et de ronces, ou bien enfin, au bord d'un champ de cannes, mais toujours en place sèche. Les œufs, couleur de crème brouillée, pointillés de roux, sont rarement au nombre de vingt. Il y en a plus souvent de dix à quinze; quand la poule va pondre, elle s'approche toujours de son nid avec une extrême précaution, presque jamais deux fois de suite par le même chemin, et avant de quitter ses œufs, elle n'oublie pas de les couvrir de feuilles; de sorte qu'on peut bien voir l'oiseau, mais qu'il est très difficile de mettre la main sur le nid. De fait, on en trouve peu, à moins qu'on n'en fasse partir la femelle à l'improviste, ou qu'un lynx à l'œil perçant, un renard, ou une corneille, après avoir sucé les œufs, n'en aient dispersé les coquilles aux environs.

Très souvent, pour cacher leur nid et élever leurs petits, les poules d'Inde préfèrent les îles à d'autres lieux; sans doute parce qu'elles y sont moins troublées par le chasseur, et que les grandes masses de bois que le flot y accumule peuvent les protéger en cas de péril. Chaque fois que sur une île, j'ai trouvé de ces oiseaux ayant une couvée, j'ai constamment remarqué que la seule détonation d'une arme à feu les faisait fuir vers la pile dans laquelle bientôt elles disparaissent. Maintes fois il m'est arrivé de marcher sur ces tas qui ont fréquemment de dix à vingt pieds de haut, en cherchant le gibier que je savais s'y être réfugié.

Lorsqu'un ennemi passe en vue de la femelle, pendant qu'elle pond ou qu'elle couve, jamais elle ne bouge, à moins qu'elle ne se doute qu'on l'ait aperçue; au contraire, elle se foule encore plus bas, en attendant que le danger soit éloigné. J'ai pu souvent m'approcher d'un nid qu'auparavant je savais être là; mais j'avais bien soin de prendre un air d'indifférence, sifflant et me parlant à moi-même, et la femelle restait parfaitement tranquille, au lieu que si je voulais m'avancer vers elle avec précaution, elle ne me laissait jamais approcher même jusqu'à vingt pas. J'étais sûr alors de la voir se lever d'un trait; la queue étendue et pendant d'un côté, elle courait à une distance de vingt ou trente verges; puis là, reprenant contenance et d'un pas superbe, elle se mettait à se promener comme si de rien n'était, en gloussant seulement de temps à autre. Rarement elle abandonne son nid, lors même que quelqu'un l'a découvert; mais j'ai lieu de croire que jamais elle n'y retourne quand un serpent ou un autre animal a sucé de ses œufs; s'ils ont été tous détruits ou emportés, elle appelle de nouveau après un mâle, quoique en général elle n'élève qu'une seule couvée par saison. Plusieurs poules s'associent quelquefois, et cela, je pense, pour leur mutuelle sûreté : elles déposent leurs œufs dans le même nid et élèvent ensemble leurs petits; une fois j'en trouvai trois qui couvaient sur quarante-quatre œufs. Dans ces circonstances, le nid est constamment gardé par l'une des femelles, de sorte qui ni corneille, ni corbeau, ni peut-être même la fouine n'osent en approcher.

La femelle ne quitte jamais les œufs quand ils sont près d'éclore; aucun péril ne peut l'y déterminer tant qu'il lui reste vie. Elle souffrira même qu'on l'entoure, qu'on l'emprisonne, plutôt que de les abandonner. Un jour je fus témoin d'une éclosion de petits dindons; j'avais guetté le nid dans l'intention de m'emparer des jeunes avec la mère. Je me cachai contre terre à quelques pas seulement, et je la vis se lever à moitié sur ses jambes, jeter sur ses œufs un regard inquiet, glousser d'un ton qui lui est particulier dans de telles occasions, éloigner soigneusement chaque coquille à moitié vide, puis, avec son ventre, caresser et sécher les nouveaux-nés qui, tout chancelants encore, cherchaient à se tenir debout et à faire déjà leur chemin hors du nid. Oui, j'ai vu tout cela et j'ai laissé la mère et ses petits aux soins de *celui* qui leur avait donné la vie, qui m'a créé moi-même, et qui, bien mieux que moi, devait subvenir à leurs besoins ! Je les ai vus tous sortir de la coquille, et une minute après, roulant, culbutant, se pousser l'un l'autre en avant, par un instinct admirable, et dont nul ne peut scruter le mystère.

Avant de quitter le nid, en compagnie de sa jeune couvée, la mère se secoue brusquement, épluche, rajuste ses plumes autour du ventre, et prend un aspect tout différent. Elle incline alternativement les yeux en l'air et de côté, allongeant le cou pour s'assurer s'il n'y a pas dans le voisinage de faucon ou d'autre ennemi; puis, les ailes entr'ouvertes, elle se met en marche tout doucement, et glousse à petit bruit, pour maintenir son innocente progéniture bien auprès d'elle. Comme c'est dans l'après-midi que l'éclosion a lieu d'ordinaire, la couvée revient souvent au nid, mais pour y passer la première nuit seulement. Après cela, ils commencent à s'aventurer plus au loin et se tiennent sur les terrains élevés et onduleux; car la mère craint beaucoup la pluie pour sa jeune famille encore si tendre et que revêt une sorte de léger duvet d'une délicatesse extrême. Dans les saisons très humides les dindons sont rares, parce qu'une fois complétement mouillés, les jeunes en reviennent difficilement. Aussi, pour prévenir les effets désastreux de la pluie, la mère, en médecin habile, a-t-elle soin de détacher les bourgeons du faux benjoin (1) et de les leur donner.

Au bout d'une quinzaine environ, les jeunes quittent le sol où ils étaient toujours restés jusque là, et s'envolent à la nuit sur quelques basses branches très grosses pour s'y abriter, en se partageant, de chaque côté, en deux parts à peu près égales, sous les ailes profondément recourbées de leur bonne et tendre mère. Ensuite ils quittent le bois pendant le jour et s'approchent des clairières naturelles ou des prairies. Là ils trouvent abondance de fraises, de mûres sauvages et de sauterelles, et prospèrent sous la bienfaisante influence des rayons du soleil. Ils aiment aussi à se rouler dans les fourmilières abandonnées pour débarrasser le tuyau de leurs plumes naissantes, des pellicules écailleuses prêtes à se détacher, et se préserver de l'attaque des tiques et des autres insectes qui ne peuvent souffrir l'odeur de la terre où ont logé des fourmis.

Maintenant, les jeunes dindons croissent rapidement; ils peuvent s'élever promptement de terre à l'aide de leurs fortes ailes, et en gagnant avec facilité les plus hautes branches, se garantir eux-mêmes des attaques imprévues du loup, du renard, du lynx, et même du

(1) « Spice-Wood-Bushes. » (*Laurus benzoin*, Linn.).

couguar. Les coqs commencent, vers ce temps, à montrer le pinceau de poil à la gorge, à glouglouter et à se pavaner, tandis que les femelles font ce singulier bruit de *chat qui file*, et ces drôles de sauts que j'ai décrits précédemment.

Vers ce temps aussi les vieux coqs se sont rassemblés; il est probable que tous alors ils quittent les districts reculés du nord-ouest, pour gagner le Wabash (1), l'Illinois, la rivière Noire, et le voisinage du lac Érié.

Des nombreux ennemis du dindon sauvage, les plus formidables, après l'homme, sont le lynx, le hibou de neige et le grand duc de Virginie. Le lynx suce les œufs et est très adroit à s'emparer des vieux comme des jeunes, ce qu'il exécute de la manière suivante : quand il a découvert une troupe de ces oiseaux, il les suit à distance pendant quelque temps, jusqu'à ce qu'il soit bien assuré de la direction dans laquelle ils vont continuer de s'avancer. Alors, par un rapide circuit, il se porte en avant de la troupe, se couche en embuscade, et quand les dindons arrivent, saute d'un bond sur l'un d'eux et le prend. Un jour que je me reposais dans les bois, au bord du Wabash, j'observai deux beaux coqs qui, sur une souche près de la rivière, s'occupaient à s'éplucher et à faire leur toilette; tout à coup l'un d'eux se précipite dans l'eau, et j'aperçois l'autre se débattant sous les griffes d'un lynx.

(1) Le Wabash, rivière qui prend sa source dans l'ouest de l'état d'Ohio, et afflue dans la rivière de ce nom, après un cours d'environ 180 lieues.

Lorsqu'ils sont attaqués par les deux grandes espèces de hiboux mentionnées plus haut, ils doivent souvent leur salut à une manœuvre qui ne laisse pas que d'être remarquable : comme ils perchent habituellement en société, sur des branches nues, ils sont aisément découverts par leurs ennemis les hiboux, qui, sur leurs ailes silencieuses, s'approchent et voltigent autour d'eux pour faire une reconnaissance. Cela, néanmoins, s'effectue rarement sans qu'ils soient aperçus par les dindons; et à un simple *cluck* de l'un d'eux, toute la troupe est avertie de la présence du meurtrier. A l'instant ils sont debout, attentifs aux évolutions du hibou qui, après en avoir choisi un pour victime, fond dessus comme un trait, et s'en emparerait infailliblement si, à l'instant même, le dindon baissant la tête et restant immobile, ne renversait sa queue sur son dos. Alors l'assaillant, ne rencontrant plus qu'un plan mollement incliné, glisse le long sans faire de mal au dindon ; et celui-ci, sautant aussitôt à terre, en est quitte pour la perte de quelques plumes.

On ne peut pas dire que ces oiseaux s'en tiennent à un seul genre de nourriture, puisqu'ils mangent de l'herbe, du blé, des fruits et des baies de toute sortes. J'ai souvent trouvé dans leur jabot des hannetons, des grenouillettes et de petits lézards.

Mais aujourd'hui, ils sont devenus extrêmement sauvages ; et du moment qu'ils aperçoivent un homme, qu'il soit de la race blanche ou rouge, instinctivement ils s'en éloignent. Leur mode habituel de progression est ce qu'on appelle la *marche*, durant laquelle on les voit ouvrir en partie et successivement chaque aile qu'ils replient ensuite l'une sur l'autre, comme si le poids en était trop lourd. D'autres fois, ayant l'air de s'amuser, ils font plusieurs pas en courant, les deux ailes ouvertes, et s'en éventant les flancs à la manière des volailles domestiques ; enfin, ils se mettent à sauter deux ou trois fois en l'air et à se secouer. En cherchant la nourriture parmi les feuilles ou dans les terrains meubles, ils se tiennent la tête haute, et sont continuellement sur le qui-vive ; mais dès que leurs jambes et leurs pieds ont fini l'opération, on les voit immédiatement piquer du bec, et saisir l'aliment dont la présence, je suppose, leur est fréquemment indiquée, pendant qu'ils grattent, par le sens du toucher que possède leur pied. Cette habitude de gratter et d'écarter les feuilles sèches dans les bois, leur est fatale ; en effet, les places qu'ils mettent ainsi à nu, peuvent avoir deux pieds de large; et quand elles sont fraîches, on juge que les oiseaux ne sont pas loin. Durant les mois d'été, ils fréquentent les sentiers et les routes aussi bien que les champs labourés, pour se rouler dans la poussière et se débarrasser des tiques dont ils sont infectés en cette saison, en même temps que des moustiques qui les tourmentent considérablement, en les mordant à la tête.

Lorsqu'après une grande chute de neige, le temps tourne à la gelée, de manière à former une croûte dure à la surface, les dindons restent sur leurs branches pendant trois ou quatre jours et quelquefois plus ; ce qui prouve qu'ils sont capables de supporter une abstinence prolongée. Cependant, s'il y a des fermes dans le voisinage, ils quittent les arbres et se hasardent jusque dans les étables et autour des tas de blé, pour se procurer de la nourriture. Durant la fonte des neiges, ils voyagent à des distances extraordinaires; et il est inutile alors de chercher à les suivre, car pas un seul chasseur n'est de force à tenir le pas avec eux. Ils ont une manière de courir en se jetant de çà et de là et en se dandinant, qui, si gauche qu'elle paraisse, ne leur permet pas moins de devancer tout autre animal; souvent, quoique monté sur un bon cheval, il m'a fallu renoncer à les atteindre, après une poursuite de plusieurs heures. Cettehabitude de courir, sans s'arrêter par tout temps pluvieux ou très humide, n'est pas particulière au dindon sauvage, mais commune à tous les gallinacés. En Amérique, les différentes espèces de perdrix montrent la même disposition.

Au printemps, quand les mâles sont devenus si maigres, pour avoir trop courtisé les femelles, il arrive quelquefois qu'en plaine et à champ ouvert, ils sont gagnés de vitesse par un chien rapide; cas auquel ils se foulent et se laissent prendre par le chien, ou le chasseur qui l'a suivi sur un bon cheval. On m'a parlé de ces chasses, mais je n'ai jamais eu le plaisir de m'y trouver moi-même.

Les bons chiens éventent ces oiseaux, quand ils sont en grandes troupes, à des distances surprenantes, je crois ne pas exagérer en disant à un demi-mille. Si le chien sait bien son métier, il s'élance à plein galop et sansrien dire, jusqu'à ce qu'il aperçoive le gibier; alors, donnant aussitôt de la voix, il pousse aussi promptement que possible au beau milieu de la troupe et les force à s'envoler dans toutes les directions. C'est un grand avantage pour le chasseur, car si les dindons s'en vont tous du même côté, ils quitteront bientôt leur première retraite et se renvoleront; mais quand on est parvenu à les disperser ainsi, pourvu que le temps soit calme et couvert, un homme au fait de cette chasse, peut les retrouver à son aise, et les descendre à plaisir.

Quand ils se sont posés sur un arbre, il est parfois très difficile de les apercevoir, ce qui tient à ce qu'ils y restent parfaitement immobiles. Si l'on peut en découvrir un lorsqu'il est accroupi sur sa branche, rien de plus facile que de s'en approcher, et sans la moindre précaution. Mais s'il se tient droit sur ses jambes, il faut alors prendre bien garde; car du moment qu'il vous aperçoit, le voilà qui part, et souvent à une telle distance, que ce serait en vain qu'on voudrait le suivre.

Lorsqu'un de ces oiseaux n'est simplement que désailé par un coup de feu, il tombe rapidement et dans une direction oblique. Une fois par terre, au lieu de perdre son temps à sautiller et à se débattre sur place, comme font souvent les autres oiseaux qu'on a blessés, il détale et d'un tel train que, si le chasseur n'est pas pourvu d'un chien qui ait bonnes jambes, il peut bien lui dire adieu. Je me rappelle avoir couru plus d'un mille, après un dindon frappé de la sorte, et mon chien n'avait pas cessé de le suivre à la piste, au travers d'une de ces épaisses cannaies (1) qui, le long des rivières de l'ouest

(1) Cane-brake, champ de cannes.

couvrent nos riches terres d'alluvion. On tue facilement les dindons en les frappant sur la tête, au cou, ou bien à la partie supérieure de la gorge; mais si le coup n'a porté que par derrière, ils peuvent encore voler très loin, et on risque de les perdre. —En hiver, beaucoup de nos chasseurs émérites les affûtent au clair de lune, sur la branche ou ils resteront souvent sans s'effrayer d'une première décharge, eux qui fuiraient à la vue d'un hibou; et c'est ainsi que des troupes presque entières peuvent être abattues par des tireurs habiles. On en détruit aussi de grandes quantités au moment hélas! qu'ils en valent le moins la peine, c'est-à-dire, au commencement de l'automne, alors qu'ils cherchent à traverser les rivières, ou bien immédiatement après qu'ils ont touché le bord.

A propos de ces chasses aux dindons, permettez-moi de vous rapporter un épisode dans lequel j'ai figuré moi-même, et qui n'est pas sans quelque intérêt : je cherchais du gibier, une après midi, tard, dans l'automne, à cette époque où les mâles se rassemblent entre eux, et où les femelles s'en vont également de leur côté. J'entendis glousser une de ces dernières; je regardai, et l'ayant aperçue perchée sur une clôture, je me dirigeai vers elle; tout en m'avançant lentement et avec précaution, je crus entendre aussi les notes glapissantes de quelques mâles, et je m'arrêtai pour écouter dans quelle direction ils venaient. Quand je m'en fus bien assuré, je courus au-devant d'eux, me cachai le long d'un gros tronc d'arbre qui était tombé, armai mon fusil, et attendis avec impatience le moment propice.

Les coqs continuaient de glapir en réponse à la femelle qui, pendant tout ce temps, restait sur sa palissade. Je jetai les yeux par-dessus la souche, et vis environ cinquante-gros mâles qui s'avançaient majestueusement et tout à découvert, juste vers l'endroit où je me tenais en embuscade. Ils vinrent si près de moi, que je pouvais aisément distinguer le point brillant de leurs yeux. Enfin, je leur envoyai mon coup de fusil qui en coucha trois par terre; les autres, au lieu de s'envoler, se mirent bravement à faire la roue autour des cadavres de leurs camarades; et si je ne me fusse en quelque sorte reproché comme un meurtre, de tirer mon second coup sans nécessité, j'en aurais encore tué au moins un. J'aimai mieux me montrer, et marchant vers l'endroit ou gisaient les morts, je mis en fuite les survivants. Je dois aussi mentionner qu'un de mes amis, tout en courant à cheval, a tué, d'un coup de pistolet, une belle poule, alors que probablement la pauvre mère retournait à son nid.

Pour peu que vous soyez un amateur de chasse, vous n'entendrez pas non plus sans intérêt le récit suivant que je tiens de la bouche d'un honnête fermier : les dindons étaient très abondants dans son voisinage; ils s'étaient adonnés à ses champs de blé, au moment même où le maïs venait de sortir de terre, et ils en détruisaient des quantités considérables. Notre homme jura de se venger de cette maudite engeance. Il ouvrit une longue tranchée dans un endroit favorable, y répandit beaucoup de blé, et ayant chargé jusqu'à la gueule une fameuse canardière, il la plaça de façon à pouvoir tirer la détente par le moyen d'une longue corde, tout en restant complétement caché aux yeux des dindons. Dès que ceux-ci eurent aperçu le blé dans la tranchée, ils ne se firent pas prier pour faire place nette. sans cesser, pour cela, leurs ravages dans les champs. La tranchée fut de nouveau remplie, et un beau jour, lorsqu'il la vit toute noire de dindons, le fermier se mit à siffler très fort. A ce bruit, la bande entière lève la tête, alors il tire la ficelle et le coup part! Vous eussiez vu les dindons décampant dans toutes les directions, en déroute complète et frappés d'épouvante. Quand il courut à la tranchée, il en trouva neuf sur le champ de bataille; les autres ne jugèrent pas à propos de renouveler leurs visites au blé, de toute la saison.

Au printemps, on appelle, ou, comme on dit, on *appipe* les dindons en aspirant l'air d'une certaine façon à travers l'un des os qui forment la seconde jointure à l'aile de cet oiseau. On produit ainsi un son qui ressemble à la voix de la femelle. Le mâle y vient et on le tue. Mais c'est un instrument dont il faut prendre garde de donner à faux, car les dindons sont très difficiles à tromper; *à moitié civilisés* surtout, ils deviennent farouches et grandement soupçonneux. J'en ai vu plusieurs répondre à cet appel, mais sans bouger d'un pas, et ainsi, déjouer entièrement la ruse du chasseur qui lui non plus, n'ose remuer, de peur qu'un seul regard du coq ne rende inutile toute tentative ultérieure pour l'attirer.

Mais la méthode la plus commune et la plus fructueuse pour se procurer des dindons, c'est celle *des cages*. On les établit dans la partie du bois où l'on a remarqué que ces oiseaux se perchent d'habitude, et on les construit de la manière suivante : On coupe de jeunes arbres de quatre à cinq pouces de diamètre, et on les fend en pièces longues de douze à quatorze pieds. Deux de celles-ci sont couchées sur le sol, parallèlement l'une à l'autre et à une distance de dix à douze pieds ; deux autres sont pareillement placées en travers et au bout des premières, à angle droit ; et ainsi de suite, on en couche de nouvelles les unes sur les autres, jusqu'à ce que la construction ait atteint une hauteur d'environ quatre pieds. On la recouvre alors de semblables traverses de bois placées à trois ou quatre pouces l'une de l'autre ; et, par-dessus le tout, on met une ou deux grosses souches, pour le charger et le rendre plus solide. Cela fait, il faut ouvrir une tranchée large et profonde d'environ dix-huit pouces, sous l'un des côtés de la cage dans laquelle elle vient déboucher obliquement et par une pente assez abrupte ; puis on la continue en dehors, à une certaine distance, de façon qu'elle atteigne insensiblement le niveau du sol aux environs ; enfin, sur une partie de la tranchée, en dedans de la cage et touchant à sa paroi, on établit quelques petits bâtons formant une sorte de pont qui peut avoir un pied de large. La trappe ainsi terminée, le chasseur répand au centre quantité de blé d'Inde ; il en met aussi dans la tranchée, et a soin d'en jeter çà et là quelques poignées au travers du bois ; cela se répète à chaque visite qu'il fait à sa cage, après que les dindons l'ont aperçue.

Parfois on creuse deux tranchées qui doivent s'ouvrir dans la cage par les deux côtés opposés, et sont l'une et l'autre garnies de grain. Un dindon n'a pas plutôt découvert la trainée de blé, qu'il pousse un *gluck* rétentissant, et donne avis de cette bonne aubaine à toute la bande ; à ce signal, chacun d'accourir. D'abord ils commencent par glaner les grains épars aux alentours; puis finissent par s'engager dans la tranchée qu'ils suivent l'un après l'autre, en se pressant le long du passage au-dessous du pont. De cette manière, quelquefois toute la troupe entre; mais plus ordinairement cinq ou six seulement, car ces oiseaux sont alarmés par le moindre bruit, même par le simple craquement d'une branche, dans les temps de gelée. Ceux qui sont en dedans, après s'être gorgés de grain, redressent la tête, et essaient de sortir par le haut ou les côtés de la cage. Ils passent et repassent sur le pont, ne s'imaginant jamais de regarder en bas, et sans avoir l'instinct de reprendre, pour s'échapper, le chemin par ou ils sont venus. Ils restent là, jusqu'au retour du chasseur qui ferme le passage et met la main sur ses prisonniers.

On m'a parlé de dix-huit dindons pris ainsi, en une seule fois; moi-même j'ai eu pour mon compte nombre de ces cages, mais je n'y en ai jamais trouvé plus de sept d'un même coup. Un hiver, je fis le total de ce que l'une d'elles m'avait produit : en deux mois seulement j'y en avais pris soixante-seize ! Quand ces oiseaux abondent, on est quelquefois fatigué d'en manger, et les propriétaires des cages négligent de les visiter pendant plusieurs jours ou même des semaines entières, de sorte que les pauvres prisonniers périssent de faim; car, quelque étrange que cela paraisse, rarement recouvrent-ils leur liberté en s'avisant de descendre dans la tranchée et de retourner sur leurs pas. Plus d'une fois j'en ai trouvé quatre, cinq et même dix de morts dans une cage par pure négligence. Là où les loups et les lynx sont nombreux, ils savent très bien rendre visite à la cage et la débarrasser de son butin, avant le propriétaire. Un matin j'eus la satisfaction de prendre dans une des miennes un beau loup qui, lorsqu'il m'avait vu, s'était tapi, croyant que je passerais dans une autre direction.

Les dindons sauvages s'approchent souvent des dindons domestiques, s'associent ou bien se battent avec eux, les chassent et s'approprient leur nourriture; quelquefois les coqs font la cour aux femelles apprivoisées, et en sont généralement reçus avec grande faveur, aussi bien que par les propriétaires de ces dernières, qui connaissent parfaitement l'avantage de ces sortes d'unions. En effet, la race mêtisse qui en provient, est beaucoup plus vigoureuse que celle des domestiqués, et par suite, bien plus facile à élever.

A Henderson, sur l'Ohio, j'avais chez moi, parmi beaucoup d'autres oiseaux sauvages, un superbe dindon élevé par mes soins dès sa première jeunesse, puisque je l'avais pris n'ayant probablement pas plus de deux ou trois jours. Il s'était rendu si familier, qu'il suivait tout le monde à la voix, et était devenu le favori du petit village; toutefois, il ne voulut jamais se percher avec les dindons domestiques, mais régulièrement se retirait à la nuit, sur le toit de la maison où il demeurait jusqu'à l'aurore. Quand il eut deux ans, il commença à voler dans les bois, y passant la plus grande partie du jour, pour ne revenir à l'enclos que quand la nuit approchait. Il continua ce genre de vie jusqu'au printemps suivant où je le vis plusieurs fois s'envoler de son perchoir, sur la cime d'un grand cotonnier, au bord de l'Ohio, puis après s'y être un moment reposé, reprendre son essor jusqu'à la rive opposée, bien que la rivière, en cet endroit, n'eût pas moins d'un demi mille de large; mais toujours il revenait à la tombée de la nuit. Un matin, de très bonne heure, je le vis s'envoler vers le bois, dans une autre direction, mais sans faire grande attention à cette circonstance. Cependant, plusieurs jours se passèrent, et l'oiseau ne reparut plus.

Quelque temps après, j'étais à la chasse, me dirigeant vers certains lacs aux environs de rivière verte. J'avais fait à peu près cinq milles, lorsque j'aperçus un bel et gros dindon qui traversait le sentier devant moi, et s'en allait en se prélassant tout à son aise. C'était le moment où la chair de ces oiseaux est dans sa vraie primeur, et je lançai mon chien qui partit au galop. Il approchait déjà du dindon, et je voyais à ma grande surprise, que celui-ci n'avait pas beaucoup l'air de s'en émouvoir. Junon allait sauter dessus, quand soudain elle s'arrêta et tourna la tête vers moi. Je courus, et jugez de mon étonnement, lorsque je reconnus mon oiseau favori lequel, ayant lui-même reconnu le chien, n'avait pas voulu fuir devant lui ; bien qu'assurément la vue d'un chien étranger n'eût pas manqué de lui faire retrouver à l'instant toutes ses jambes! par hasard, un de mes amis passait par là, à la recherche d'un daim blessé; il prit l'oiseau sur sa selle, devant lui, et le réintégra au domicile. — Le printemps suivant, il fut tué par mégarde, ayant été pris pour un dindon sauvage; mais on me le rapporta, après qu'on l'eut reconnu au ruban rouge qu'il portait toujours autour du cou.

Maintenant, dites-moi, cher lecteur, quel nom donner à ce fait? Voilà un dindon qui reconnait mon chien, longtemps son compagnon dans le verger et dans les champs! Est-ce ici le résultat de l'*instinct* ou de la *raison*; l'effet purement mécanique d'une impression qui se réveille, sans que l'animal en ait conscience, ou bien, l'acte d'un esprit intelligent?

A l'époque où je me retirai dans le kentucky, il y a déjà plus d'un quart de siècle, les dindons étaient si abondants, que le prix d'un de ces oiseaux sur le marché, était moindre qu'aujourd'hui celui du plus mince volatille de basse cour. J'en ai vu offrir pour la somme de trois pence (1) la pièce, et qui pesaient de dix à douze livres. Un dindon de premier choix, pesant de vingt-cinq à trente livres, était regardé comme bien vendu pour un quart de dollar (2).

Quant aux poules, leur poids est de neuf livres, en moyenne. Cependant, dans la saison des fraises, j'ai tué des femelles qui ne pondaient plus et pesaient treize

(1) 30 centimes.

(1) 1 fr. 25 centimes.

livres; et j'en ai vu quelques unes de si grasses, que le corps leur crevait en tombant à terre, de l'arbre où on les avait tuées. Les mâles varient davantage en taille et en pesanteur. De quinze à dix-huit livres, c'est bellement estimer leur poids ordinaire. J'en vis un, en vente, au marché de Louisville, qui pesait trente-six livres. Ses appendices pectoraux mesuraient un grand pied.

Quelques naturalistes de cabinet représentent la femelle comme privée de ces appendices à la gorge; mais tel n'est pas le cas pour l'oiseau complètement venu. Comme je l'ai dit, les jeunes mâles, aux approches du premier hiver, ont simplement à cette partie, une sorte de protubérance dans la chair, tandis que les poules du même âge n'offrent rien de pareil. La seconde année, les mâles se reconnaissent au pinceau de poils qui peut avoir quatre pouces de long, au lieu que, chez les femelles qui ne sont pas stériles, c'est à peine s'il est apparent. La troisième année, le mâle peut être réputé adulte, bien qu'il doive croître encore en taille et en poids, pendant plusieurs années. Les femelles, à quatre ans, sont dans leur pleine beauté, et ont les appendices pectoraux longs de quatre ou cinq pouces, mais moins gonflés que dans le mâle. Les poules stériles ne les acquièrent que dans un âge très avancé. Le chasseur expérimenté sait les reconnaître du premier coup d'œil, parmi toutes les autres, et les tue de préférence. Le grand nombre de jeunes poules qui manquent des mamelons en question, a sans doute donné naissance à cette idée, que toutes en sont dépourvues.

Les doubles plumes longues et tombantes qui, chez

cet oiseau, recouvrent les cuisses et le bas des flancs, sont souvent employées, par les femmes de nos colons et de nos fermiers, pour faire des palatines. Ces palatines, bien confectionnées, sont d'un bel effet et très confortables.

L'OHIO.

Comme nous nous disposions, ma femme, mon fils aîné, alors enfant, et moi, à retourner de la pensylvanie dans le Kentucky, nous décidâmes, les eaux étant extraordinairement basses, de nous pourvoir d'un *esquif* qui pût nous conduire jusque chez nous, à Henderson. Je me procurai en conséquence un bateau de ce nom, large, commode et léger. Nous nous étions précautionnés d'un matelas, et nos amis nous approvisionnèrent de viande nouvellement préparée. Nous avions pour rameurs deux robustes nègres; et c'est dans cet équipage que nous quittâmes le village de Schippingport, comptant atteindre, en peu de jours, le lieu de notre destination.

On était au mois d'octobre; les teintes automnales décoraient déjà les rivages de cette reine des rivières, l'Ohio; de chaque arbre, pendaient de longs et flottants festons de différentes espèces de vignes sauvages; les cimes ployaient sous des grappes de fruits aux couleurs brillantes et variées, et leurs tons d'un carmin bronzé, se mariant aux nuances jaunes du feuillage où se voyait encore un reste de verdure, réfléchissaient, du limpide courant des eaux, un éclat plus vif, des teintes plus délicieuses que jamais peintre de paysage n'en reproduisit, que jamais poëte n'a pu en imaginer.

Les jours étaient chauds encore; le soleil avait repris cette splendide et ardente couleur qui, dans cette saison, produit le singulier phénomène que l'on connaît sous le nom de l'*été indien*. La lune avait plus d'à moitié rempli son disque; et nous nous laissions aller, glissant au courant de la rivière, sans rencontrer d'autre agitation à la surface que celle qu'y faisait naître le mouvement de notre bateau. Tout entiers aux loisirs du voyage, nous passions nos journées, absorbés dans la contemplation du grand et magnifique spectacle que la nature sauvage déroulait autour de nous.

De temps à autre, un gros *chat marin* (1) montait à fleur d'eau, poursuivant un banc de petits poissons qui sautaient tous à la fois hors du liquide élément comme autant de flèches nacrées, et faisaient l'effet d'une véritable pluie de lumière, tandis que leur ennemi, les mâchoires entr'ouvertes, saisissait les imprudents qui s'étaient attardés, puis, d'un coup de sa queue, faisant jaillir les ondes, disparaissait à notre vue. Nous entendions aussi d'autres poissons qui produisaient un bruit sourd sous notre barque; et d'abord nous ne savions à

(1) *Cat-fish*, Pimélode chat (*Pimelodus felis*, Lacép.; *Siluris felis*, Linn.). Voy. pour plus de détails au second volume, la *Pêche dans l'Ohio*.

quoi attribuer ces sons étranges ; mais nous ne tardâmes pas à reconnaître qu'ils provenaient de *la perche blanche* ; car lorsque le bruit cessait par intervalles, nous n'avions qu'à jeter à l'avant notre filet, pour prendre une certaine quantité de ces poissons délicats.

La nature, parmi ses diverses combinaisons, semble avoir traité cette partie des États-Unis avec une tendresse toute spéciale : que le voyageur remonte ou descende l'Ohio, il ne peut s'empêcher de remarquer que presque tout le long de son cours, la rivière, sur l'une de ses rives, est bordée de hautes montagnes et d'un terrain à l'aspect abrupte et tourmenté ; tandis que sur l'autre, à perte de vue, s'étendent d'immenses plaines formées des plus riches dépôts d'alluvion. Des îles variées de grandeur et de forme s'élèvent çà et là du sein des eaux, et souvent le courant capricieux vous pousse sur des nappes tranquilles où l'on ne croit plus flotter que sur un lac d'une médiocre étendue. Quelques-unes de ces îles sont considérables et ont de l'importance ; d'autres, au contraire, petites et insignifiantes, ne semblent là que pour le contraste, et seulement pour rehausser l'intérêt général de la scène. Ces petites îles sont fréquemment submergées dans les grandes eaux, et il s'y accumule alors des amas prodigieux de bois flottant. Je l'avoue, ce n'était pas sans un serrement de cœur que nous réfléchissions aux changements que la culture devait bientôt produire sur ces bords ravissants.

Quand arrivait la nuit, plongeant dans les ténèbres les parties plus reculées de la rivière, nos esprits se remplissaient de plus fortes émotions qui les emportaient bien au-delà du moment présent : le tintement des clochettes au cou des troupeaux, nous disait que près de nous, dans une douce sécurité, de paisibles animaux erraient de vallée en vallée, à la recherche du pâturage, ou s'acheminaient, pour regagner là-bas leur bergerie. Les houhoux du grand duc ou le battement moelleux de ses ailes, comme il se balançait mollement au-dessus des eaux, les sons de la corne du batelier, qui s'en allaient de plus en plus lointains et affaiblis dans les airs, tout cela parlait vivement à notre âme. Puis, au retour de l'aurore, de chaque feuillage s'élançaient de joyeux chanteurs dont l'écho répétait les notes harmonieuses que l'oreille écoutait dans un ravissement toujours nouveau. Çà et là apparaissait la cabane isolée d'un pionnier, premier vestige d'une civilisation naissante; et fréquemment nous voyions des cerfs et des daims traverser le courant, pour gagner la plaine, signe certain qne la neige ne tarderait pas à couvrir les montagnes.

Très souvent aussi nous rencontrions et dépassions bientôt de pesants bateaux plats, les uns chargés du produit des différentes sources et des petites rivières qui versent dans l'Ohio le tribut de leurs eaux; les autres, de moindre dimension, et où s'entassaient des émigrants de toutes nations, à la recherche d'une nouvelle demeure. Pures jouissances, scènes de la solitude, ah ! ce n'est que devant une pareille nature, et entouré des siens, comme je l'étais, qu'on peut goûter tout votre charme.

A cette époque, les rivages abondaient de gibier : dindons sauvages, coqs de bruyère, sarcelles aux ailes bleues s'offraient d'eux-mêmes à mes coups. Aussi faisions-nous bonne chère ! En qnelque endroit qu'il nous plût d'aborder, nous n'avions qu'à descendre, battre le briquet et, pourvus comme nous l'étions de tous les ustensiles nécessaires, nous avions bientôt devant nous un succulent repas.

Ainsi passèrent plusieurs de ces heureux jours ; et nous approchions de notre demeure, lorsqu'un soir, non loin de la *Crique aux pigeons* (c'est un petit ruisseau qui, de l'État d'Indiana, coule dans l'Ohio), nous entendîmes un bruit éclatant, étrange, si semblable au cri de guerre des Indiens, que nous nous jetâmes aux avirons, en ramant vers l'autre bord aussi promptement et aussi doucement que possible. Le bruit augmentait ; nous nous imaginions déjà entendre des cris de meurtre ; et comme nous savions que récemment des dépradations avaient été commises par un parti de naturels mécontents, nous nous trouvâmes, pour un moment, très mal à l'aise. Cependant peu à à peu le calme nous revint, et nous pûmes bientôt nous convaincre, à n'en plus douter, que ce singulier vacarme était produit par une secte d'enthousiastes méthodistes qui s'étaient ainsi écartés de la route ordinaire, tout exprès pour tenir un de leurs *meetings* annuels, à l'ombre d'une forêt de grands hêtres. Ce fut sans nouvelle interruption dans notre voyage, que nous atteignimes Henderson, distant, par eau, de Shippingport, d'environ deux cents milles.

Quand je me reporte à ces temps, quand je rappelle à mon esprit la grandeur et la beauté de ces rivages solitaires, quand je me représente les cimes épaisses et ondoyantes des forêts ombrageant la pente des montagnes, s'inclinant au bord des eaux, et vierges encore de la hâche du bûcheron; quand je sais ce qu'ont versé de leur sang nombre de dignes Virginiens pour conquérir la paisible navigation de cette rivière; quand je vois que là ne se rencontre plus un seul homme de la race primitive, que là aussi, ont cessé d'exister les innombrables troupeaux d'élans, de daims et de buffles, qui paissaient autrefois sur ces montagnes et dans ces vallées, traçant d'eux-mêmes et pour leurs propres besoins, de larges sentiers vers chaque source salée; quand je réfléchis que toute cette immense partie de notre Union, au lieu d'en être encore à l'état de nature, est maintenant plus ou moins couverte de villages, de fermes, de villes même, où l'on n'entend plus que le son aigu du marteau et le bruit assourdissant des machines; que les bois s'en vont, disparaissant grand train, le jour, sous la cognée, et la nuit dévorés par le feu; que des centaines de bateaux à vapeur sillonnent en tous sens et dans toute sa longueur le cours de la majestueuse rivière, forçant le commerce à prendre racine et à prospérer sur chaque point; quand je vois, enfin, le trop plein de la population de l'Europe s'acharnant avec nous à la destruction de ces malheureuses forêts, pour nous aider à transplanter la civilisation jusqu'au fond de leurs plus sombres retraites; et quand je me dis que, pour tous ces changements si extraordinaires, il a suffi de la courte période d'une vingtaine d'années; alors, malgré moi, je m'arrête saisi d'étonnement; tout cela est un fait accompli, je le sais; et néanmoins j'ai peine encore à croire à sa réalité.

Ces changements sont-ils pour un bien ou pour un mal? Je ne prétends pas le décider. Mais quoiqu'il en puisse être de mes secrètes préférences, je me permettrai du moins d'exprimer un regret: pourquoi, en effet, n'existe-t-il pas dans nos archives quelque rapport un peu satisfaisant sur l'état de cette portion du pays, à compter de l'époque où notre peuple y fit ses premiers établissements? Serait-ce qu'en Amérique il n'y aurait personne à la hauteur d'une telle tâche? Non assurément! nos Irving, nos Cooper, ont donné de leur compétence à cet égard des preuves qui ne laissent rien à désirer. Disons plutôt que la faute en est aux changements qui, sur ce théâtre, se succèdent avec une si merveilleuse rapidité, que leur plume même aurait à peine le temps de les constater. Eh bien! il n'est pas trop tard encore; et mon vif, mon sincère espoir est que l'un ou l'autre, ou même tous les deux, mettront, sans tarder, la main à l'œuvre, pour charmer les générations futures, en nous décrivant, mieux que personne ne pourrait le faire, l'état primitif de ces contrées dont la forme et les beautés naturelles vont s'effaçant si promptement sous les pas d'une population toujours croissante. Oui! j'espère, avant de terminer ma course sur cette terre, j'espère lire les récits de ces délicieux écrivains, nous dépeignant les progrès de la civilisation dans nos États de l'ouest. Là ils nous parleront des Clarck, des Croghan, des Boon, et de tant d'autres hommes aux entreprises grandes et hardies; ils nous recomposeront le pays tel qu'il était autrefois; et d'un sujet digne de leurs pinceanx, il auront fait un tableàu immortel.

LE GRAND MARAIS DE PINS
DE LA PENSYLVANIE.

Je quittai Philadelphie à quatre heures du matin, par le coche, n'emportant avec moi que le bagage strictement nécessaire pour l'expédition projetée ; c'est-à-dire, une boîte qui contenait un petit paquet de linge, du papier à dessiner, mon journal, des couleurs et des pinceaux, plus, vingt-cinq livres de plomb, mon fusil »*tear-jacket*» quelques pierres, un peu d'argent, et par dessus tout, un cœur plus que jamais enthousiaste de la nature.

Nos voitures ne sont pas des meilleures, et ne se meuvent pas avec toute la célérité qu'on leur connait dans certains autres pays. Il était donc huit heures et nuit close quand nous atteignimes « Mauch-Chunk » aujourd'hui si réputé dans toute l'Union pour ses précieuses mines de charbon, et situé à quatre-vingt-huit milles de Philadelphie. Nous avions traversé des contrées d'un aspect très divers, les unes savamment cultivées, d'autres encore à l'état de nature, et qui ne m'en plaisaient que mieux. En descendant de voiture, j'entrai dans la salle des voyageurs et demandai l'hôte. Sur le champ, je vis venir à moi un jeune homme de bonne mine auquel je fis part de ce que je désirais. Il me répondit d'un air affable, offrant de me loger et de me nourrir à bien meilleur compte que les voyageurs qui venaient pour le simple plaisir de se faire trainer sur le railway. En un mot, nous étions d'accord au bout de cinq minutes, et je me trouvais installé très confortablement.

Au premier chant du coq annonçant au petit village l'approche du jour, j'étais en route avec mon fusil et mon album, pour juger par moi-même des ressources du pays. Je me dirigeai à travers champs, gravis je ne sais combien de montagnes escarpées. et m'en revins, sinon fatigué, au moins très désappointé de n'avoir pas vu d'oiseaux; aussi fis-je de suite mes arrangements avec un voiturier, pour être transporté dans les parties centrales du grand marais de pins; et sans retard nous partîmes. Il commençait alors à s'élever un ouragan furieux; néanmoins j'ordonnai à mon conducteur de pousser en avant. Il nous fallut tourner plus d'une haute montagne, et nous parvinmes enfin à en franchir une qui dominait toutes les autres aux environs. Le temps était devenu affreux; la pluie nous transperçait jusqu'aux os, mais ma résolution était inébranlable, et le postillon dut continuer sa route. Après avoir ainsi fait environ quinze milles, nous quittâmes la chaussée, et nous engageâmes dans une montée étroite et difficile qui semblait n'avoir été coupée dans le roc que pour permettre aux habitants du marais de recevoir leurs provisions du village que je venais de quitter. Plusieurs fois nous nous trompâmes de chemin, et il faisait nuit sombre quand un poteau nous indiqua par bonheur celui qui conduisait à la maison d'un M. Jediah Irish à qui j'avais été recommandé. Nous prîmes alors en cahotant par une descente roide que bordaient, d'un côté, des rochers à pic, et de l'autre un petit ruisseau qui semblait gronder à l'approche des étrangers. Le sol était tellement encombré de lauriers et de grands pins de diverse nature, que le tout ne présentait qu'une masse confuse et ténébreuse.

Enfin nous atteignîmes l'habitation dont la porte se trouvait déjà ouverte, l'apparition de visages inconnus n'ayant rien de surprenant, même dans les parties les plus reculées de nos forêts. J'entrai et l'on m'approcha tout d'abord une chaise, tandis qu'on montrait à mon conducteur le chemin de l'étable; et dès que j'eus exprimé le désir que j'éprouvais de rester quelques semaines dans cette maison, la bonne dame à qui je m'adressais me répondit de la façon la plus obligeante, quoique pour le moment, son mari fût absent de chez lui. J'engageai tout de suite la conversation, en demandant quelle était la nature du pays, et si les oiseaux étaient nombreux dans le voisinage; mais mistress Irish s'entendant mieux aux affaires de son intérieur qu'à ce qui concernait l'ornithologie, me renvoya, pour les renseignements, à un neveu de son mari, qui ne tarda pas à paraître, et en faveur duquel a première vue, je me sentis prévenu. Son langage indiquait un jeune homme instruit ; de son côté, il s'aperçut que moi-même je n'ètais pas non plus sans qnelques connaissances; et finalement il me dit adieu, d'un ton qui me donna beaucoup à espérer.

L'ouragan était déjà balayé, lorsqu'au matin les premiers rayons du soleil étincelaient sur le feuillage humide dont ils faisaient éclater toute la richesse et la splendeur. Mon oreille s'ouvrait délicieusement aux notes si douces, si mélodieuses de la grive des bois et autres oiseaux chanteurs; à peine avais-je fait quelques pas, que la détonation de mon fusil réveillait l'écho des bois, et je ramassais, parmi les feuilles, une charmante fauvette que j'avais longtemps cherchée, mais jusqu'ici toujours en vain. Je n'en demandais, pour l'instant, pas d'avantage; et tout en faisant une courte halte, je pus me convaincre que le marais hébergeait nombre d'autres sujets non moins précieux pour moi.

Le neveu me rejoignit bientôt, sa carabine sur l'épaule, et s'offrit à m'accompagner au travers des bois dont il connaissait toutes les retraites ; mais j'étais impatient de fixer sur le papier, la forme et la beauté de mon petit oiseau; je le priai donc de casser, pour marquer la place, une branche de laurier en fleurs, et revins avec lui à la maison, ne parlant plus que de l'aspect enchanteur de la contrée, et des scènes pittoresques qu'offrait le paysage autour de nous.

Plusieurs jours se passèrent, durant lesquels je fis connaissance avec mon hôtesse et sa petite famille; et sauf quelques rares excursions, j'employais la plus grande partie de mon temps à dessiner. Un matin, comme je me tenais près de la fenêtre de ma chambre je vis descendre de cheval un homme grand et d'apparence robuste, qui défit la sangle, enleva la selle d'une main, passa de l'autre, la bride par dessus la tête de l'animal, et se dirigea vers la maison, tandis que le cheval s'en allait de lui-même boire au petit ruisseau. Il se fit alors un certain mouvement dans l'appartement au-dessous de moi, puis je vis ressortir le grand individu qui prit le chemin des scieries et des magasins situés à environ cent mètres de la maison. Les affaires avant tout! Telle est la dévise des américains; et, en cela, ils n'ont pas tort. Au bout de quelques minutes mon hôtesse entra dans ma chambre, accompagnée d'un homme à la mine prévenante, que je reconnus de suite pour un habitant des bois, et qu'elle me présenta comme M. Jediah Irish, son mari. Lecteur, je ne puis vous énumérer toutes les qualités de cet homme réellement excellent; il faut avoir comme moi, vécu dans l'intimité avec lui, pour bien apprécier la valeur d'une telle rencontre, au milieu de nos forêts. Non-seulement il me fit le meilleur accueil, mais promit de me seconder de tous ses efforts, pour la réussite de mes projets.

Nos longues promenades, et ces conversations que nous aimions davantage encore à prolonger, je ne les oublierai jamais, non plus que tant de beaux oiseaux que nous avons poursuivis, tués ensemble, et que nous admirions si bien tous deux! Cette venaison succulente, cette délicate chair d'ours, ces truites délicieuses, mon régal de chaque jour, il me semble les savourer encore;

et quel plaisir aussi de l'entendre me lire ses poëmes favoris de Burns, pendant que, le crayon à la main, je donnais la dernière touche au dessin d'un oiseau que j'avais là devant moi ! Oui ! c'en était assez pour faire revivre, dans ma mémoire, les fraîches impressions de mon enfance, alors qu'émerveillé, je lisais les descriptions de cet âge d'or que je retrouvais ici réalisé sous mes yeux.

Le Lehigh qui coule non loin, décrit brusquement plusieurs coudes entre les montagnes, et donne naissance à de nombreuses chutes au-dessous desquelles de vastes réservoirs font, de cette rivière, une ressource précieuse pour l'établissement de toutes sortes de moulins.

Quelques années avant l'époque dont je parle, mon hôte avait été choisi comme agent de la compagnie charbonnière du Lehigh ; il fut chargé en outre de la construction des moulins, et de surveiller l'exploitation des beaux arbres qui couvraient les montagnes aux environs. Jeune, fort, actif, et de plus, industrieux et persévérant, il se mit à la tête de quelques ouvriers, planta tout d'abord sa tente aux lieux où maintenant se voit sa maison ; puis, ayant déblayé à force de bras, la route dont j'ai parlé plus haut, il finit par atteindre la rivière au centre d'un tournant, et y construisit plusieurs moulins. A cet endroit, le passage se retrécit tellement, qu'il semble avoir été formé par un déchirement de la montagne dont les flancs se dressent abrupts de chaque côté ; aussi la place où s'élevèrent les premiers bâtiments est-elle presque partout d'un difficile accès, la route nouvellement coupée n'étant alors abordable que pour les hommes et les chevaux. Jédiah me disait, en me montrant un rocher à cent cinquante pieds au-dessus de nos têtes : c'est par là que, pendant plusieurs mois, on nous descendit à l'aide de cordes, nos provisions enfermées dans des barils. Mais dès qu'il y eut un moulin à scie, les bucherons commencèrent leur œuvre de dévastation. L'un après l'autre, on les entendit, et maintenant encore on les entend tomber ces pauvres arbres, sans cesse, tant que dure le jour; et dans le calme des nuits, les insatiables moulins ne disent que trop, triste nouvelle, qu'avant un siècle, les nobles forêts qui les entourent, n'existeront plus. Successivement, de nouveaux moulins furent construits, on éleva maintes écluses, comme autant de défis jetés au cours impétueux du Lehigh. Aujourd'hui déjà un bon tiers des arbres sont abattus, convertis en planches de toute les dimensions; et, à cette heure peut être, flottent jusqu'à Philadelphie.

Dans une pareille entreprise, ce n'est pas tout que d'abattre les arbres, il faut ensuite les hisser jusqu'à la crète des montagnes qui dominent la rivière, les lancer dans le courant et les faire arriver aux moulins, en franchissant des passages où quelquefois les eaux sont très basses, sans compter mille autres difficultés. Étant sur les lieux, je me plaisais à visiter l'un des principaux sommets d'où l'on précipitait les troncs d'arbres. Les voir rouler l'un par dessus l'autre d'une telle hauteur, donnant çà et là de tout leur poids contre l'angle aigu de quelque rocher, puis, rebondissant comme une balle élastique, aller enfin tomber dans la rivière, avec un craquement épouvantable, c'était, je vous proteste, un spectacle des plus saisissants, mais qu'il m'est impossible de vous décrire. Vous dirai-je que j'ai vu des masses de ces énormes troncs entassés l'un sur l'autre au nombre de cinq mille ? Et pourquoi pas, puisque de mes yeux, je l'ai vu? Mon ami, M. Irish, m'assura qu'à certains moments, il y en avait bien plus encore ; à ce point, qu'aux endroits où ces piles s'amoncelaient, le cours de la rivière en était complétement intercepté.

L'époque des crues, ou « *freshets* » est le temps que l'on choisit pour amener les arbres aux diffèrents moulins. C'est ce qu'ils appellent pour eux, une *bonne partie* ; jediah qui, généralement en est le chef, se dirige, suivi de ses hommes, vers le tas le plus élevé. Chacun d'eux est muni d'un fort lévier de bois, d'une hache à manche court ; et tous, soit l'hiver, soit l'été, se jettent à l'eau comme de vrais terres-neuves. Petit à petit, les troncs sont détachés et s'en vont flottant, de cascade en cascade, sur la rivière ; tantôt heurtant contre un rocher et tournoyant plusieurs fois sur eux-mêmes ; tantôt arrêtés court et par douzaines sur un bas fonds au travers duquel il faut les pousser à grand renfort de leviers. Maintenant ils rencontrent une chaussée qu'on leur fait aussi franchir ; mais, soit ici, soit là, il en reste toujours quelques-uns ; et quand la joyeuse troupe arrive à la dernière écluse qui se trouve juste à l'endroit où le camp de mon ami Jédiah fut d'abord établi, le conducteur et ses hommes, au nombre d'environ soixante, trempés à qui mieux mieux, prennent le chemin de la maison, où après un repas copieux, ils passent la soirée et une partie de la nuit à danser et s'amuser à leur manière, c'est-à-dire, avec une simple et franche cordialité, et sans beaucoup se troubler l'esprit de l'idée qu'il leur faudra, dès le matin, commencer de non moins pénibles travaux.

Cependant, le matin est bientôt venu ; l'un d'eux, du seuil des magasins, donne le signal au son de la corne, et chacun retourne à son ouvrage. Scieurs et charpentiers déjà sont à la besogne ; tous les moulins tournent à la fois, et ces gros troncs qui, quelques mois auparavant servaient de support à des cimes verdoyantes et touffues, se voient maintenant taillés, fendus en planches qu'on lance sur le courant, et dont on forme des radeaux pour le marché.

Durant les mois de l'été et de l'automne, le Lehigh qui, de lui-même, est une petite rivière, devient extrêmement bas ; et il serait impossible d'y faire flotter des trains de bois, si l'on n'y eut artificiellement pourvu, en mettant en réserve un supplément d'eau. Pour cet objet, à la gorge de la chaussée la moins haute, on a pratiqué une porte que l'on ouvre à l'approche des trains. Ils passent alors avec la rapidité de l'éclair, poussés par les eaux accumulées dans l'écluse et qui suffisent d'ordinaire à les porter jusqu'à Mauch-Chunk ; après quoi, entrant dans des canaux réguliers, ils ne rencontrent plus d'obstacle pour arriver à destination.

Du temps que la population ne s'était pas encore multipliée dans cette partie de la Pensylvanie, il y avait aux environs, abondance de toute sorte de gibier. L'élan même, ne dédaignait pas de venir brouter sur le flanc des montagnes, près du Lehigh; ours et daims devaient aussi y être nombreux, puisqu'à l'époque où j'écris ces lignes, les chasseurs résidants en tuent encore beaucoup. Le dindon sauvage, le faisan et le tetrão n'y manquent pas non plus; et les truites, ah! lecteur, si vous êtes amateur de pêche, allez-y vous même chercher fortune. Quant à moi, ce que je puis dire, c'est que souvent ma main s'est fatiguée à enlever, des moindres ruisseaux, le poisson aux écailles étincelantes, qu'attirait en foule l'appât d'une simple sauterelle se débattant à mon hameçon.

A propos d'ours, il se passa une petite scène assez comique et que je veux vous raconter : une après-midi, quelques travailleurs de M. Jédiah s'en revenant de Mauch-Chunk, avaient pris au court par dessus les montagnes; c'était la saison où les baies du myrtille sont en pleine maturité. Tout-à-coup ils s'arrêtent, avertis de l'approche de plusieurs ours qu'ils entendent renifler bruyamment l'air. A peine ont-ils eu le temps de se mettre sur leurs gardes, qu'ils voient paraître une troupe composée, au grand complet, de huit de ces animaux. Armés chacun de leur hache à courte poignée, mes braves font face et s'avancent pour livrer bataille; mais bientôt les assaillis deviennent les assaillants et jouent si bien des dents et des griffes, qu'en un clin d'œil, ils mettent les hommes en déroute; et vous les eussiez vus qui se sauvaient à toutes jambes et se précipitaient en tumulte du sommet de la montagne. Le bruit de l'aventure se répandit rapidement; ce fut à qui saisirait sa carabine pour voler sur le théâtre de l'action; mais quand on y arriva, les ours avaient entièrement disparu. La nuit ramena les chasseurs à la maison, et de grands éclats de rire furent la conclusion de l'affaire.

Je demeurai six semaines dans la grande forêt de pins (à proprement parler, ce n'est pas un marais, et j'y enrichis mon album de nombreux dessins. Cependant, il était temps de quitter la Pensylvanie pour suivre, vers le sud, les troupes de nos oiseaux émigrants; je dis donc adieu à l'excellente femme de mon ami, ainsi qu'à ses enfants aux joues de rose, sans oublier le bon neveu. Pour Jédiah, s'étant chargé de sa pesante carabine, il voulut absolument m'accompagner; et, après une marche pénible, tout droit au travers des montagnes, nous arrivâmes à Mauch-Chunk à temps pour le dîner. Ce brave et généreux camarade, aurai-je jamais le plaisir de le revoir?

A Mauch-Chunk où nous passâmes la nuit ensemble, je reçus la visite de M. White, l'ingénieur civil qui me pria de lui laisser examiner mes cartons. Les nouvelles qu'il me donna de mes fils, alors dans le Kentucky, augmentèrent encore mon impatience de les rejoindre; et, longtemps avant qu'il ne fît jour, j'échangeais une cordiale poignée de main avec mon hôte de la forêt, et me trouvais en route pour la capitale de la Pensylvanie. Livré à mes réflexions, et n'ayant d'autre compagnon qu'une bise piquante et glaciale, je me demandais, tout en cheminant, comment il se pouvait faire que nos philadelphiens ignorassent, à ce point, l'existence d'un lieu tel que la grande forêt de pins, vers laquelle, sans doute pas un seul d'entre eux n'eût été capable de diriger mes pas. Quel dommage, me disais-je en moi-même, que tant de jeunes gentlemen qui ne savent comment tuer le temps, ne s'avisent, un jour, de consacrer leur loisir à l'exploration de ces retraites sauvages, si riches et si bien peuplées pour un ami de la nature! Que leurs pensées prendraient un tour différent, si au lieu de perdre des semaines à perfectionner leurs insipides courbettes, à courir le monde en grand équipage, n'ayant d'autre ambition que de faire admirer la tournure de leurs jambes, ou de déguster leurs vins dans quelque rendez-vous, ils voulaient s'occuper enfin à contempler les trésors que la nature, avec tant de profusion, a répandus tout autour d'eux; ou seulement, s'ils cherchaient à doter, de quelque nouveau spécimen, leur musée dont autrefois on admirait l'ordre parfait et les précieuses collections! Mais hélas! ils ne se soucient guère des richesses que renferme le grand marais de pins; et probablement, l'hospitalité qu'on y trouve serait encore moins de leur goût!

L'AIGLE A TÊTE BLANCHE.

La figure de ce noble oiseau est bien connue de par tout le monde civilisé ; blazonnée comme elle l'est sur notre étendard national qui flotte au vent de tous les climats, et porte, aux terres les plus reculées, le souvenir d'un grand peuple vivant dans un état de pacifique indépendance. Puisse cette pacifique indépendance durer toujours !

La grande force, l'audace, le courage et le sang-froid de l'aigle à tête blanche, joints à la puissance de son vol sans rival, en font un type éminemment remarquable parmi ses frères. Si, à toutes ces qualités, s'unissaient quelques dispositions généreuses, il pourrait alors être vanté comme un modèle de noblesse. Et cependant le caractère féroce, dominateur, tyrannique, qu'il déploie le plus souvent dans ses actions, est celui qui convenait le mieux à son état, et que le créateur, dans sa sagesse, a dû lui donner, pour le mettre mieux à même de remplir le rôle qu'il lui avait assigné.

Pour vous donner une idée du naturel de cet oiseau, permettez-moi, cher lecteur, de vous transporter sur le Mississipi. Laissez votre barque flotter doucement au courant des ondes, tandis qu'aux approches de l'hiver s'avancent, sur leurs ailes sifflantes, des bataillons d'oiseaux d'eau qui désertent les contrées du Nord, et cherchent une meilleure saison, sous des latitudes plus tempérées. Regardez: là, tout au bord du large fleuve, l'aigle, dans une attitude droite, est perché sur la dernière cime du plus haut des arbres, son œil étincelant d'un feu sombre, domine sur la vaste étendue; il écoute, et son oreille subtile est ouverte à chaque bruit lointain, et de temps à autre il jette un regard au-dessous sur la terre, de peur que même le pas léger du faon ne lui échappe. Sa femelle est perchée sur le rivage opposé, et si tout demeure tranquille et silencieux, elle l'avertit par un cri de patienter encore. À ce signal bien connu, le mâle ouvre en partie ses ailes immenses, incline légèrement son corps en bas, et lui répond par un autre cri qui ressemble à l'éclat de rire d'un maniaque; puis il reprend son attitude droite, et de nouveau tout est redevenu silence. Canards de toute espèce, sarcelles, macreuses et autres (1), passent devant lui en troupes rapides et descendent le fleuve; mais l'aigle ne daigne pas y prendre garde, cela n'est pas digne de son attention. — Tout à coup, comme le son rauque du clairon, la voix d'un cygne a retenti, distante encore, mais se rapprochant. Un cri perçant traverse le fleuve, c'est celui de la femelle, non moins attentive, non moins alerte que son mâle. Celui-ci se secoue violemment tout le corps, et de quelques coups de son bec aidé par l'action des muscles de la peau, arrange en un instant son plumage. — Maintenant le blanc voyageur est en vue; son long cou de neige est

(1) The Widgeon, the Mallard (*Anas americana, Anas boschas* vel *fusca*).

tendu en avant, ses yeux sont sur le qui-vive, vigilants comme ceux de son ennemi; ses larges ailes semblent supporter difficilement le poids de son corps, bien qu'elles battent l'air incessamment; il paraît si fatigué dans ses mouvements, que même ses jambes sont étendues au-dessous de sa queue pour la seconder dans son vol. Il approche néanmoins, il approche; et l'aigle l'a marqué pour sa proie. Au moment où le cygne va dépasser le sombre couple, complétement préparé pour la chasse, s'élance le mâle en poussant un cri formidable; le cygne l'entend, et il résonne plus sinistre à son oreille que la détonation du fusil meurtrier.

C'est le moment d'apprécier toute la puissance dont l'aigle dispose: il glisse au travers des airs semblable à l'étoile qui tombe, et, rapide comme l'éclair, il fond sur sa tremblante victime qui, dans l'agonie du désespoir, essaie par diverses évolutions d'échapper à l'étreinte de ses serres cruelles. Elle monte, fait des feintes et voudrait bien plonger dans le courant; mais l'aigle l'en empêche; il sait depuis trop longtemps que par ce stratagème elle pourrait lui échapper, et il la force à rester sur ses ailes, en cherchant à la frapper au ventre. Bientôt tout espoir de salut abandonne le cygne; déjà il se sent beaucoup affaibli, et sa vigueur défaille à la vue du courage et de l'énergie de son ennemi. Il tente un suppréme effort, il va pour fuir.... Mais l'aigle acharné, de ses serres le frappe en dessous au bord de l'aile, et le pressant avec une puissance irrésistible, le précipite obliquement sur le plus prochain rivage.

Et c'est à présent, lecteur, quc vous pouvez juger de la férocité de cet ennemi si redoutable aux habitants de l'air, alors que, triomphant sur sa proie, il peut enfin respirer à l'aise. De ses pieds puissants il foule son cadavre, il plonge son bec acéré au plus profond du cœur et des entrailles du cygne expirant ; il rugit avec délices en savourant les dernières convulsions de sa victime, affaissée maintenant sous ses incessants efforts pour lui faire sentir toutes les horreurs possibles de l'agonie. La femelle cependant est restée attentive à chaque mouvement du mâle, et si elle ne l'a pas secondé dans la défaite du cygne, ce n'était pas faute de bon vouloir, mais uniquement parce qu'elle était bien assurée que la force et le courage de son seigneur et maître suffiraient amplement à un tel exploit. Maintenant la voilà qui vole à la curée où il l'appelle ; et dès qu'elle est arrivée, ils fouillent ensemble la poitrine du malheureux cygne et se gorgent de son sang.

D'autres fois, lorsque ces aigles cherchent après la proie, et qu'ils ont découvert une oie, un canard ou un cygne, qui se sont abattus sur l'eau, ils recourent, pour les perdre, à une manœuvre digne aussi de fixer votre attention. Ils savent parfaitement que les oiseaux d'eau ont l'instinct de plonger à leur approche et d'éviter ainsi leurs atteintes. Ils commencent donc par s'élever en l'air dans deux directions opposées au-dessus de la rivière ou du lac sur lequel ils ont aperçu l'objet qu'ils convoitent. Parvenus à une certaine hauteur, l'un d'eux redescend à toute vitesse vers la proie ; mais celle-ci, devinant les intentions de son ennemi, plonge un instant avant qu'il n'arrive sur elle; l'aigle alors se relève et rencontre en chemin son camarade lequel glisse à son tour vers le pauvre oiseau, juste au moment où il revenait à la surface pour respirer, et le force à plonger de nouveau pour échapper aux serres de ce second assaillant. Le premier aigle qui se balance à la place même que l'autre vient de quitter, se précipite une seconde fois pour forcer sa victime à plonger encore; et ainsi, le pressant tour à tour par des attaques promptes et répétées, ils ont bientôt fatigué le malheureux palmipède qui, n'en pouvant plus et tirant le cou, nage pesamment, enfoncé sous l'eau, et tâche de gagner le rivage, dans l'espoir de s'y cacher parmi les grandes herbes. Mais tout cela ne le sauvera pas, car les aigles sont là, suivant chacun de ses mouvements; et au moment où il approche du bord, l'un d'eux fond sur lui et le tue; après quoi ils se partagent le butin.

Quand viennent le printemps et l'été, l'aigle à tête blanche suit, pour se procurer sa subsistance, une méthode tout autre et beaucoup moins digne d'un oiseau qui parait si bien doué pour se suffire par lui-même, sans avoir besoin de se commettre avec d'autres pillards : dès que le faucon pêcheur a fait son apparition sur nos côtes de l'Atlantique, ou remonté nos nombreuses et larges rivières, l'aigle se met à le suivre, et comme un égoïste et un brutal, le dépouille du fruit péniblement acquis par son labeur. Perché sur un sommet élevé, en vue de l'océan ou de quelque cours d'eau, il épie chaque évolution de l'orfraie dans les airs. Quand elle s'enlève de dessus l'eau en emportant un poisson, aussitôt il s'élance après, monte au-dessus d'elle et la menace par des mouvements qu'elle ne comprend que trop bien ; jusqu'à ce qu'enfin, craignant peut être pour sa vie, elle se décide à lâcher sa proie. Au même instant, l'aigle qui, d'un coup d'œil, a estimé la vitesse avec laquelle tombe le poisson, rapproche ses ailes, le suit rapide comme la pensée et le rattrappe en moins de rien. Maître de son butin, il l'emporte en silence dans les bois où il aide à assouvir la faim de sa vorace couvée.

Parfois cependant, cet oiseau pêche par lui-même, et poursuit le poisson dans les bas-fonds des petites criques. C'est ce dont j'ai été témoin à différentes reprises, dans la crique Perkioming en Pensylvanie, où j'ai vu l'un de ces oiseaux se procurer bon nombre de *nageoires-rouges* (1), en pénétrant lestement dans l'eau et les frappant avec son bec. J'en ai aussi observé deux qui s'escrimaient sur la glace d'un étang, pour tâcher de harponner quelque poisson, mais sans succès.

Ils ne se bornent pas à ce genre de nourriture, mais dévorent avidement cochons de lait, agneaux, faons, volailles, et toutes sortes de matières en putréfaction, ayant soin de chasser les vautours, les corneilles ou les chiens dont ils tiennent toute la bande à l'écart, jusqu'à ce qu'ils soient eux-mêmes repus. Ils donnent fréquemment la chasse aux vautours et les forcent à dégorger le contenu de leur estomac, pour se jeter sur cette masse dégoûtante

(1) *Redfins* (*Cyprinus cornutus*).

et s'en régaler. J'en ai vu un exemple assez plaisant, non loin de la ville de Natchez, sur le Mississipi : plusieurs vautours étaient occupés à dévorer le corps et les entrailles d'un cheval, lorsqu'un aigle à tête blanche venant à passer par-là, tous prirent immédiatement la fuite, l'un d'eux en emportant une portion d'intestin seulement à moitié avalée, et dont l'autre bout, long environ d'un mètre, pendillait de son bec, en l'air. A l'instant, l'aigle l'aperçoit et lui donne la chasse. L'infortuné vautour faisait de vains efforts pour rendre gorge, quand l'aigle arrivant dessus, prend l'extrémité libre du boyau, et traine, dix ou quinze mètres, le pauvre oiseau qui tire à l'opposé. Enfin, tous deux étant tombés par terre, l'aigle frappe le vautour et le tue en quelques coups; puis il engloutit le délicieux morceau.

J'ai entendu parler de diverses tentatives de cet aigle pour détruire des enfants; mais je n'en ai jamais été témoin par moi-même, bien que doutant peu qu'il n'ait assez d'audace pour essayer un pareil coup.

Le vol de l'aigle à tête blanche est puissant, généralement uniforme, et capable de se prolonger à toute distance, comme il lui plait. Il est entièrement soutenu par des battements d'ailes aisés, égaux et non interrompus, du moins autant que j'ai pu le suivre avec mes yeux, ou à l'aide d'une lunette. Lorsqu'il cherche la proie, il plane, les ailes toutes grandes ouvertes, à angle droit avec la ligne de son corps, et laissant de temps à autre, pendre ses jambes de toute leur longueur. Quand il est ainsi en l'air, il peut monter d'un mouvemeni circulaire, sans un simple battement d'ailes, sans même qu'on les aperçoive remuer, non plus que la queue; et de cette manière, il s'élève souvent jusqu'à perte de vue, sa blanche queue étant la dernière à disparaître. En d'autres temps, il s'enlève seulement à quelques centaines de pieds, et prend rapidement son vol en droite ligne ; parfois, de cette distance, fermant en partie les ailes, il glisse longtemps vers la terre ; puis, comme désappointé, il s'arrête subitement pour reprendre son premier et vigoureux essor; parfois encore étant à une hauteur immense, comme s'il venait d'apercevoir quelque chose sur le sol, il reploie soudain ses ailes, et glisse au travers des airs avec une rapidité telle qu'il produit un bruit sourd mêlé d'une sorte de cliquetis, assez semblable au sifflement d'une violente rafale parmi les arbres. En de tels instants, l'œil peut à peine le suivre, pendant qu'il tombe vers la terre; et d'autant plus difficilement que ces chutes, du haut des airs, ont ordinairement lieu quand on s'y attend le moins.

Cet oiseau a la force d'enlever, de la surface de l'eau, tout objet flottant, pourvu qu'il ne pèse pas plus que lui. C'est ainsi qu'il dérobe souvent au chasseur, les canards qu'il vient de tuer. Son audace est vraiment remarquable. Un jour, en descendant le haut Mississipi, j'observais un de ces aigles qui poursuivait une sarcelle aux ailes grises. Il vint si près de notre bateau, d'où cependant plusieurs personnes le regardaient, que je pus distinguer l'éclair de ses yeux. La sarcelle, sur le point d'être prise, et n'étant plus qu'à quinze ou vingt pas de nous, fut sauvée des serres de son ennemi par l'un de mes compagnons qui, d'un coup de fusil lui cassa l'aile. Quand nous l'eûmes pris à bord, il fut attaché sur le pont de notre bateau, au moyen d'une corde, et nous le nourrîmes de chair de roussette, dont il ne commença à manger quelques morceaux que le troisième jour de sa captivité; mais comme il devint bientôt un camarade très désagréable et, qui plus est, dangereux, cherchant en toute occasion à nous frapper l'un ou l'autre de ses serres, nous l'achevâmes, et il fut jeté pardessus le bord.

Lorsque ces oiseaux se sont laissé surprendre, ils deviennent excessivement couards. Alors on les voit s'enlever brusqnement et d'une seule fois, et fuir en volant très bas et en zigzags, jusqu'à une certaine distance, tout en poussant une sorte de sifflement qui ne ressemble plus du tout à cet éclat de rire désagréable qu'ordinairement ils savent imiter. On peut les approcher facilement, quand on n'a pas de fusil; mais l'usage de cet instrument leur est apparemment bien connu, puisqu'ils évitent avec grand soin de laisser venir trop près toute personne qui en porte un avec elle. Malgré toutes ces précautions, on en tue beaucoup en les joignant, soit à couvert sous un arbre, soit à cheval ou dans un bateau. Mais ils n'ont point la faculté d'éventer la poudre, comme on est assez absurde pour le dire et le croire de la corneille et du corbeau. Ils ne savent pas davantage prévoir l'effet des chausse-trapes, car j'y en ai vu plus d'un de pris.

Leur vue, bien que probablement aussi parfaite que celle d'aucun autre oiseau, perd beaucoup de son action pendant qu'il tombe de la neige; et c'est un moment où il est facile de les approcher.

L'aigle à tête blanche se montre rarement dans les districts très montagneux; mais il préfère les terrains bas des rivages de la mer, ceux de nos grands lacs et les bords des rivières. Il réside constamment aux États-Unis, dans chaque partie desquels on peut le rencontrer, et fréquente les lieux où les pigeons se retirent et viennent nicher, pour ramasser les jeunes qui tombent par hasard, ou les vieux, quand ils sont blessés. Cependant, il suit rarement les troupes de ces mêmes oiseaux, lorsqu'ils accomplissent leurs migrations.

Quand on l'a tiré et blessé, il cherche à fuir par des sauts longs, vifs et répétés; et si on ne le poursuit pas de près, il réussit bientôt à se cacher. Vient-il à tomber dans l'eau, il en frappe violemment la surface de ses ailes déployées, et quelquefois gagne le rivage, s'il n'en est éloigné que de vingt ou trente pas. Il peut vivre longtemps sans rien manger; plusieurs, m'a-t-on dit, étant retenus en captivité, ont ainsi vécu, et sans paraître trop en souffrir, pendant vingt jours entiers. Toutefois, je ne suis pas en mesure de garantir ces faits, bien qu'ils puissent être parfaitement exacts. Ils se défendent à la manière des autres aigles et des faucons, en se renversant sur le dos, en portant de furieux coups de griffes à chaque objet qu'ils peuvent atteindre, tenant le bec ouvert, et tournant rapidement la tête pour veiller sur les mouvements de l'ennemi. Leurs yeux aussi paraissent beaucoup plus sortis que dans l'état ordinaire.

On suppose généralement que les aigles parviennent

à un très grand âge ; quelques personnes disent même jusqu'à cent ans. A ce sujet, je n'ai qu'une observation à faire : c'est qu'un jour je tuai un de ces oiseaux, une femelle qui, à en juger par l'apparence, devait être en effet excessivement vieille. Sa queue et les plumes de ses ailes étaient en si mauvais état et si usées, la couleur en était tellement passée, que je m'imagine que l'oiseau avait perdu la faculté de muer. Les pieds et les jambes étaient couverts de grosses verrues, les serres et le bec émoussés ; à peine pouvait-il voler à plus de cent pas, d'un trait, et encore le faisait-il avec une lourdeur et une faiblesse de mouvements, telles que je n'avais jamais rien vu de pareil, dans aucun oiseau de cette espèce. Le corps était pauvre et la chair coriace. Les yeux seuls semblaient n'avoir point souffert ; ils étaient restés étincelants et pleins de vie ; et même, après la mort, paraissaient n'avoir perdu que peu de leur éclat. Je ne trouvai, sur son corps, aucune ancienne blessure.

On voit rarement cet aigle seul, l'attachement mutuel qui se forme entre les deux individus d'un même couple paraissant durer depuis la première union jusqu'à ce que l'un des époux meure ou soit détruit. Ils chassent pour la subsistance l'un de l'autre, et rarement prennent leur nourriture séparément. Mais ils ont l'habitude d'écarter les autres oiseaux de la même espèce. Leurs ébats amoureux commencent plus tôt, chaque saison, que pour aucun autre oiseau de terre que je connaisse, puisque c'est ordinairement dès le mois de décembre. A ce moment, le long du Mississipi, ou sur les bords de quelque lac assez rapproché de la lisière des forêts, le mâle et la femelle sont devenus très bruyants; on les voit volant aux environs, tournoyant en l'air de diverses manières, criant fort, se jouant ensemble, puis allant se reposer sur les branches sèches de l'arbre où déjà se prépare le nouveau nid, où peut-être simplement ils s'occupent à reparer l'ancien, tout en se prodiguant de mutuelles caresses. Dans les premiers jours de janvier, l'incubation commence. Je tuai une femelle le dix-sept du même mois, pendant qu'elle était sur ses œufs, dans lesquels je trouvai les germes déjà bien avancés.

Le nid, très vaste dans quelques cas, est ordinairement placé sur un arbre extrêmement élevé, dénué de branches jusqu'à une hauteur considérable, mais non toujours entièrement mort. On n'en trouve jamais sur des rochers. Il se compose de bâtons longs de trois à cinq pieds, de grands morceaux de gazon, d'herbes sauvages et de mousse d'Espagne (1) en abondance, quand il y en a dans le voisinage. Lorsqu'il est terminé, il mesure de cinq à six pieds en diamètre, et l'accumulation des matériaux y est si considérable, que quelquefois il les mesure également en profondeur, le même ayant été souvent occupé pendant une suite d'années et recevant des augmentations à chaque saison. Quand il est placé sur un arbre dépouillé de feuilles et à la bifurcation des branches, on l'aperçoit distinctement d'une grande distance. Les œufs, au nombre de deux à quatre, et plus communément de deux ou trois, sont d'un

(1) C'est une usnée, genre de plante cryptogame de la famille des lichens.

blanc sale, également arrondis à l'un et l'autre bout, et parfois à écaille granuleuse. L'incubation se prolonge plus de trois semaines, mais sans que j'en aie pu déterminer exactement la durée, ayant à diverses reprises observé que la femelle reste plusieurs jours dans son nid avant de pondre le premier œuf. De cela je me suis positivement assuré moi-même, en grimpant au nid chaque jour pendant ses absences momentanées; entreprise qui ne laisserait pas que d'être périlleuse, si l'on devait s'y rencontrer en même temps avec elle.

J'ai vu les aiglons, alors qu'ils n'étaient pas plus gros que des poulets à demi venus. A ce moment, ils sont couverts d'une sorte de duvet doux et cotonneux, et ont le bec et les jambes d'une grandeur démesurée. Leur premier plumage est d'une couleur grisâtre mêlée de brun plus ou moins foncé, et les parents ne les expulsent du nid que quand ils sont revêtus de toutes leurs plumes. Une fois, j'en pris trois de cette espèce et complétement emplumés, en faisant couper l'arbre sur lequel était leur nid. Nous eûmes beaucoup de mal à les prendre, car ils s'échappaient moitié sautillant et voletant, bien plus vite qu'aucun de nous ne pouvait courir. Cependant par degrés ils se fatiguèrent, et à la fin se trouvèrent tellement épuisés, qu'ils n'offrirent plus de résistance. Nous nous en assurâmes avec des cordes. Ceci arriva sur les bords du lac Pontchartrain, dans le mois d'avril. Les parents n'avaient pas jugé à propos de s'approcher, pendant que la hache était à l'œuvre.

Ces derniers cependant font preuve d'un grand attachement pour leurs jeunes, tant qu'ils ne sont encore que de petite taille, et monter en ce moment au nid serait certainement dangereux. Mais après qu'ils sont devenus grands, et lorsque étant déjà capables de déployer leurs ailes et de pourvoir eux-mêmes à leurs besoins ils refusent de s'envoler, alors les vieux les mettent dehors et les battent pour les faire partir. Toutefois, ils reviennent au nid, pendant plusieurs semaines encore, pour passer la nuit ou dormir sur les branches les plus voisines. Tant qu'ils demeurent à la charge de leurs parents, ils sont copieusement nourris; ceux-ci leur fournissent en abondance du poisson, soit qu'ils le trouvent rejeté sur le rivage, soit qu'ils l'aient volé à l'orfraie.

En même temps, ils leur apportent des lapins, des écureuils, de jeunes agneaux, des cochons de lait, des opossums ou des ratons. Tout ce qu'ils rencontrent est de bonne prise et fait les délices de la jeune famille, non moins que des parents.

Les jeunes commencent à produire dès le printemps suivant, mais non toujours par couples du même âge. Souvent j'ai remarqué que l'un de ces oiseaux, à plumage encore brunâtre, était apparié avec un autre en pleine couleur, et qui avait la tête et la queue d'un blanc pur. Une fois j'en tuai deux dans ces conditions, et l'individu brun, c'est-à-dire le plus jeune, se trouva être la femelle.

En captivité, ces oiseaux demandent au moins quatre ans pour acquérir toute la beauté de leur plumage. J'ai même eu connaissance de deux cas où le blanc de la tête ne se montra qu'à la sixième année. Je suppose que, chez les individus jouissant de toute leur liberté, cet état de perfection est atteint environ une année plus tôt, puisqu'ils peuvent, ainsi que je l'ai dit, se reproduire dès le premier printemps après leur naissance.

Le poids des aigles de cette espèce varie beaucoup. Dans les mâles, il est de six à huit livres, et dans les femelles, de huit à douze. Ces oiseaux sont tellement attachés au canton particulier où ils ont pour la première fois fait leur nid, que rarement ils consentent à s'en éloigner, même pour une nuit, et reviennent souvent percher au plus près dans son voisinage. Ils dorment en ronflant avec un sifflement prolongé qui s'entend jusqu'à cent pas, quand le temps est bien calme. Cependant leur sommeil est très léger, et il suffit pour les éveiller en sursaut du craquement d'une branche sous le pied. Si on essaye de les enfumer pendant qu'ils reposent ainsi, à l'instant ils se lèvent et s'envolent sans pousser un cri; ce qui ne les empêche pas, dès le soir suivant, de revenir au même juchoir.

Du temps que les vapeurs ne sillonnaient pas encore nos rivières de l'Ouest, ces aigles s'y montraient en grande abondance, particulièrement dans les parties basses de l'Ohio, du Mississipi et des cours d'eau y attenant. J'en ai vu descendre par centaines, depuis l'embouchure de l'Ohio jusqu'à la Nouvelle-Orléans, et qu'il n'eût pas été difficile de tirer. Mais à présent leur nombre est considérablement diminué, le gibier dont ils faisaient leur nourriture ayant été forcé, pour fuir la persécution de l'homme, d'aller chercher de plus lointaines solitudes. Néanmoins il en reste encore beaucoup sur ces rivières, notamment le long des rivages du Mississipi.

En terminant cette histoire de l'aigle à tête blanche, permettez-moi de vous dire, cher lecteur, avec quel déplaisir j'ai vu qu'on l'eût pris pour servir d'emblème à mon pays! L'opinion de notre grand Franklin, à ce sujet, coïncide si parfaitement avec la mienne, que je ne puis mieux faire que de vous la présenter ici :

« Pour ma part, dit-il dans une de ses lettres, je voudrais que l'aigle chauve n'eût pas été choisi comme le représentant de notre patrie. C'est un oiseau d'un naturel bas et méchant; il ne sait point gagner honnêtement sa vie : voyez-le, perché sur quelque arbre mort d'où, trop paresseux pour pêcher pour son propre compte, il regarde travailler l'orfraie. Quand cet oiseau laborieux est enfin parvenu à prendre un poisson qu'il va porter à sa famille, le vaurien s'élance et le lui ravit. Avec toute sa rapine il n'en est pas plus heureux, car, de même que les gens qui vivent de ruses et de filouterie, il est généralement pauvre et souvent très misérable. En outre, ce n'est jamais qu'un lâche coquin! Le petit roitelet, qui n'est pas si gros qu'un moineau, l'attaque résolûment et le chasse de son canton. Ainsi, à aucun titre, ce n'est un emblème convenable pour nos braves et honnêtes Cincinnati (1), eux qui ont chassé

(1) On sait qu'entre les défenseurs de l'Indépendance il se forma en 1783, aux États-Unis d'Amérique, une société patriotique, une sorte d'ordre de chevalerie, dit des Cincinnati, ayant à sa tête Washington, et qui admettait, entre autres statuts, l'hérédité. — Cette institution,

toute espèce de *roitelets* de notre pays. Qu'on le donne bien plutôt pour patron à cet ordre de chevaliers que les Français appellent des *chevaliers d'industrie!*»

Je n'ajoute plus qu'un mot : c'est que le nom d'*aigle chauve*, par lequel cet oiseau est universellement connu en Amérique, n'a aucun fondement. Sa tête est aussi garnie de plumes que chez aucune autre espèce; à moins que leur couleur blanche n'ait donné lieu à cette idée, qu'elle est réellement nue.

UN HOMME PERDU.

Un bûcheron qui demeurait sur la rivière Saint-Jean, dans la Floride orientale, quitta un jour sa cabane et, la hache sur l'épaule, se dirigea vers les marais où, quelque temps auparavant, il avait fait l'apprentissage de son rude métier, travaillant à abattre et équarrir ces géants des forêts qui nous fournissent le bois le plus estimé pour la marine et beaucoup d'autres constructions.

Dans la saison la plus propice à ce genre de travaux,

on le conçoit, ne devait pas tarder à être considérée comme incompatible avec l'esprit républicain; et bientôt elle tomba en décadence. Cependant il en reste encore quelques débris.

d'épais brouillards couvrent assez fréquemment la terre et empêchent de voir, dans aucune direction, à plus de trente ou quarante pas devant soi. D'un autre côté, les bois offrent si peu de variété, que chaque arbre semble n'y être que la répétition de tous les autres; et l'herbe, quand elle n'a pas été brûlée, est si haute, qu'un homme d'une taille ordinaire ne peut regarder par-dessus, alors pourtant qu'il lui est si nécessaire de n'avancer qu'avec la plus grande précaution, de peur que, sans s'en apercevoir, il ne dévie de la trace peu marquée qu'il suit. Pour surcroît de difficulté, souvent plusieurs traces se rencontrent, et dans ce cas, à moins qu'on ne connaisse parfaitement les environs, on n'a rien de mieux à faire que de se coucher là et d'attendre que le brouillard soit dissipé. Dans de telles circonstances, quelque exercé qu'on soit à la vie des bois, on court risque de s'égarer pour plus ou moins de temps; et je me rappelle fort bien m'y être trouvé moi-même, une fois que, m'étant imprudemment aventuré à la poursuite d'un animal blessé, je m'étais laissé entraîner à quelques pas seulement d'un de ces étroits sentiers.

Notre bûcheron, après s'être fatigué, pendant plusieurs heures, à chercher et à courir, commença enfin à se douter qu'il devait avoir fait beaucoup plus de chemin qu'il n'y en avait de sa cabane au marais. Le brouillard s'était dissipé, et il s'aperçut avec alarme que le soleil touchait à son méridien, et qu'il ne reconnaissait aucun des objets qui l'environnaient.

Jeune, vigoureux et actif, il s'imagina qu'il avait

marché trop vite et dépassé son but. En conséquence, il fit volte-face, tournant le dos au soleil, et prit une autre direction. Mais le temps se passa, et le soleil avançait dans sa carrière; peu à peu il le vit descendre dans l'ouest, et, autour de lui, tout restait comme enveloppé d'un redoutable mystère. Les gros arbres, au vert feuillage, étendaient au-dessus de sa tête leurs bras de géants; les hautes herbes l'enserraient de tous côtés, et, dans son chemin, pas un seul être vivant. Tout était morne et silencieux; la scène semblait un de ces sombres et effrayants songes de la terre d'oubli; il errait comme un fantôme, abandonné dans le pays des ombres, et sans une seule personne de son espèce à qui parler!

La position d'un homme perdu au milieu des bois est l'une des plus critiques qu'on puisse imaginer; il faut l'avoir éprouvé par soi-même! Chaque objet qui se présente, on croit d'abord le reconnaître; mais plus l'esprit fait effort et se tourmente pour découvrir quelque chose et tâcher de sortir d'embarras, plus la tête se trouble et l'on s'enfonce dans son erreur. Tel était l'état du bûcheron! Le soleil, sur le point de se coucher, avait un aspect menaçant et descendait sous l'horizon, dans sa pleine rondeur, présage d'une journée brûlante pour le lendemain; des myriades d'insectes, tout joyeux de son départ, remplissaient l'air du bourdonnement de leurs ailes; les grenouilles, en coassant, mettaient la tête hors de la mare bourbeuse où jusque-là elles s'étaient tenues cachées; l'écureuil regagnait son trou, la corneille son juchoir; et tout là-haut, dans les airs, la voix dure et criarde du héron annonçait que, triste et inquiet, il dirigeait son vol vers l'intérieur de quelque marais lointain. C'était l'heure où les bois commencent à retentir des cris aigus du hibou, et la brise à se charger d'une rosée froide et pesante. Hélas! point de lune, avec sa lumière argentée, pour éclairer cette sombre scène. Le malheureux, à bout de fatigue et de tourments, se laissa tomber sur la terre humide. La prière est toujours la consolation de l'homme, en quelque crise, en quelque danger qu'il se trouve; le pauvre bûcheron adressa la sienne pleine de ferveur à Dieu, lui demandant pour sa famille une nuit moins triste que celle qui lui était réservée à lui-même; puis, avec une fiévreuse anxiété, il attendit que le jour reparût.

Vous pouvez vous figurer combien lui dura cette nuit glacée, lugubre et ténébreuse. Le jour revint avec les brouillards ordinaires à ces latitudes. Aussitôt il bondit sur ses pieds et, le cœur abattu, se remit à courir, dans l'espoir d'arriver enfin à quelque objet qu'il pût reconnaître, bien qu'en réalité il sût à peine ce qu'il faisait. Il n'y avait plus aucune trace de sentier pour guider ses pas; néanmoins, au lever du soleil, il calcula combien il avait d'heures de jour devant lui, et plus elles s'écoulaient, plus il se hâtait. Vaine espérance! le jour se passa en efforts inutiles pour retrouver le chemin de sa cabane; et quand la nuit revint, la terreur qui peu à peu avait envahi son âme, l'épuisement nerveux produit par la fatigue, l'angoisse et la faim, le rendirent complétement fou. Il m'a raconté qu'à ce moment il se frappait la poitrine, s'arrachait les cheveux, et que si ce n'eût été la piété dont ses parents l'avaient nourri dès ses jeunes années, et qui lui était devenue une habitude, il aurait maudit son existence. Affamé, n'en pouvant plus, il s'étendit sur le sol et mangea des racines et des herbes qui poussaient autour de lui. Cette nuit ne fut qu'agonie et qu'épouvante. « Je connaissais, me disait-il, toute l'horreur de ma situation ; je savais très bien qu'à moins que le Tout-Puissant ne vînt à mon secours, il me faudrait périr dans ces bois inhabités ; je savais que j'avais fait plus de cinquante milles, sans avoir rencontré un filet d'eau pour y étancher ma soif, ou du moins calmer la chaleur brûlante de mes lèvres desséchées et de mes yeux injectés de sang ; je savais que, si je ne trouvais pas quelque ruisseau, c'en était fait de moi, car je n'avais pour toute arme que ma hache ; et bien que des daims et des ours vinssent à passer de temps en temps à quelques pas et même à quelques pieds de moi, je n'en pouvais pas tuer un seul. Ainsi, au sein de l'abondance, impossible de me procurer même une bouchée, pour apaiser les tortures de mon estomac. Ah ! monsieur, que Dieu vous préserve de ressentir jamais ce que j'éprouvai durant ces mortelles heures ! »

Personne ne peut se faire une idée de sa situation pendant les quelques jours qui suivirent. Lui-même m'assurait, en me racontant cette triste aventure, qu'il avait perdu tout souvenir de ce qui lui était arrivé. « Enfin, continua-t-il, Dieu sans doute me prit en pitié ; car un jour que je courais comme un insensé à travers ces épouvantables déserts de pins, je rencontrai une tortue. Je la couvris d'un regard délirant. Si je l'avais suivie, je savais bien qu'elle m'aurait conduit à quelque source; mais la faim et la soif criaient trop haut; il fallut les assouvir l'une et l'autre avec sa chair et son sang. D'un seul coup de ma hache l'animal fut coupé en deux, et, en quelques minutes, englouti tout entier, moins l'écaille. Oh! monsieur, comme je remerciai le bon Dieu, qui avait placé cette tortue dans mon chemin. Je me sentais grandement réconforté, et m'étant assis au pied d'un pin, je levai mes yeux au ciel, pensai à ma pauvre femme, à mes enfants, et encore, encore remerciai Dieu, qui m'avait sauvé la vie; car maintenant, l'esprit moins agité, j'avais l'espoir de retrouver bientôt ma route et de revoir ma cabane.»

L'infortuné passa la nuit au pied du même arbre, qu'il n'avait pas quitté, et sous lequel il avait fait son repas. Rafraîchi par un profond sommeil, il se réveilla avec l'aurore pour reprendre sa course désordonnée. Le soleil se leva brillant, et il suivit la direction de l'ombre. Mais toujours même solitude, même horreur parmi les bois; et il était sur le point de retomber dans le désespoir, lorsqu'il aperçut un raton tapi dans l'herbe. Il lève sa hache et la lance avec une telle force, que l'animal inoffensif expire du coup et sans un seul mouvement. Ce qu'il avait fait de la tortue, il le fit du raton dont il dévora, sur place plus de la moitié. Alors, de nouveau réconforté, il se remit à courir. — Sa journée, je ne puis dire ce qu'elle fut; car bien qu'en possession de toutes ses facultés et en plein jour, il était cent fois plus hors de lui qu'un boiteux qui cherche à tâtons sa route, dans les ténèbres d'un donjon, sans même savoir où est la porte.

Les jours s'écoulèrent l'un après l'autre, les semaines même se succédaient. — Tantôt il se nourrissait de choux palmistes, tantôt de grenouilles et de lézards, et de tout ce qui lui tombait sous la main. Cependant il devint si maigre, qu'à peine pouvait-il se traîner.

D'après son estime il en était au quarantième jour, lorsque enfin il atteignit les bords de la rivière, avec ses habits en lambeaux, sa hache, autrefois si brillante, rongée par la rouille, sa figure hérissée d'une barbe sale, les cheveux en désordre, et toute sa personne misérable et décharnée, ayant l'air d'un squelette recouvert de parchemin. Incapable de faire un pas de plus, il se laissa tomber pour mourir. Parmi les songes confus de son imagination fiévreuse, il lui sembla entendre un bruit de rames, là-bas, bien loin, sur les eaux silencieuses. Il écouta....... Mais les sons évanouis moururent dans son oreille ; ce n'était en effet qu'un songe, la dernière lueur d'un espoir expirant. Et maintenant, pour toujours, le flambeau de la vie allait s'éteindre ! Mais voilà qu'un nouveau bruit de rames l'arrache à sa léthargie ; il écoute si avidement, que le bruit d'une mouche n'échapperait point à son oreille. — Oui, c'est bien le battement mesuré des rames ! Quelle joie pour le pauvre abandonné ! Le son des voix humaines lui fait bondir le cœur et réveille les pulsations tumultueuses de la vie et de l'espérance qui renaissent. — L'œil de Dieu l'avait vu, le malheureux, à genoux, au bord de la vaste et paisible rivière qui étincelle sous les rayons du soleil, et bientôt aussi viendront l'y chercher les regards de ses semblables; car, à la pointe de ce cap couvert de taillis et de broussailles, s'avance fièrement un petit bateau lancé par de vigoureux rameurs. Le *perdu* élève sa faible voix et pousse un cri perçant, suprême effort de joie et d'agonie. — Les rameurs s'arrêtent; ils regardent autour d'eux. — Encore un cri, mais défaillant!.... Ils l'ont aperçu..... Ils viennent! Son cœur palpite, sa vue se couvre, sa tête se perd, la respiration lui manque...... Ils viennent toujours; ils approchent; les voilà sur le bord, et le malheureux est retrouvé!

Ceci n'est point un conte fait à plaisir, mais le récit d'une aventure réelle qui aurait pu sans doute être embellie, mais qui n'en vaut que mieux, sous son simple habit de vérité. Les notes qui devaient servir à me la rappeler ont été écrites dans la cabane même du bûcheron, environ quatre ans après le triste événement, en présence de son aimable femme et de ses chers enfants; je vois encore les larmes tomber de leurs yeux, en l'écoutant; et cependant il leur était, depuis longtemps, plus familier qu'une histoire redite pour la troisième fois. Mon désir sincère, cher lecteur, est que ni vous ni moi, au prix de telles souffrances, n'excitions jamais pareille sympathie, bien qu'elle en dût être, néanmoins, une douce et précieuse récompense.

Il me reste seulement à dire que, de la cabane du bûcheron au lieu où il voulait se rendre, il y avait à peine huit milles; tandis que l'endroit de la rivière où il fut trouvé était à trente-huit milles de chez lui. En calculant qu'il eût fait dix milles par jour, cela monterait, en tout, à quatre cents milles. Il faut, en conséquence, qu'il ait toujours tourné sur lui-même, ce qui arrive généralement en pareil cas. La force seule de sa constitution et le secours miséricordieux de son créateur purent le soutenir pendant une si longue épreuve.

L'OISEAU-MOUCHE A GORGE DE RUBIS (1).

Est-il un homme qui, voyant cette mignonne créature balancée sur ses petites ailes bourdonnantes, au sein des airs où elle est suspendue comme par magie, voltigeant d'une fleur à l'autre, d'un mouvement aussi gracieux qu'il est vif et léger, poursuivant sa course d'un bout à l'autre de notre vaste continent, et produisant, partout où elle se montre, des ravissements toujours nouveaux; est-il un homme, je vous le demande, cher lecteur, qui, ayant observé cette étincelante particule de l'arc-en-ciel, ne s'arrête pour admirer et ne tourne à l'instant sa pensée pleine d'adoration vers le

(1) On se rappellera sans doute ici le tableau charmant et si connu que Buffon a tracé de l'oiseau-mouche ; et on voudra le comparer avec la description suivante, non moins gracieuse, mais mieux sentie peut-être, et si nous l'osons dire, plus vivante encore et plus vraie.

tout-puissant Créateur, vers celui dont chacun de nos pas nous découvre les merveilleux ouvrages, dont les conceptions sublimes nous sont manifestées de toutes parts dans son admirable système de création ? Non, sans doute, un tel être n'existe pas ! Tous, par un touchant effet de sa bonté, il nous a trop bien doués de ce sentiment si naturel et si noble — l'admiration.

Le soleil, revenant vers nous, n'a pas plus tôt ramené le printemps et réveillé la vie dans ces millions de plantes qui vont épanouir feuilles et fleurs à ses fécondants rayons, qu'on voit s'avancer, sur ses ailes féeriques, le petit oiseau-mouche, visitant avec amour chaque calice embaumé qui s'entr'ouvre, et, tel qu'un fleuriste soigneux, en retirant les insectes dont la présence, fatale aux éclatantes corolles, les eût bientôt fait se pencher languissantes et flétries. Se balançant dans l'air, on le voit plonger son œil attentif et brillant jusque dans leurs plus secrets replis, tandis que, du bout de ses ailes, aux mouvements aériens, et qui vibrent si rapides et si légères, il évente et rafraîchit la fleur, sans en offenser la structure fragile, et produit un délicieux murmure, bien propre à bercer et engourdir les insectes qu'il endort. — Alors, pour s'en emparer le moment est propice : l'oiseau-mouche introduit dans la coupe fleurie son bec long et délicat, projetant sa langue à double tube, d'une sensibilité exquise, et qu'imprègne une salive glutineuse; il en touche chaque insecte l'un après l'autre, et le retire de son lieu de repos, pour être aussitôt englouti Tout cela se fait en un moment; et l'oiseau, quand il quitte la fleur, a si peu sucé de son miel liquide, qu'elle doit, je l'imagine, regarder ce larcin comme un bienfait, puisqu'il l'a délivrée, en même temps, des attaques de ses ennemis.

Les prairies, les champs, les vergers et même les plus profonds ombrages des forêts sont visités tour à tour; et partout le petit oiseau trouve plaisir et nourriture. La beauté de sa gorge, son éclat éblouissant, désespèrent véritablement toute comparaison : tantôt elle étincelle des reflets du feu, et l'instant d'après passe au noir de velours le plus foncé; en dessus, son corps élégant resplendit d'un vert changeant; et quand il fend les airs, c'est avec une prestesse, une agilité qu'on ne peut concevoir; quand il se meut d'une fleur à l'autre, en haut, en bas, à droite, à gauche, on dirait un rayon de lumière. C'est ainsi qu'il remonte jusqu'aux parties nord les plus reculées de notre pays, suivant avec grand soin les progrès de chaque saison, et se retirant avec non moins de précaution aux approches de l'automne.

Que ne puis-je, cher lecteur, vous faire partager les transports que j'ai éprouvés moi-même en épiant leurs évolutions que l'œil suit à peine, en contemplant leurs tendres manifestations, alors qu'en un couple charmant deux de ces délicieux petits êtres, vrais favoris de la nature, se donnent l'un à l'autre des preuves de leur mutuel amour; que ne puis-je vous dire comment le mâle gonfle ses plumes et sa gorge, et semblant danser sur ses ailes, tourbillonne autour de sa femelle si délicate; avec quelle rapidité il plonge vers une fleur et revient le bec chargé, pour l'offrir à celle dont la possession est l'unique objet de ses désirs; comme il semble plein d'extase lorsque ses caresses sont bien reçues; comme il l'évente de ses petites ailes, ainsi qu'il évente les fleurs, et lui donne dans son bec l'insecte ou le miel qu'il n'a été chercher que pour lui plaire; comme ses attentions sont accueillies avec bonheur; comme bientôt après est scellée l'heureuse union; comme le mâle alors redouble de courage et de soins; comme il ose même donner la chasse au gobe-mouche tyran, et ramener grand train jusque chez eux le martin et l'oiseau bleu; et comme enfin, sur ses ailes retentissantes, il revient triomphant et joyeux, auprès de sa compagne chérie! Lecteur, toutes ces marques de sincérité, de fidélité et de courage, preuves certaines pour la femelle des soins qu'il lui prodiguera pendant qu'elle couvera ses œufs, tout cela a été vu, tout cela je l'ai vu; mais je ne peux le peindre ni le décrire.

S'il vous était donné de jeter seulement un regard sur le nid de l'oiseau-mouche et de voir, comme je l'ai vu, les deux jeunes nouvellement éclos, guère plus gros qu'un bourdon, nus, aveugles et si faibles, qu'ils peuvent à peine lever leur petit bec pour recevoir la nourriture de leurs parents; s'il vous était donné de voir ces parents pleins de crainte et d'anxiété, passant et repassant à quelques pouces seulement de votre visage, allant se poser sur une branche que vous touchez presque de la main, et attendant avec tous les signes du plus violent désespoir le résultat de votre inquiétante visite; — ah ! vous comprendriez alors l'angoisse profonde d'un père et d'une mère menacés de la mort imprévue d'un enfant bien-aimé ! Et quel plaisir de voir, en vous retirant, l'espérance renaître au cœur des parents, lorsque, après avoir examiné le nid, ils trouvent que vous n'avez point touché à leurs doux nourrissons ! Tel, et plus grand encore, est le ravissement d'une mère...... d'une autre mère, lorsqu'elle entend le médecin, après avoir visité la couche de son fils malade, l'assurer que la crise est passée et que son enfant est sauvé ! Voilà de ces scènes qui nous apprennent à partager la joie et la douleur, et qui portent tout homme qui en a été témoin à faire sa plus chère étude du désir de contribuer au bonheur des autres, et de réprimer en soi ces mouvements qui, par caprice ou méchanceté, pourraient leur causer du mal.

J'ai vu des oiseaux-mouches, dans la Louisiane, dès le 10 de mars; cependant leur apparition dans cet état varie comme dans tous les autres; et ils sont quelquefois en retard d'une quinzaine, ou, quoique plus rarement, en avance de quelques jours. Dans les districts du centre, ils n'arrivent pas d'ordinaire avant le 15 avril, mais plus habituellement aux premiers jours de mai. Je n'ai pu m'assurer par moi-même s'ils émigrent de jour ou de nuit; mais je suis porté à penser que c'est plutôt pendant la nuit, car, à chaque instant du jour, on les voit occupés à chercher leur nourriture; ce qu'ils ne pourraient faire s'ils avaient, en ce moment, de grands voyages à accomplir. Dans leur vol, ils traversent l'espace en longues ondulations, s'enlèvent à une certaine distance, en formant un angle d'environ 40 degrés, puis retombent en décrivant une courbe;

mais l'exiguïté de leur corps empêche de les suivre plus de cinquante ou soixante pas, en se forçant beaucoup la vue, et même avec une bonne lunette. — Une personne assise dans son jardin, près d'une althée en fleurs, sera tout à coup surprise d'entendre le bourdonnement de leurs ailes, et aussi vite de voir à quelques pas d'elle l'oiseau lui-même. L'instant d'après elle regarde; déjà, hors portée de l'oreille et des yeux, la petite créature a disparu comme un trait au haut des airs. Ils ne descendent jamais sur la terre, mais se posent aisément sur les jeunes pousses et les branches où ils se meuvent de côté, en pas agréablement cadencés, ouvrant et refermant leurs ailes, s'éplumant, se secouant, et faisant toute leur petite toilette avec adresse et propreté. Ils aiment particulièrement à étendre une aile, puis l'autre, en passant chaque tuyau de plume tout du long en travers de leur bec; et l'aile, ainsi lissée, devient, quand le soleil brille, d'un éclat merveilleux. En un instant, et sans la moindre difficulté, ils s'élancent de dessus la branche, et paraissent doués d'une remarquable puissance de vue, puisqu'ils poussent droit au martin ou à l'oiseau bleu, quoique distants de cinquante ou soixante pas, et les atteignent avant même qu'ils ne se soient aperçus de leur approche. Il semble que pas un oiseau ne veuille résister à leurs attaques; mais ils sont, à leur tour, quelquefois pourchassés par les plus grosses espèces de bourdons; et ils ne s'en inquiètent nullement, grâce à la supériorité de leur vol qui, dans le court espace d'une minute, les emporte bien loin de ces insectes aux mouvements pesants.

Le nid de cet oiseau-mouche est de la nature la plus délicate. L'extérieur se compose d'une légère couche de lichen gris trouvé sur les branches d'arbres ou sur de vieilles palissades, et si proprement arrangé tout alentour, qu'à quelque distance il paraît faire partie de la branche même ou de la tige à laquelle il est attaché. Ces petites écailles de lichen ont été agglutinées ensemble avec la salive de l'oiseau. La couche qui vient ensuite est formée de substances cotonneuses, et la plus intérieure, de fibres comme de la soie provenant de diverses plantes, toutes extrêmement fines et moelleuses. Sur ce lit si confortable et si doux, et comme en contradiction avec cet axiome que, plus les espèces sont petites, plus le nombre des œufs est considérable, la femelle en dépose deux seulement qui sont d'un blanc pur et d'une forme ovale très prononcée. Il ne faut que six jours pour leur éclosion, et chaque couple élève, par saison, deux couvées : en une semaine, les jeunes sont prêts à voler ; mais ils ont besoin d'être nourris pendant une autre semaine encore. Ils reçoivent l'aliment du bec de leurs parents qui le leur dégorgent à la manière des canards et des pigeons. J'ai des raisons de croire que les jeunes ne sont pas plutôt en état de se suffire à eux-mêmes, qu'ils s'associent avec d'autres nouvelles couvées, pour accomplir leur migration, à part des vieux oiseaux ; car j'ai quelquefois observé vingt ou trente de ces jeunes oiseaux-mouches qui s'étaient donné rendez-vous à un groupe de bignonias, sans que j'y pusse apercevoir un seul vieux mâle. Ce n'est qu'au printemps qui suit la naissance qu'ils prennent tout l'éclat de leurs couleurs, cependant la gorge du mâle reflète déja vivement ses teintes de rubis, même avant qu'il ne nous quitte à l'automne.

L'oiseau-mouche à gorge de rubis a un goût tout particulier pour les fleurs à corolle longuement tubulée; la pomme épineuse, la fleur trompette, ou *Bignonia radicans*, sont spécialement favorisées de ses visites, et après elles, le chèvrefeuille, la balsamine des jardins et les espèces sauvages qui croissent au bord des étangs, des ruisseaux et des profondes ravines. Mais chaque fleur, jusqu'à la violette des champs, lui fournit sa part de subsistance. Sa nourriture se compose principalement d'insectes, surtout de coléoptères, qu'avec d'autres petites mouches on trouve communément dans son estomac. Quant aux premiers, il se les procure dans les fleurs mêmes, mais il prend les dernières, pour la plupart, en volant; de sorte que cet oiseau pourrait être considéré comme un fin gobe-mouche.

Le nectar ou miel qu'ils sucent des différentes fleurs étant de lui-même insuffisant pour les soutenir, ils en font usage plutôt pour étancher leur soif. J'en ai vu plusieurs retenus isolément en captivité; on leur donnait des fleurs artificielles faites exprès, et dans les corolles desquelles on avait mis du miel ou du sucre dissous dans l'eau. Les prisonniers se nourrissaient de ces substances exclusivement, mais rarement vivaient plusieurs mois; et quand on les examinait après la mort, on les trouvait extrêmement amaigris. D'autres, au contraire, qu'on entretenait deux fois par jour de fleurs fraîches des bois ou des jardins, étant placés dans une chambre, avec les fenêtres simplement fermées par des gazes à moustiques, au travers desquelles pouvaient passer les insectes, vécurent ainsi toute une année, et on ne leur rendit la liberté que parce que la personne qui les gardait avait à faire un long voyage. — On avait eu soin de maintenir la chambre chaude pendant les mois d'hiver ; et, dans la basse Louisiane, la température, même en cette saison, descend rarement assez pour produire de la glace. En examinant un oranger qu'on avait placé dans le même appartement avec ces oiseaux, je n'y aperçus pas trace de nid; et pourtant on les avait vus fréquemment se caresser l'un l'autre. On a essayé parfois d'en emprisonner ainsi quelques-uns dans nos États du centre, mais je n'oserais dire qu'aucun ait pu y supporter un seul hiver.

L'oiseau-mouche ne fuit pas l'homme, autant que le font, en général, les autres oiseaux; fréquemment il s'approche des fleurs qui garnissent les fenêtres, et même vient les chercher jusque dans les appartements dont les fenêtres ont été laissées ouvertes pendant la grande chaleur du jour, et revient, quand il n'est pas troublé, aussi longtemps que les fleurs ne sont pas fanées.

Cette espèce abonde dans la Louisiane, pendant les mois du printemps et de l'été; et partout où, dans les bois, se rencontre quelque belle tige de bignonia, on est à peu près sûr de voir voltiger un ou deux oiseaux-mouches, et même, par moments, des troupes de dix et douze. Ils sont querelleurs, se livrent de fréquents combats dans les airs, et principalement entre mâles. Que l'un d'eux soit occupé à butiner dans une fleur, et qu'un autre s'en approche, immédiatement on les voit s'enlever tous deux, en poussant de petits cris et tournoyant en spirale jusqu'à perte de vue. La bataille finie, le vainqueur revient aussitôt à sa fleur.

Si par une comparaison je pouvais, cher lecteur, vous donner quelque idée de leur mode de voler et de l'effet qu'ils produisent quand ils sont emportés sur leurs ailes, je vous dirais, à part la différence de couleur, qu'un gros sphinx bourdonnant d'une fleur à l'autre, et en ligne droite, ressemble à l'oiseau-mouche plus qu'aucun autre objet que je connaisse..

Ayant entendu dire que, pour tuer ces fragiles créatures sans endommager leur plumage, il fallait charger son fusil avec de l'eau, je voulus en faire moi-même l'expérience. — Auparavant j'avais l'habitude de les tuer, soit avec des charges excessivement faibles, soit avec du sable, au lieu de plomb. — Mais bientôt je reconnus qu'en n'employant que l'eau je n'avais guère de chance de réussir; et si l'on ajoute qu'après chaque coup j'étais obligé de nettoyer mon fusil,. on comprendra pourquoi je dus renoncer à cette méthode qui, j'en suis persuadé, n'a jamais été mise en usage avec succès. — J'en ai souvent pris en me servant simplement d'un filet à insectes. Entre des mains habiles, c'est le meilleur instrument pour se procurer des oiseaux-mouches.

L'INCENDIE DES FORÊTS.

Avec quel plaisir je m'asseyais au feu petillant de quelque cabane solitaire, lorsque, tombant de fatigue, transpercé de froid par l'ouragan, j'étais parvenu à me frayer un passage à travers la neige mouvante qui couvrait, comme d'un manteau, toute la surface de la terre. Quelle paix, quelle innocente simplicité dans l'humble demeure de mes hôtes, et pour moi quel doux repos! Je crois les voir encore: la mère, pleine de tendresse, berce en chantant son petit enfant qu'elle endort, tandis qu'un groupe de garçons turbulents assiége le père qui, revient de la chasse et leur montre, étalés sur le plancher grossier de la cabane, les échantillons variés de son butin. Une énorme souche que non sans peine on a roulée dans le large foyer, activée par de petites branches de pin, s'enflamme et couvre d'un éclat de lumière l'heureuse famille qui l'entoure; déjà les chiens du chasseur s'occupent à lécher les paillettes de glace étincelant sur leur robe mouchetée, et le chat, ami du bien-être, se joue en faisant patte de velours par-dessus ses deux oreilles, ou bien, de sa langue épineuse, s'amuse à lustrer sa belle fourrure.

Oui! quelles délices pour moi, lorsque, accueilli avec bonté et traité d'une façon tout hospitalière par des gens dont les moyens étaient aussi restreints que leur générosité était grande, je pouvais entrer en conversation avec eux sur des sujets qui m'intéressaient, et en recevoir des informations satisfaisantes ! Quand le modeste mais substantiel repas était fini, la mère atteignait de dessus la planche le *livre des livres* et réclamait doucement l'attention de sa famille, pendant que le père lisait à haute voix un chapitre. Alors montait au ciel leur fervente prière; après quoi l'on se souhaitait une bonne nuit, en envoyant un souvenir aux amis absents; et je pouvais enfin étendre mes membres épuisés sur la peau de buffle, et me couvrir de la chaude dépouille de quelque gros ours. De doux rêves me reportaient chez moi; j'étais heureux, à l'abri de tout danger, sous l'humble toit, et défendu contre les rigueurs de la saison.

Je me rappelle qu'une fois, dans l'État du Maine, je passai une de ces nuits que je viens de décrire. Au matin, tout avait pris un air sombre, et le ciel était obscurci d'une lourde pluie qui tombait par torrents. Mon généreux hôte me pria de rester, en termes si pressants, que je ne pus qu'accepter son offre avec plaisir. On déjeuna ; puis chacun se mit à ses occupations du jour : les rouets commencèrent à tourner à la ronde, et les garçons s'employèrent de leur côté, l'un en cherchant à apprendre sa leçon, l'autre en essayant de résoudre quelque gros problème d'arithmétique. Dans un coin dormaient les chiens, qui rêvaient de chasse et de carnage; tandis que, presque sur les cendres, Grimalkin (1), d'un air grave, accompagnait de

(1) Le vieux chat — « *I come, graymalkin.* » — Macbeth.

son *ron ron* le bourdonnement des fileuses. Le chasseur et moi nous étions assis chacun sur un escabeau, et la matrone veillait au ménage.

Puss, s'écria la dame, allons vite, décampons ! Tu m'avais bien dit, cette nuit, qu'il pleuvrait dans la journée, et tes griffes rusées pourraient maintenant nous donner de pires nouvelles. Incontinent Puss quitta la cheminée et courut sauter sur un lit où, s'étant roulé en boule, il s'arrangea pour un bon somme. — Je demandai au mari ce que signifiaient ces paroles de sa femme. — Ah ! me répondit-il, la brave femme a parfois de drôles d'idées; elle croit aux pronostics de toutes sortes d'animaux. Quant à ce qu'elle disait du chat, cela se rapporte aux incendies des bois autour de nous. Et quoiqu'il n'y en ait pas eu depuis longtemps, elle les redoute encore autant que jamais ; et, en effet, elle et moi, ainsi que chacun de nous, n'avons que trop de raisons de les craindre, en nous rappelant les maux qu'ils nous ont causés. — J'avais lu de ces grands incendies auxquels mon hôte faisait allusion; souvent j'avais observé avec tristesse l'apparence désolée des forêts, et je me sentis un vif désir de connaître quelque chose des causes qui pouvaient produire de si terribles accidents. Aussi le priai-je de me raconter ce qu'il en avait pu voir par lui-même ; et c'est ce qu'il s'empressa de faire à peu près dans ces termes :

Il y a environ vingt-cinq ans, les mélèzes furent attaqués par des insectes qui les firent presque tous périr en coupant leurs feuilles; car vous saurez que bien que les autres espèces ne soient pas tuées par la perte des feuilles, celles qu'on appelle *des arbres verts* le sont infailliblement. Quelques années après cette destruction du mélèze, les mêmes insectes attaquèrent les sapins, les pins et autres arbres résineux, et cela avec un tel acharnement, qu'en moins de six ans ils commencèrent à tomber et à s'amonceler dans toutes les directions, si bien que la surface entière du pays en fut bientôt encombrée. Vous vous imaginez, lorsqu'ils furent en partie secs ou convenablement préparés, quel bois de chauffage c'était là ; mais aussi quel aliment pour les dévorantes flammes qui par accident, ou peut-être par intention, ravagèrent ensuite la contrée : il y en eut qui continuèrent à brûler pendant des années, interrompant dans maints endroits toute communication sur les routes, et, par la nature de ces matières résineuses, s'entretenant avec d'autant plus de facilité et se propageant à travers les couches profondes des feuilles sèches et les amas des autres arbres. — Ici je l'interrompis, le priant de me donner une idée de la forme de ces insectes qui avaient causé un tel désastre.

Ces insectes, dit-il, sous leur forme de chenille, avaient comme trois quarts de pouce de long et étaient aussi verts que les feuilles qu'ils dévoraient. Je dois vous dire aussi qu'en nombre de lieux sur lesquels le feu passa, il parut bientôt une nouvelle pousse de bois, de celui que nous autres bûcherons appelons du bois dur, et qui est d'une tout autre espèce que les arbres verts. Et c'est une remarque que j'ai constamment faite : toutes les fois que la première nature d'une forêt est détruite par le feu, ce qui ensuite repousse spontanément est d'une essence toute différente. —J'arrêtai de nouveau mon hôte pour lui demander s'il pouvait me dire de quelle manière le feu était mis ou prenait ainsi pour la première fois.

Ah! monsieur, me répondit-il, il y a là-dessus divers avis: on pense généralement que c'est un coup des Indiens, soit pour pouvoir tuer du gibier plus à leur aise, soit pour se venger de leurs ennemis les Faces pâles. Mais mon opinion à moi n'est pas telle, et je la puise dans mon expérience comme habitant des bois: j'ai toujours cru que le feu prenait par la chute accidentelle d'un tronc contre un autre; il suffit, pour l'allumer, du simple frottement, surtout quand ils sont, comme il arrive souvent, couverts de résine. Dans ce cas, les feuilles sèches sur le sol commencent à s'enflammer, puis les brindilles et les branches, et dès lors il n'y a plus que l'intervention du Tout-Puissant pour en arrêter les progrès.

Quelquefois l'élément destructeur, porté par les vents, s'approche avec tant de rapidité de nos pauvres cabanes, qu'il est difficile à leurs habitants de lui échapper. En effet, dans certaines parties de nos bois, des centaines de familles ont été obligées de fuir de leurs demeures en laissant tout ce qu'elles avaient derrière elles; et il est même arrivé que plusieurs de ces fugitifs effarés ont été brûlés vifs.

A ce moment, une bouffée de vent s'engouffrant au haut de la cheminée, repoussa les flammes dans la maison. La femme et la fille, s'imaginant que les bois étaient encore en feu, s'élancèrent à la porte; mais le mari leur expliqua la cause de leur terreur, et elles se remirent à leur ouvrage.

Les pauvres créatures! s'écria le bûcheron; je parie que ce que je viens de vous dire a rappelé de sombres souvenirs à l'esprit de ma femme et de ma fille aînée. C'est qu'elles et moi, il nous fallut fuir de chez nous au temps des grands feux.

J'avais entendu avec tant d'intérêt ce qu'il m'avait rapporté des causes de ces incendies, que je le priai de me raconter aussi les particularités du malheur auquel il venait de faire allusion. — Si Prudence et Polly, dit-il en regardant sa femme et sa fille, veulent promettre de rester tranquilles, en cas qu'un second coup de vent nous amène encore de la fumée, je ne demande pas mieux. Le sourire plein de bonté dont il accompagna sa remarque lui en valut, en retour, un tout pareil de la part des deux femmes, et il continua :

Vous décrire une pareille scène, monsieur, n'est pas chose facile; mais je m'y prendrai de mon mieux pour vous faire passer le temps agréablement.

Une nuit, nous dormions profondément dans notre cabane, à une centaine de milles de celle-ci, lorsque, environ deux heures avant le jour, le hennissement des chevaux et le mugissement des bestiaux que j'avais laissés errer dans les bois nous réveillèrent en sursaut. Je saisis mon fusil et me précipitai vers la porte pour voir quelle sorte de bête avait pu causer tout ce vacarme; mais je fus frappé d'un immense éclat de lumière, réfléchi devant moi sur tous les arbres, aussi loin que ma vue pouvait s'étendre à travers les bois. Mes chevaux galopaient et bondissaient de tous côtés, reniflant bruyamment, et les bestiaux se ruaient au milieu d'eux, la queue toute droite et roide au-dessus du dos. En allant par derrière la maison, j'entendis parfaitement le craquement des broussailles en feu, et je vis les flammes s'avancer vers nous sur une ligne d'une effrayante étendue. Je rentrai en courant, criai à ma femme de s'habiller à la hâte, elle et l'enfant, et de prendre le peu d'argent que nous avions, pendant que moi je tâcherais d'arrêter et de seller nos deux meilleurs chevaux. Tout cela fut fait en moins de rien, car je devinais que chaque minute était précieuse pour nous.

Nous montâmes à cheval et commençâmes à fuir devant le feu. Ma femme, excellente cavalière, galopait à mes côtés; ma fille était alors toute petite, je la pris sur un de mes bras, et en partant je jétai un regard en arrière : les redoutables flammes nous tenaient presque et avaient déjà envahi la maison. Par bonheur, une corne était attachée à mes habits de chasse; je me mis à en souffler, pour rallier après nous, si c'était possible, le reste de mes bestiaux encore en vie, aussi bien que les chiens. Les premiers nous suivirent pendant quelque temps; mais ensuite, en moins d'une heure, ils s'échappèrent tous comme des enragés à travers les bois, et depuis lors, monsieur, je n'en ai plus rien revu ; mes chiens eux-mêmes, extrêmement dociles en tout autre temps, se mirent à courir après les daims qui sautaient en troupes devant nos pas; comme sentant, non moins bien que nous, la mort qui s'approchait rapidement.

Nous entendîmes, en avançant, le son des cornes de nos voisins, et nous savions qu'ils étaient dans la même situation que nous. L'esprit tout entier au soin de sauver nos vies, je me rappelai qu'il existait, à quelques milles de là, un grand lac où pourraient peut-être s'arrêter les flammes. Je dis à ma femme de lancer son cheval à toute bride, et nous partîmes ventre à terre, nous frayant, comme nous pouvions, un passage par-dessus les arbres renversés et les tas de fagots qu'on eût dit placés là tout exprès pour alimenter l'épouvantable incendie qui marchait à nous sur un front immense.

Déjà nous sentions la chaleur, et nous craignions de voir à chaque instant tomber nos chevaux; sur nos têtes passait un singulier souffle de brise, et le reflet rouge des flammes effaçait en haut la lumière du jour. Je commençais à ressentir un peu de faiblesse; ma femme était extrêmement pâle, et le feu avait rendu si rouge la figure de l'enfant, que chaque fois qu'elle se tournait vers l'un de nous, nous en éprouvions un grand surcroît d'inquiétude et de perplexité. Dix milles, vous le savez, sont bientôt faits avec de bons chevaux; malgré cela, quand nous atteignîmes les bords du lac, couverts de sueur et n'en pouvant plus, le cœur nous manqua. La chaleur et la fumée nous étouffaient, des brandons enflammés volaient au-dessus de nous en tourbillons effroyables. Toutefois, nous nous mîmes à côtoyer la rive pendant quelque temps, et nous parvînmes à gagner le bord opposé au vent. Là nous lâchâmes nos chevaux, et jamais plus nous ne les avons revus. Parmi les joncs, à fleur d'eau, nous nous plongeâmes, en restant couchés à plat, pour attendre la seule chance qui nous restât encore de n'être ni rôtis ni dévorés. L'eau nous rafraîchit, et nous sentîmes un peu de bien-être.

L'incendie s'avançait toujours, terrible et avec d'affreux craquements. Non, jamais on ne verra rien de pareil ! Les cieux eux-mêmes semblaient partager notre terreur, car au-dessus de nous, tout était rouge et embrasé, au milieu de nuages de fumée roulés et balayés par le vent. Nos corps étaient assez au frais, mais la tête nous brûlait, et l'enfant, qui semblait maintenant comprendre la position, criait à nous fendre le cœur.

Le jour se passa, et nous avions faim ! De nombreuses bêtes sauvages vinrent se plonger dans l'eau tout auprès de nous ; d'autres nageaient de notre côté, et puis demeuraient tranquilles. Fatigué, n'en pouvant plus, je parvins pourtant à tuer un porc-épic, dont la chair nous fut, à tous les trois, d'un grand secours. La nuit se passa, je ne sais pas comment ! Le sol n'était plus qu'un vaste foyer, et les arbres encore debout semblaient d'immenses piliers de feu, ou tombaient en s'accrochant les uns sur les autres. La même fumée puante nous suffoquait toujours, les flammèches et la cendre continuaient à pleuvoir autour de nous. Comment nous nous tirâmes de cette nuit-là, je ne puis réellement vous le dire ; je ne m'en rappelle presque rien. — Ici le chasseur fit une pause et reprit haleine. Le récit de son malheur semblait l'avoir épuisé. Sa femme nous demanda si nous ne voudrions pas un bol de lait, et sa fille en ayant apporté, nous en bûmes chacun une gorgée.

Maintenant, dit-il, je puis continuer: Vers le matin, bien que la chaleur n'eût pas diminué, la fumée semblait moins épaisse, et des bouffées d'air frais arrivaient de temps en temps jusqu'à nous. Quand le jour fut venu, tout était calme; mais l'air restait rempli d'une fumée plus âcre et plus insupportable que jamais; nous étions, à présent, suffisamment rafraîchis, et même nous frissonnions, comme dans un accès de fièvre; il fallait songer à sortir de l'eau. Nous nous dirigeâmes vers une cabane en feu où nous pûmes nous réchauffer. Qu'allait-il advenir de nous? Je n'en savais rien. Ma femme serrait l'enfant contre son sein et pleurait amèrement. Mais Dieu nous avait préservés au pire du danger, et maintenant que les flammes étaient passées, je crus qu'il y aurait de l'ingratitude envers lui à nous abandonner à un lâche désespoir. La faim, de nouveau, nous pressait, mais on y remédia facilement : quelques daims encore étaient demeurés plongés dans l'eau jusqu'au cou; j'en tuai un; on en fit rôtir quelques grillades, et après les avoir mangées, nous nous sentîmes grandement fortifiés.

Cependant nous ne pouvions plus apercevoir l'éclat de l'incendie; mais le sol, en beaucoup d'endroits, était toujours brûlant, et il eût été dangereux de s'aventurer parmi les arbres amoncelés comme autant de brasiers. Après avoir attendu quelque temps et nous être orientés, nous nous préparâmes à nous mettre en route. Je pris l'enfant et dirigeai la marche sur la terre encore chaude et par-dessus les rochers. Deux jours fatigants, deux longues nuits s'écoulèrent, durant lesquels nous pourvûmes du mieux possible à nos besoins. A la fin, nous atteignîmes les grands bois que le feu avait épargnés. Bientôt après, nous trouvâmes une maison où l'on nous accueillit avec bonté, pour quelques jours. Depuis lors, monsieur, j'ai rudement et sans relâche travaillé comme bûcheron et marchand de bois; et, grâces à Dieu, vous nous voyez ici paisibles, bien portants et heureux !

LE FAUCON DE NUIT,

OU ENGOULEVENT DE VIRGINIE.

Le nom de cet oiseau ne s'accorde nullement avec les faits les plus caractéristiques de ses mœurs, puisqu'on peut le voir, et que souvent on l'a vu voler, la plus grande partie du jour, même quand l'atmosphère est parfaitement claire et pure, et quand le soleil brille de tout son éclat. On sait également que le faucon de nuit regagne sa retraite pour ainsi dire avec la brune, et juste au moment où commencent à retentir les notes sonores de l'engoulevent criard et celles du *popetuè* (1), qui, tous les deux, sont bien des rôdeurs nocturnes.

C'est aux approches du 1er avril qu'il fait son apparition dans les basses parties de la Louisiane, se dirigeant plus loin vers l'est. Il n'en reste aucun à nicher dans cet État, non plus que dans celui du Mississipi, ni, tant que je puis le croire, au sud des environs de Charleston. Cependant cette espèce se rencontre dans tous les États méridionaux, mais seulement lorsqu'elle passe, soit pour gagner ceux de l'est, soit, au contraire, quand elle vient de les quitter. En effet, et surtout au printemps, on peut dire que le faucon de nuit ne fait réellement que passer par la Louisiane, puisque quelques jours après qu'il s'y est montré, on ne l'y retrouve déjà plus, et qu'on ne doit l'y revoir qu'avec l'automne. Mais dans cette arrière-saison, comme cette contrée lui offre abondance de nourriture, il se décide à y séjourner plusieurs semaines, glanant les insectes sur les champs de coton, les vastes terres ou les plantations à sucre, et gambadant au-dessus des prairies, le long des lacs et des rivières, depuis le matin jusqu'au soir. L'époque de son retour dans les districts du centre varie suivant l'état de la température, du 15 août à la fin d'octobre.

Leurs migrations s'accomplissent sur une si grande étendue de pays, et ils s'écartent tellement de côté et d'autre, qu'on dirait qu'ils veulent explorer toute la contrée; c'est ainsi qu'on les voit s'avancer sur un

(1) Chuck-Will's-Widow (*Caprimulgus Carolinus*).

front qui se déploie des bouches du Mississipi jusqu'aux montagnes Rocheuses, et qu'ils se répandent des États du sud, bien loin au delà de nos frontières de l'est; en sorte qu'ils peuvent se disperser et trouver de quoi vivre par tous les États de l'ouest et de l'est, depuis la Caroline jusqu'au Maine. Durant ce grand voyage, ils passent au-dessus de nos villes et de nos villages, se posent sur les arbres qui décorent nos rues, et même sur le haut des cheminées, d'où ils font entendre leur cri perçant.

J'ai retrouvé ces mêmes oiseaux dans les provinces anglaises du New-Brunswick et de la Nouvelle-Écosse, où ils restent jusqu'au commencement d'octobre; mais je n'en ai pas vu un seul à Terre-Neuve, ni sur les rivages du Labrador. Quand ils vont au nord, leur apparition dans les États du centre a lieu vers le 1er mai; et cependant il est rare qu'ils arrivent avant le mois de juin dans le Maine.

Le vol du faucon de nuit est ferme, agile et très prolongé. Dans les temps nuageux et sombres, il se tient tout le jour sur ses ailes, et il est plus criard alors qu'en aucun autre moment. Ses mouvements au sein des airs sont on ne peut plus gracieux, et la légèreté avec laquelle il s'y joue charme l'œil, qui le suit avec un vif intérêt. Tantôt il glisse avec une aisance qu'on a peine à imaginer; tantôt, pour monter ou pour se maintenir à une grande hauteur, il donne irrégulièrement de brusques coups d'ailes, comme s'il fondait à l'improviste sur sa proie et la saisissait; puis il reprend son premier essor. Parfois il s'élève en tournoyant, et chaque élan subit est tout d'abord accompagné de son cri retentissant et aigu ; ou bien il se précipite directement en bas ; il pousse une pointe à droite ou à gauche, et continue toujours d'avancer, en effleurant les rivières, les lacs ou les bords de l'Atlantique, et d'autres fois poursuivant sa course rapide par-dessus la cime des forêts ou le sommet des montagnes. Mais c'est dans la saison des amours qu'il se livre surtout à de curieuses évolutions. On peut dire que le mâle ne fait sa cour qu'en volant ; il se pavane au milieu des airs, et ses mouvements sont des plus élégants et des plus gracieux, à ce point même que je ne connais pas d'oiseau qui, sous ce rapport, puisse rivaliser avec lui.

Très souvent il monte à une centaine de mètres, quelquefois beaucoup plus haut ; et de là, du même air d'insouciance que je viens de signaler, il fait éclater son cri, qui devient plus fort et plus fréquent à mesure que lui-même il s'élève ; mais soudain il s'arrête : le voilà qui retombe obliquement vers la terre, les ailes et la queue à moitié fermées, et avec une telle rapidité, qu'il semble devoir s'y heurter avec violence. Cependant ne craignez rien : quand il arrive près du sol et n'en est plus qu'à deux ou trois pieds peut-être, il déploie tout à coup ses ailes, de façon à ce que, dirigées en bas, elles forment presque un angle droit avec le corps, étend sa queue, brise ainsi subitement l'impétuosité de sa chute, et alors, faisant volte-face, pique en l'air avec une force inconcevable, en décrivant une ligne semi-circulaire de quelques mètres d'étendue. C'est le moment où l'on peut entendre le singulier bruit que produit cet oiseau, car à l'instant même il remonte perpendiculairement et bientôt recommence à faire le beau autour de sa femelle. Quant à ce bruit dont je parle, il provient de ce qu'au moment où l'oiseau dépasse, si je puis dire, le centre de son plongeon, ses ailes, prenant une direction nouvelle et s'ouvrant tout à coup au vent, choquent l'air avec violence, comme les voiles d'un vaisseau qu'on a subitement ramenées en arrière. La femelle crie aussi en volant, mais ne produit pas ce bruit particulier.

C'est un vrai plaisir de voir plusieurs mâles se disputer les faveurs de la même femelle, lorsqu'ils plongent ainsi dans toutes les directions et s'ébattent au travers des airs. Toutefois ce spectacle ne dure pas longtemps, car la femelle n'a pas plutôt fait son choix, que le préféré donne la chasse à tous les intrus, les poursuit hors des limites de ses domaines et revient en triomphe, toujours plongeant, gambadant, mais alors avec moins d'impétuosité et sans s'approcher de la terre.

Lorsqu'il fait vent ou que les ténèbres du soir viennent à s'épaissir, le faucon de nuit vole plus bas et plus légèrement que jamais, en déviant çà et là de sa route pour courir au loin après quelque insecte que son œil subtil a découvert; puis il reprend sa course comme auparavant. Quand enfin la nuit est tout à fait tombée, il descend par terre ou sur un arbre, et y reste jusqu'au jour, poussant son cri de temps à autre.

Ces oiseaux ne peuvent que très difficilement marcher sur le sol, à cause du peu de longueur et de la position de leurs jambes, qui sont placées très en arrière; de là vient aussi qu'ils ne peuvent se tenir droits, mais sont obligés de s'appuyer la gorge par terre ou sur la branche et quand ils s'y posent, c'est toujours de côté. Néanmoins, ils le font avec assez d'aisance, et s'accroupissent tantôt sur un arbre ou sur une clôture, parfois sur le faîte d'une maison ou d'une grange. Dans ces diverses situations, on les approche facilement. J'en ai vu de perchés sur une palissade ou un petit mur, qui me laissaient venir à quelques pieds d'eux et semblaient, avec leurs grands yeux doux, me regarder plutôt comme ami que comme ennemi. Cependant ils ne manquaient pas de partir aussitôt que, dans mes mouvements, quelque chose leur avait paru suspect. Comme je l'ai dit, ils crient par intervalles, pendant qu'ils sont ainsi posés; et quand ils s'arrêtent sur les arbres de nos villes, il est rare qu'ils n'attirent pas l'attention des passants.

Dans la Louisiane, les créoles français appellent cet oiseau *crapaud volant*, et *chauve-souris* en Virginie; mais le nom sous lequel on le connaît le plus communément, est celui de faucon de nuit. La beauté, non moins que la rapidité de son vol, le fait avidement rechercher des amateurs de chasse; sa chair d'ailleurs n'est pas, tant s'en faut, désagréable. On en tue des milliers en automne, lors de leur retour du sud, et c'est aussi le moment où ils sont gras et pleins de jus. Parfois encore ils plongent en se jouant dans les airs; mais le bourdonnement de leurs ailes est bien moins remarquable que pendant la saison des amours.

Dans les États du centre, vers le 20 de mai le faucon de nuit, sans beaucoup choisir la place, dépose ses deux œufs, d'un ovale très prononcé et couverts de rousseurs, soit tout simplement par terre, soit sur un tertre au milieu des champs labourés, ou même à nu sur le roc, quelquefois dans une lande et des endroits découverts à la lisière des bois, dans la profondeur desquels il ne s'enfonce jamais. Il ne construit aucune espèce de nid, et ne se donne pas même la peine de creuser une légère excavation dans la terre : — je pense qu'ils n'élèvent qu'une seule couvée par saison. D'abord les petits sont revêtus d'un moelleux duvet dont la couleur, d'un brun sombre, ne contribue pas médiocrement à leur sûreté. Si la femelle est troublée durant l'incubation, elle commence par fuir, mais en feignant de boiter ; elle ne fait que culbuter, sautiller, et s'échappe devant vous à pas tremblants, jusqu'à ce qu'elle vous ait attiré loin de ses œufs ou de ses nourrissons ; alors elle prend la volée et ne revient que lorsque vous êtes bien décidément parti. Mais quand elle croit que vous ne la voyez pas, elle vous laisse approcher à un ou deux pieds de son trésor. Le mâle et la femelle couvent à tour de rôle. Quand les jeunes sont déjà passablement grands et réclament moins de chaleur de leurs parents, ceux-ci se contentent d'ordinaire de se tenir dans leur voisinage immédiat, tranquillement accroupis sur quelque palissade, sur une barrière ou sur un arbre ; et là ils restent si parfaitement immobiles et silencieux, qu'il n'est pas aisé de les y découvrir.

S'ils se sentent blessés, ils font les plus gauches efforts pour se sauver, et quand on les prend dans la main, ils ouvrent le bec à plusieurs reprises, et de toute sa grandeur, comme si les mandibules jouaient sur des gonds qu'un ressort mettrait en mouvement. Ils essayent aussi de frapper avec leurs ailes, à la manière des pigeons, mais sans aucun effet.

Leur nourriture se compose exclusivement d'insectes, et surtout de coléoptères, bien qu'ils sachent attraper plus d'une mouche ou d'une chenille, et soient très habiles à prendre criquets et sauterelles, dont ils se gorgent parfois, tout en rasant le sol avec une extrême rapidité. On les voit aussi boire pendant qu'ils effleurent la surface de l'eau, comme font les hirondelles.

En hiver, il ne reste aucun de ces oiseaux dans toute l'étendue des États-Unis. Le popétué est le seul que j'aie entendu et rencontré, au mois de janvier, sur le cours supérieur de la rivière Saint-Jean, dans la Floride orientale. J'ai su qu'en automne, à la Nouvelle-Orléans, il en demeurait souvent pour chercher la nourriture sur les prairies et les rivières, jusqu'au commencement de la saison pluvieuse; et c'est aussi l'époque où ils tombent en grand nombre sous les coups du chasseur. Mais qu'il survienne un jour de brume, et le lendemain on n'en verra plus. Dans la saison avancée, quand ils descendent du nord, ils passent si rapidement au-dessus des bois, que l'on n'a que le temps de leur donner un seul regard.

Me trouvant à la *Clef Indienne*, je vis un couple de

ces oiseaux que la foudre avait tués pendant qu'ils fendaient les airs, dans un jour d'effroyable orage. Ils tombèrent sur la mer, et après les avoir ramassés, j'eus beau les examiner avec le plus grand soin, je ne pus jamais leur découvrir la moindre apparence de mal, ni sur les plumes, ni dans l'intérieur du corps.

LES BUCHERONS

ET LE CHÊNE-SAULE DE LA FLORIDE.

La plus grande partie des forêts de la Floride orientale consiste en ce que l'on nomme, dans le langage du pays, des « *barrens* » ou terrains stériles, plantés seulement de quelques pins. Là les bois sont clair-semés, et l'on ne voit, en effet, que de grands pins, d'assez mauvaise qualité, et au-dessous desquels croissent de hautes et maigres herbes entremêlées çà et là de broussailles et de palmettes à feuilles en épée. Le sol est d'une nature sablonneuse, plat presque partout, et par conséquent recouvert d'eau dans la saison des pluies, tandis que l'ardeur du soleil le dessèche en été et en automne. On y rencontre cependant quelques mares d'une eau stagnante, où le bétail, ici très abondant, vient étancher sa soif, et dans le voisinage desquelles se tiennent les différentes espèces de gibier qui peuplent ces solitudes.

Le voyageur, attristé par une course de plusieurs milles à travers ces régions sauvages, sent tout à coup son cœur réjoui lorsque, dans le lointain, il croit voir poindre un sombre bouquet de chênes-saules et d'autres arbres qui semblent avoir été plantés tout exprès au milieu du désert. A mesure qu'il approche, l'air souffle moins brûlant et plus salubre, le chant de nombreux oiseaux résonne comme une douce musique à ses oreilles, la verdure devient luxuriante, les fleurs prennent un air de santé qui leur donne un nouvel éclat, et l'atmosphère aux alentours s'embaume de délicieux parfums. Tous ces objets lui rafraîchissent l'âme, et, à la vue d'un limpide ruisseau qui murmure entre deux rives herbeuses, il croit déjà sentir l'onde bienfaisante humecter ses lèvres desséchées. Sur sa tête, mille et mille festons de vignes, de jasmins et de bignonias enchaînent chaque arbre à ceux qui l'environnent, et leurs jeunes rameaux s'entrelacent comme dans un transport de mutuelle affection. Sollicité par ces magnifiques ombrages, le voyageur s'arrête, et à peine a-t-il terminé son repas du midi, qu'il voit s'avancer de petites troupes d'hommes dans un léger accoutrement, portant chacun une hache, et qui s'approchent du lieu où il fait sa sieste. Après avoir échangé avec lui les politesses d'usage, ils se mettent immédiatement au travail, car eux aussi viennent justement de finir leur repas.

Il me semble les voir à l'ouvrage: deux d'entre eux

se sont établis de chaque côté d'un noble et vénérable chêne. Mais leurs haches, si bien aiguisées et trempées qu'elles soient, ne paraissent pas faire grande impression sur lui, car les coups les mieux appliqués n'en enlèvent que de menus copeaux qui volent parmi la mousse et les racines serpentant au loin. Enfin, l'un d'eux se décide à grimper sur un autre arbre dont les branches en tombant se sont accrochées à la cime épaisse de ses voisins. Voyez comme il s'avance avec précaution, pieds nus, un mouchoir enroulé autour de la tête. Maintenant il est parvenu à environ quarante pieds du sol, il cesse de monter, et s'établissant carrément sur le tronc qui lui sert d'appui, d'un bras nerveux il manœuvre sa bonne hache. L'arbre est aussi dur qu'il est gros, mais les coups redoublés qu'il lui porte l'auront bientôt partagé en deux. A présent, il change de côté et vous tourne le dos. L'arbre ne tient plus que par une mince tranche de bois; il place son pied sur la partie qui est entaillée, et le secoue de toutes ses forces. Le tronc pesant se balance un moment sous ses efforts; tout à coup il cède, et quand il frappe la terre, le bruit de sa chute fait retentir tous les échos du bocage, et les dindons effrayés se renvoient l'un à l'autre leur *glou glou* d'appel. Le bûcheron, lui, se remet et se recueille un instant, puis il jette sa hache en bas et, se laissant glisser le long d'une branche de vigne, se retrouve bientôt sur le sol.

Plusieurs hommes alors s'approchent pour examiner le chêne étendu devant eux : ils le coupent aux deux extrémités et sondent partout l'écorce, pour reconnaître s'il ne serait pas attaqué de la *carie blanche*. Si tel est malheureusement le cas, il doit rester là, l'énorme tronc, gisant pendant un siècle ou plus, jusqu'à ce qu'il s'en aille en poussière. Au contraire, quand il n'a reçu aucun mal et n'a pas été trop secoué par les vents, quand d'ailleurs rien n'indique encore que la séve ait monté et pourvu que les pores soient bien sains, on procède enfin au mesurage. Lorsqu'il a été inspecté dans tous les sens, et qu'on a tiré le plan du bois qu'il peut fournir, d'après les modèles qui, comme des fragments de la carcasse d'un vaisseau, donnent les formes et les dimensions requises, l'œuvre des *charpentiers* commence.

C'est de cette manière, cher lecteur, que, pour ainsi dire, chaque bouquet connu de la Floride se voit tous les ans attaqué ; et soit par la carie blanche soit par suite d'autres maladies, la qualité du bois se trouve si fréquemment détériorée, que le sol est partout jonché de troncs de rebut; aussi, chaque année, ces chênes, pourtant si estimés, deviennent-ils plus rares. Ajoutez le nombre immense de jeunes tiges de cette espèce que détruisent les grands arbres dans leur chute; et quand je vous aurai dit qu'on ne se donne pas, dans le pays, la peine de faire de nouveaux plants de cette essence, vous concevrez qu'avant peu un chêne-saule de bonne grosseur doive être assez recherché pour que le propriétaire puisse en demander un prix exorbitant, quand même il serait encore sur pied au milieu de son bois. Dans mon opinion, et je me la suis faite d'après des observations personnelles, ces bouquets de chênes-saules ne sont pas tout à fait aussi abondants qu'on se l'imagine, et je veux vous en donner une preuve.

Le 25 février 1832, je suivais le cours supérieur du Saint-Jean, en compagnie d'un personnage que le gouvernement avait chargé de surveiller l'exploitation des chênes-saules dans cette partie de la Floride orientale et qui, pour sa peine, recevait un bon salaire. Tout en côtoyant l'un des bords si pittoresques de cette rivière, mon compagnon me montra du doigt, sur l'autre rive, quelques gros bouquets d'arbres au feuillage foncé, qu'il me dit être entièrement composés de chênes-saules. Moi, je n'étais pas de son avis, et comme la controverse s'échauffait un peu, je lui proposai de nous faire conduire en bateau jusqu'au lieu en question, pour examiner de près le bois et les feuilles, et vider notre différend. Bientôt nous abordâmes, et vérification faite, il ne se trouva pas un seul pied de l'espèce prétendue, mais des milliers de *chênes des marais* (1). L'inspecteur reconnut qu'il s'était trompé, et moi je continuai à chercher des oiseaux.

Par une sombre soirée, je me trouvais assis sur le bord de la même rivière, réfléchissant aux arrangements que je pourrais prendre pour la nuit. Il commençait à pleuvoir à verse lorsque, par bonheur un homme m'aperçut et, venant à moi, m'offrit l'hospitalité de sa cabane qui, m'assurait-il, n'était pas éloignée. J'acceptai sa bienveillante invitation et le suivis. Dans l'humble logement, je trouvai sa femme, plusieurs

(1) Swamp-oak (*Quercus bicolor*).

enfants et d'autres hommes, que mon hôte m'apprit être, ainsi que lui, des bûcherons. Le souper fut placé sur une large table; et comme on m'engageait à y prendre part, je ne me fis pas prier, et m'en tirai de mon mieux, pour leur aider à vider les écuelles d'étain et les plats que nous apportait l'accorte ménagère. Alors on se mit à parler du pays, de son climat, de ses productions; mais il commençait à se faire tard, et nous nous étendîmes sur des peaux d'ours où nous dormîmes jusqu'à la pointe du jour.

J'avais grande envie d'accompagner ces hardis travailleurs au bouquet, où ils étaient en train d'équarrir des chênes-saules pour la construction d'un vaisseau de guerre. Armés de haches et de fusils, et laissant la maison à la garde de la femme et des enfants, nous partîmes et eûmes à traverser, sur une étendue de plusieurs milles, une de ces landes plantées de pins que j'ai essayé de vous décrire. Chemin faisant, un beau dindon fut abattu; et en arrivant au chantier établi non loin du bouquet, nous trouvâmes une autre troupe de bûcherons qui avaient voulu nous attendre avant de se mettre au déjeuner, tout préparé déjà par les soins d'un nègre auquel nous consignâmes notre dindon, avec ordre de le faire rôtir pour une part du dîner.

Le repas fut excellent et valait bien un déjeuner du Kentucky : on nous servit bœuf, poisson, pommes de terre, avec accompagnement d'autres végétaux, du café dans des tasses d'étain, et du biscuit à discrétion. Chaque convive paraissait en train, de bon appétit, et bientôt la conversation prit un tour des plus joyeux. Cependant le soleil se montrait au-dessus des arbres; et tous, sauf le cuisinier, nous nous dirigeâmes vers le bouquet du côté duquel je n'avais cessé de regarder avec impatience, m'y promettant le plaisir d'une rare partie. Il se trouva que mon hôte était le chef de la troupe, et, bien qu'il eût aussi sa hache, il ne s'en servait que pour enlever çà et là des plaques d'écorce de certains arbres d'une santé douteuse. Non-seulement il était très versé dans sa profession, mais, du reste, intelligent, et c'est lui qui me fournit les renseignements suivants dont je pris note :

Les hommes qui s'emploient ainsi à couper les chênes-saules, après avoir découvert quelque bouquet de bonne apparence, se bâtissent auprès des chantiers avec de grosses souches, pour s'abriter pendant la nuit et prendre leurs repas le jour. Leurs provisions se composent de bœuf, porc, pommes de terre, biscuit, farine, riz et poisson qu'ils ont soin d'arroser d'un excellent whisky. Ils sont tous vigoureux et actifs, viennent des parties est de l'Union, et reçoivent de forts gages, chacun suivant sa capacité. Leurs travaux ne durent que quelques mois. D'abord, on choisit les bouquets situés sur le bord des rivières navigables ; mais, quand on ne peut faire autrement, le bois est quelquefois traîné, cinq ou six milles, au plus prochain cours d'eau sur lequel, bien que sujet à s'enfoncer, il peut, sans trop de mal, être convoyé jusqu'à destination. Le meilleur temps pour abattre ces chênes, c'est, d'après eux, du 1er décembre au commencement de mars, lorsque la séve est tout à fait descendue. Quand la séve circule, l'arbre, disent-ils, est « *en fleur* », et par conséquent moins solide. La carie blanche, cette maladie si commune, et que l'œil le plus exercé peut seul reconnaître, se manifeste par des taches rondes, d'environ un pouce et demi de diamètre, visibles à l'extérieur de l'écorce, et par lesquelles on peut enfoncer dans le tronc un bâton pointu de plusieurs pouces. Elles suivent généralement le cœur, soit par en haut, soit par en bas de l'arbre. On s'y trompe si fréquemment, quand on n'en a pas l'habitude, que des milliers de chênes sont coupés et ensuite abandonnés. Le grand nombre de ces arbres qu'on rencontre gisants dans les bois, ferait croire à un étranger que le pays possède beaucoup plus de bons chênes qu'il ne s'y en trouve réellement; et peut-être, dans le fait, n'y en a-t-il pas plus d'un quart de ce que l'on dit qui soit propre à être employé.

Les bûcherons, d'ordinaire, retournent chez eux, dans les lointains États de l'est et du centre pour y passer l'été; puis ils reviennent dans les Florides aux approches de l'hiver. Quelques-uns cependant, que leurs familles ont accompagnés, restent plusieurs années de suite au chantier, bien qu'ils y aient beaucoup à souffrir du climat, et que souvent leur constitution jadis si robuste en soit profondément altérée. Tel était le cas pour l'individu dont je parle et de l'assistance duquel j'eus ensuite beaucoup à me louer, dans le cours de mes excursions.

LA TOURTERELLE DE LA CAROLINE.

J'ai cherché, cher lecteur, à vous donner une fidèle représentation de deux couples de tourterelles, aussi jolies qu'aucunes qui aient jamais roucoulé leurs amours sous la verte cime des bois. Je les ai placées sur une branche de stuartia (1), que vous voyez ornée d'une profusion de blanches fleurs, symbole d'innocence et de chasteté.

Regardez la femelle : avec quel zèle elle couve ses œufs, doucement enlacée par l'épais feuillage, recevant la nourriture du bec du mâle, et prêtant l'oreille avec délices aux assurances de son affection dévouée. Rien ne manque au couple fortuné, rien de ce qui pourrait, en un tel moment, rendre tout autre couple également heureux.

Sur la branche au-dessus, voici les préludes d'une scène d'amour : la femelle, toujours réservée et indécise, semble douter des protestations de son amant et, comme une vierge craintive, se résout à mettre sa sincérité à l'épreuve, en se refusant quelque temps encore à ses désirs : elle a gagné l'extrémité de la branche ; déjà s'ouvrent ses ailes et sa queue, elle va s'envoler

(1) *Stuartia*, ou *Stewartia malacodendron*, de la famille des Malvacées, arbrisseau de hauteur médiocre, et dont la fleur grande, ouverte, agréable à la vue, mais sans odeur, rappelle assez bien, en effet, celle de certaines *lavatères*.

dans quelque réduit plus solitaire..... Qu'il persiste à l'y suivre, sans laisser se ralentir son ardeur; et bientôt, n'en doutez pas, ils reproduiront la même scène de félicité que le couple qui est au-dessous d'eux.

La tourterelle annonce le retour du printemps; il y a mieux : on oublie l'hiver et ses frissons, en entendant ses roucoulements si mélancoliques et si doux. C'est que son cœur est déjà tellement enflammé, tellement gonflé par la passion, qu'il ne cherche qu'à s'épancher; comme demandent à s'épanouir les boutons de la jeune tige, sous la féconde influence des premières chaleurs.

Son vol est extrêmement rapide et très soutenu; quand on l'a surprise et qu'elle s'enlève de terre ou de dessus la branche, ses ailes produisent une sorte de sifflement qui retentit à une distance considérable. Alors on la voit souvent tournoyer en l'air d'une façon bizarre, comme pour essayer la puissance de son vol. Rarement elle monte haut au-dessus des arbres; et rarement aussi elle s'engage au travers des bois épais et des forêts ; mais elle préfère côtoyer leurs bords et s'ébattre aux alentours des haies et des champs. Au printemps néanmoins, et pendant que la femelle est sur ses œufs, le mâle se met parfois à battre fortement des ailes, et semble vouloir s'élever à une grande hauteur; mais tout à coup il redescend en décrivant un large cercle; puis nageant doucement, la queue et les ailes étendues, il revient se poser sur l'arbre où est sa compagne, ou sur quelque autre très voisin. Ces manœuvres sont fréquemment répétées durant les jours de l'incubation, et bien moins souvent, lorsque les mâles courtisent les femelles. Ils ne se sont pas plutôt posés, qu'ils étalent et agitent leur queue de la manière la plus gracieuse, en se balançant la tête et le cou. Leurs migrations ne sont pas aussi lointaines que celles du pigeon voyageur; elles ne s'accomplissent pas non plus en si grand nombre, la réunion de deux cent cinquante ou de trois cents de ces tourterelles étant regardée comme une grosse troupe.

Par terre, le long des haies ou sur les branches des arbres, elles marchent avec beaucoup d'aisance et de légèreté; elles courent même assez vite, comme on peut le voir lorsqu'elles cherchent la nourriture dans les lieux où elle est rare. Elles se baignent peu, mais boivent en avalant par longues gorgées, le ventre profondément enfoncé dans l'eau, où elles sont plongées très souvent jusqu'aux yeux.

Ces oiseaux nichent dans toutes les parties des États-Unis que j'ai visitées, et, selon la température des diverses localités, élèvent une ou deux couvées par saison. Dans la Louisiane, ils pondent aux premiers jours d'avril, quelquefois dès le mois de mars, et ont alors deux couvées; dans le Connecticut, ils ne commencent à pondre que vers le milieu de mai, et ont rarement plus d'une couvée. Sur les frontières du lac Supérieur, ils sont encore plus tardifs. Les œufs, toujours au nombre de deux au plus, sont d'un blanc pur et, jusqu'à un certain point, translucides. Toute espèce d'arbre leur est bonne pour faire leur nid, qu'ils placent sur des branches ou de jeunes pousses horizontales; il est composé de petites bûchettes entrecroisées, mais si peu rapprochées l'une de l'autre, qu'elles semblent à peine suffisantes pour empêcher les œufs ou les petits de tomber.

La tourterelle de la Caroline fait sa retraite habituelle parmi les longues herbes qui poussent dans les champs abandonnés, au pied des tiges sèches de maïs, sur la lisière des prés; on ne la trouve qu'accidentellement sur les arbres à feuilles mortes, de même que sur certaines espèces d'arbres toujours verts; mais dans un lieu ou dans un autre, elle s'enfuit toujours à l'approche de l'homme, quelque obscure que soit la nuit : ce qui prouve l'excellence de sa vue, même dans les ténèbres. Quand elles reposent par terre, elles n'aiment pas à se placer l'une près de l'autre; mais quelquefois les divers individus d'une seule troupe paraissent éparpillés presque également sur toute la surface d'un champ. Elles diffèrent totalement, par cette particularité, des pigeons voyageurs qui s'entassent en masses compactes à l'extrémité des mêmes branches, pour passer la nuit. Cependant les tourterelles, ainsi que les pigeons, se plaisent à revenir au même perchoir, et souvent de distances considérables. Certains individus se mêlent parfois avec les pigeons sauvages, comme ceux-ci, de temps en temps, avec nos tourterelles.

On peut dire que la tourterelle de la Caroline glane plutôt qu'elle ne moissonne sur les champs du laboureur, où elle se contente presque toujours de ravir quelques grains, à l'époque des semailles; après quoi, elle s'adonne de préférence aux chaumes, quand les récoltes ont été enlevées. C'est un oiseau robuste, supportant les plus rudes hivers de nos États du centre, où quelques-uns restent toute l'année.

Leur chair est très délicate, lorsqu'on se les procure jeunes et dans la saison convenable; elles deviennent très grasses, sont tendres, succulentes, et dans l'opinion de plusieurs de mes amis, comme dans la mienne, d'une saveur égale à celle de la bécassine et même de la bécasse. Mais comme le goût, en pareille matière, dépend beaucoup des circonstances ou peut-être du caprice, si j'ai un avis à vous donner, bon lecteur, c'est d'en essayer par vous-même.

Pour les chasser avec succès, il faut être un fin tireur, car leur coup d'aile est très vif; elles filent rarement en droite ligne, et il est rare qu'on en tue, au vol, plus d'une à la fois, et plus de deux ou trois, par terre, à cause de cette disposition qu'elles ont à se tenir écartées les unes des autres.

En hiver, ces oiseaux s'approchent des fermes, mangent avec les volailles, les moineaux, les quisquales (1), et sont très familiers et très gentils; mais dès qu'on commence à les troubler, ils deviennent extrêmement farouches. Quand on les a enlevés du nid, ils se laissent facilement apprivoiser; j'en ai même connu qui nichaient en captivité. Pris dans des cages ou des trappes, ils se nourrissent volontiers et bientôt, devenus gras, forment un excellent mets pour la table.

(1) « Grackle », *Gracula*, Quisquales ou Étourneaux Mainates de Daudin.

Une fois tuées, ou prises vivantes dans la main, ces tourterelles et nos autres espèces de pigeons perdent leurs plumes, pour peu qu'on y touche. C'est un caractère propre au genre et à certains gallinacés.

L'OURAGAN.

A diverses reprises, et sur plusieurs points de notre pays, on a eu à souffrir d'ouragans terribles dont quelques-uns, après avoir parcouru les États-Unis dans presque toute leur étendue, ont laissé, de leur passage, des impressions assez profondes pour qu'on ne les ait pas facilement oubliées. Témoin moi-même d'un de ces redoutables phénomènes que j'ai pu contempler dans toute sa grandeur, j'essaierai pour votre sauvegarde, cher lecteur, oui, uniquement pour votre sauvegarde, de décrire, telle que je me la rappelle, cette étonnante révolution de l'élément aérien dont, maintenant encore, le souvenir me cause une sensation si pénible, qu'il me semble que, sur le coup, tout mon sang se glace dans mes veines.

Un jour je m'en revenais de Henderson, situé sur les rives de l'Ohio, par un temps agréable, mais pas plus chaud, si j'ai bonne mémoire, qu'il ne l'est d'ordinaire à l'époque de l'année où l'on se trouvait alors.

Mon cheval s'en allait doucement son petit train, et mes pensées, pour cette fois du moins dans le cours de ma vie, étaient tout entières absorbées par des spéculations commerciales. J'avais franchi à gué la crique des *Highlands*, et j'étais sur le point de m'engager sur une étendue de terrain déprimé, formant vallée, entre cette dernière crique et une autre dite la crique du *Canot*, lorsque soudain je m'aperçus que le ciel avait entièrement changé d'aspect; un air épais et lourd pesait sur la contrée, et pendant un moment je m'attendis à un tremblement de terre. Mon cheval toutefois ne manifestait aucun désir ni de s'arrêter, ni de se prémunir contre l'imminence d'un tel péril, et j'étais presque arrivé à la limite de la vallée. Enfin, je me décidai à faire halte au bord d'un ruisseau, et je descendis pour apaiser la soif qui me tourmentait.

Je m'étais mis sur mes genoux, et mes lèvres touchaient à l'eau..... Tout à coup, penché comme je l'étais vers la terre, j'entendis un sourd, un lointain mugissement d'une nature très extraordinaire. Je bus cependant; et au moment où je me remettais sur mes pieds, regardant vers le sud-ouest, j'y observai comme un nuage ovale et jaunâtre dont l'apparence était tout à fait nouvelle pour moi. Mais je n'eus pas grand temps pour l'examiner, car presque au même instant un vent impétueux commença d'agiter les plus hauts arbres. Bientôt il se déchaîna avec fureur, et déjà je voyais les menues branches et les rameaux au loin chassés vers la terre. En moins de deux minutes, toute la forêt se tordait devant moi, d'une manière effrayante. Çà et là, quand un arbre était trop pressé contre un autre, on entendait un bruit de craquement semblable à celui que produisent les violentes rafales qui parfois rasent la surface du sol. M'étant instinctivement tourné dans la direction d'où soufflait le vent, je vis avec stupéfaction les plus nobles arbres de la forêt courbant un moment leur tête majestueuse, puis, incapables de résister à la tourmente, tombant, ou plutôt volant en éclats. D'abord, c'était un bruit de branches qui se cassaient; puis, avec fracas, se brisait le haut des troncs massifs; et dans beaucoup d'endroits, des arbres entiers, d'une taille gigantesque, étaient précipités tout d'une pièce sur la terre. Si rapide fut la marche de l'ouragan, qu'avant même que j'eusse songé à prendre des mesures pour ma sûreté, il était passé à l'opposite de l'endroit où je me tenais. Jamais je n'oublierai le spectacle qui, à ce moment, me fut offert : je voyais la cime des arbres s'agiter de la façon la plus étrange, tourbillonnant au centre de la tempête, dont le courant entraînait pêle-mêle une telle masse de branches et de feuillage, que la vue en était totalement obscurcie. On voyait les plus gros arbres ployés et tordus, sous l'effort du vent; d'autres, d'un seul coup, rompus en deux, et plusieurs, après quelques moments de résistance, déracinés et bientôt jonchant la terre. Toute cette masse de branchages, de feuilles et de poussière soulevée dans les airs, tournoyait, emportée comme une nuée de plumes; et quand elle était passée, on découvrait un large espace rempli d'arbres renversés, de tiges dépouillées et de monceaux d'informes débris qui marquaient la trace de la trombe. Cet espace avait environ un quart de mille de largeur, et représentait assez bien à mon imagination le lit desséché du Mississipi, avec ses milliers de grosses souches et de troncs étendus sur le sable, enchevêtrés l'un dans l'autre et inclinés en tous sens. Quant à l'horrible fracas que j'entendais, il ressemblait à celui que font les grandes cataractes du Niagara; et comme on eût dit un effroyable hurlement suivant en quelque sorte à la piste les ravages de la tempête, il produisait sur mon esprit une impression que je ne peux décrire.

Cependant la plus grande furie de l'ouragan était passée; mais des millions de brindilles et de rameaux, poussés jusque-là d'une distance considérable, continuaient à se précipiter dans la trouée faite par la trombe, comme attirés en avant par quelque mystérieux pouvoir; et plusieurs heures après ils flottaient encore dans les airs, où l'on eût dit qu'ils étaient soutenus par la masse épaisse de poussière chassée d'en bas bien loin au-dessus de la terre. Le ciel était maintenant d'un verdâtre livide, et une odeur sulfureuse extrêmement désagréable remplissait l'atmosphère. J'attendais stupéfait, mais n'ayant à proprement parler souffert aucun mal, que la nature eût enfin repris son aspect accoutumé. Pendant quelques instants je restai indécis si je devais retourner à Morgantown, ou bien essayer de me frayer un passage à travers les ruines qui me barraient le chemin. Mais comme mes affaires pressaient, je m'aventurai sur les pas de la tempête, et après des efforts inouïs je parvins à m'en tirer : j'étais obligé de conduire mon cheval par la bride, pour lui faire franchir les monceaux d'arbres, tandis que moi, je me cramponnais par-dessus, ou rampais par-dessous, du mieux que je pouvais; par moments si bien empêtré au milieu des cimes brisées et du fouillis des branches, que je croyais véritablement y rester.

Quand je fus arrivé chez moi, je racontai ce que j'avais vu; et à ma grande surprise, on me dit que dans le voisinage on n'avait ressenti que très peu de vent, bien que dans les rues et les jardins on eût vu tomber beaucoup de grosses et de petites branches, sans pouvoir se rendre compte d'où elles venaient.

Après le désastre, il circula dans le pays plusieurs récits effrayants : entre autres, on disait que nombre de maisons de bois avaient été renversées de fond en comble et leurs habitants détruits, qu'une personne avait trouvé une vache enfoncée entre deux branches d'un gros arbre à moitié brisé..... Mais comme je ne veux rapporter que ce que j'ai vu de mes propres yeux, et non vous égarer au pays des fables, je me contenterai de dire qu'un dommage énorme fut causé par cet épouvantable fléau. Aujourd'hui encore la vallée n'est plus qu'un lieu désolé, encombré de ronces et de broussailles se mêlant aux cimes et aux troncs des arbres dont la terre est jonchée, et où se réfugient les animaux de rapine, lorsqu'ils sont poursuivis par l'homme ou qu'ils viennent de marauder sur les fermes des environs.

Depuis lors, j'ai traversé le chemin parcouru par la trombe: une première fois, à la distance de deux cents milles du lieu où j'avais été témoin de toute sa fureur; une autre fois, à quatre cents milles plus loin, dans l'État d'Ohio; récemment enfin, à trois cents milles au delà, j'ai observé les traces de son passage sur les sommets des montagnes qui font suite aux grandes forêts de pins de la Pensylvanie; et sur tous ces différents points, elles ne m'ont pas paru excéder en largeur un quart de mille.

L'OISEAU DE WASHINGTON.

C'était dans le mois de février 1814 qu'il me fut donné de contempler, pour la première fois, ce noble oiseau; et jamais je n'oublierai le délicieux spectacle que cette vue me procura. Non ! Herschell lui-même, quand il découvrit la planète qui porte son nom, ne dut pas éprouver d'émotions plus ravissantes.

Nous étions en tournée pour affaires de commerce et remontions le haut Mississipi. Les rafales transperçantes de l'hiver sifflaient autour de nous, et la rigueur du froid avait glacé en moi cet intérêt si profond que d'ordinaire, l'aspect de ce fleuve magnifique ne manquait jamais de m'inspirer. Je restais là étendu, sans énergie, auprès de notre patron; la sûreté de la cargaison était oubliée, et la seule chose qui pût encore attirer mon attention était la multitude de canards de diverses espèces qui, en compagnie de nombreuses troupes de cygnes, nous dépassaient de temps à autre. Mon patron, un Canadien, avait fait pendant plusieurs années le commerce des fourrures; c'était un homme de beaucoup d'intelligence, et comme il s'était aperçu que ces oiseaux avaient captivé ma curiosité, il semblait désireux de trouver quelque nouvel objet pour me distraire. Un aigle s'envola au-dessus de nous. « Ah ! quel bonheur, s'écria-t-il, voilà ce que je cherchais : regardez donc, monsieur, le grand aigle; c'est le seul que j'aie vu depuis que j'ai quitté les lacs ! » A l'instant je fus sur pied, et après l'avoir examiné attentivement, je conclus, en le perdant de vue dans le lointain, que c'était une espèce entièrement nouvelle pour moi. Mon patron m'assura qu'en effet de tels oiseaux étaient rares; que quelquefois ils suivaient le chasseur pour se repaître des entrailles des animaux qu'il avait tués, lorsque les lacs étaient gelés; mais qu'en d'autres saisons ils plongeaient, pendant le jour, après le poisson, et l'enlevaient dans leurs serres à la manière de l'orfraie; que généralement ils se tenaient sur les plates-formes des rochers où ils bâtissaient leurs nids, et qu'enfin plusieurs de ces nids lui avaient été indiqués par la quantité de fiente blanche éparse au-dessous.

Pour moi, convaincu que cet oiseau était inconnu aux naturalistes, je ressentis un vif désir de me renseigner sur ses habitudes, et d'apprendre par quelles particularités il pouvait différer des autres. Mais ce ne fut que quelques années plus tard que je le rencontrai de nouveau, un jour que j'étais occupé à ramasser des écrevisses sur un de ces bancs de sable qui bornent et divisent la rivière Verte, dans le Kentucky, non loin de sa jonction avec l'Ohio. La rivière, en cet endroit, est bordée par un rang d'écueils qui suivent quelque temps ses ondulations. Sur ces rochers, presque perpendiculaires, je remarquai une quantité d'excréments blanchâtres, que j'attribuai d'abord à des hiboux. Je fis part de cette circonstance à mes compagnons, et l'un d'eux, qui demeurait non loin de là, me dit qu'ils provenaient du nid de l'aigle brun, voulant indiquer l'aigle à tête blanche, non encore adulte. Je l'assurai que ce ne pouvait être l'aigle brun, puisque ni les jeunes ni les vieux de cette espèce ne bâtissent jamais sur les rochers, mais toujours sur les arbres; et bien qu'il ne pût rien répondre à mon objection, il n'en continua pas moins à soutenir que l'espèce n'y faisait rien et qu'un aigle brun, de taille plus qu'ordinaire, devait avoir bâti là; que lui-même, après avoir guetté le nid quelques jours auparavant, il avait vu l'un des vieux plonger et rapporter un poisson : chose qui cependant lui avait paru étrange, car il avait toujours observé jusqu'alors qu'aigles bruns, aussi bien qu'aigles de mer, ne se procuraient ce genre de nourriture qu'en le volant au faucon pêcheur. Il ajouta que, si je voulais absolument savoir à qui ce nid appartenait, je pourrais bientôt me satisfaire, les parents ne pouvant manquer de revenir pour apporter du poisson à leurs petits, ainsi qu'il les avait déjà vus faire.

Dans une fiévreuse attente, je m'assis à cent pas environ du pied du roc. Jamais le temps ne m'avait paru plus long. Je ne pouvais contenir l'impatience de mon excessive curiosité. J'espérais, et quelque chose me disait tout bas, que c'était bien réellement le nid d'un aigle de mer. Deux longues heures s'étaient écoulées, et aucun des vieux ne paraissait; enfin, la présence de l'un d'eux nous fut annoncée par un fort sifflement des deux petits, qui rampèrent jusqu'à l'entrée du trou pour recevoir un beau poisson. J'avais une vue parfaite du noble oiseau, tandis qu'il se tenait sur le bord du roc, laissant pendre, comme l'hirondelle, sa queue étalée et ses ailes ouvertes en partie. Je tremblais qu'un mot n'échappât à mes compagnons; le moindre murmure de leur part eût été trahison. Heureusement ils entrèrent dans mes idées et, bien que ne prenant qu'un médiocre intérêt à cette scène, ils se mirent à regarder avec moi. — Quelques minutes après, l'autre arrivait également au nid, et à la différence de taille (la femelle des oiseaux rapaces étant de beaucoup la plus grosse) nous reconnûmes que c'était la mère. Elle apportait aussi un poisson; mais plus prudente que le mâle, elle jeta son regard vif et perçant aux alentours, et de suite s'aperçut que sa demeure était découverte. Elle laissa tomber sa proie, d'un cri rauque et retentissant, donna l'alarme au mâle et, planant avec lui au-dessus de nos têtes, ne cessa de pousser des cris de colère, en nous menaçant, pour nous détourner de nos desseins suspects. Cette vigilante sollicitude, je l'ai toujours trouvée particulière aux femelles. — Faut-il entendre que je ne veux parler que des oiseaux ?

Cependant les jeunes s'étaient cachés ; nous approchâmes pour ramasser le poisson que la mère avait laissé tomber : c'était une perche blanche d'environ cinq livres et demie. La partie supérieure de la tête était défoncée, et le derrière déchiré par les serres de l'aigle. C'était bien effectivement à la manière du faucon pêcheur, que nous venions de la lui voir apporter.

Notre partie s'en allant terminée pour ce jour-là, nous convînmes, tout en regagnant la maison, de revenir le lendemain matin, dans l'intention de nous emparer à la fois des vieux et des jeunes. Mais le temps se mit à la tempête, et il nous fallut de nécessité remettre notre expédition. Le troisième jour, hommes et fusils étant prêts, nous retournâmes au rocher. Les uns se postèrent au pied, d'autres sur le haut ; mais ce fut en vain : de toute la journée nous ne pûmes ni voir ni entendre un aigle. Les parents, avertis, avaient prudemment prévenu notre invasion et, sans doute, emporté leur famille en lieu plus sûr.

Enfin, il arriva, le moment que j'avais si souvent, si ardemment désiré ! Deux années s'étaient écoulées en excursions sans résultats ; un jour que je me rendais de Henderson chez le docteur Rankin, à cent pas à peine devant moi et du milieu d'un petit enclos où le docteur, peu de jours auparavant, avait tué quelques pourceaux, je vis s'enlever un aigle qui vint se percher sur un arbre bas dont les branches s'étendaient au-dessus de la route. J'armai mon fusil à deux coups, qui ne me quitte jamais, et m'approchai tout doucement et avec précaution. Lui, sans peur, il m'attendait, me regardant d'un œil intrépide. Je tirai, et il tomba. Avant que je n'eusse eu le temps de le ramasser, il était mort. Avec quel délice je contemplai le magnifique oiseau. Non! le plus beau saumon ne lui avait jamais fait autant de plaisir qu'il m'en faisait à moi-même. Je courus et le présentai à mon ami, avec un sentiment d'orgueil que comprendront ceux-là seulement qui, comme moi, dès leur enfance, se sont dévoués à de telles conquêtes et y ont trouvé leurs premiers plaisirs, mais que les autres traiteront de niaiserie et d'enfantillage. Le docteur, qui était un chasseur expérimenté, examina l'oiseau d'un œil très satisfait, et m'avoua franchement qu'il ne l'avait jamais vu et même n'en avait jamais entendu parler.

Le nom que j'ai choisi pour cette nouvelle espèce d'aigle, « l'oiseau de Washington, » pourra paraître à quelques-uns trop ambitieux et peu convenable. Mais comme c'est incontestablement le plus noble oiseau de son genre qui jusqu'ici ait été découvert aux États-Unis, je me suis cru autorisé à l'honorer du nom d'un personnage plus noble encore, d'un homme qui a été le sauveur de son pays et dont le nom lui sera toujours cher. A ceux qui seraient curieux de connaître mes raisons, je dirai seulement que, le Nouveau Monde m'ayant donné le jour et la liberté, le grand homme qui assura son indépendance est près de mon cœur. Il eut une noblesse d'esprit, une générosité d'âme, telles qu'on en possède rarement; il était brave, aussi l'est cet aigle; comme lui il fut la terreur de ses ennemis, et sa renommée, s'étendant d'un pôle à l'autre pôle, ressemble au majestueux essor du plus puissant des habitants de l'air. Si l'Amérique a raison d'être fière de son Washington, elle a droit également d'être fière de son grand aigle.

Au mois de janvier suivant, je vis un couple de ces aigles volant au-dessus des chutes de l'Ohio et se poursuivant l'un l'autre. Le lendemain je les revis encore : la femelle s'était relâchée de ses rigueurs; elle avait mis de côté sa pruderie, et ils se retiraient continuellement ensemble sur un arbre favori. Je les poursuivis sans succès, pendant plusieurs jours; ils finirent par abandonner la place.

Le vol de cet oiseau est très différent de celui de l'aigle à tête blanche. Le premier décrit de plus grands cercles, se tient en voguant, si l'on peut dire, plus près de la terre et de la surface de l'eau, et quand il est pour plonger après un poisson, tombe en traçant une spirale, comme pour fermer toute retraite à sa proie, et ne se lance dessus que lorsqu'il n'en est plus qu'à la distance de quelques pas. — Le faucon pêcheur fait souvent de même. — Lorsqu'il s'est emparé d'un poisson, l'aigle de Washington s'envole à une distance considérable, formant dans sa course un angle très aigu avec la surface de l'eau. La dernière fois que j'eus occasion d'en voir, ce fut le 15 novembre 1821, quelques milles plus haut que l'embouchure de l'Ohio : deux de ces oiseaux passèrent au-dessus de notre bateau, descendant la rivière d'un mouvement lent et gracieux.

Étant à Philadelphie, il y a environ douze mois, j'eus la satisfaction de voir un beau spécimen de cet aigle, au musée de M. Brano. C'était un mâle, dans toute la beauté de son plumage et parfaitement conservé. J'avais bien envie de l'acheter pour l'emporter en Europe, mais le prix qu'on en demandait était au-dessus de mes moyens.

Les glandes contenant l'huile destinée à oindre la surface des plumes se trouvaient, dans celui que j'ai représenté, extrêmement grosses. Leur contenu avait l'apparence de lard ramolli et devenu rancé. L'oiseau dont il s'agit fait, de cette matière, un bien plus grand usage que l'aigle à tête blanche ou tout autre de cette tribu, si l'on excepte le faucon pêcheur. Tout le plumage, quand on l'examinait de près, semblait avoir été enduit d'une dissolution de gomme arabique et présentait moins de ce vernis duveteux qu'offre la partie supérieure des plumes dans l'aigle à tête blanche. Le mâle pèse 14 livres, poids commun, et mesure 3 pieds 7 pouces de longueur sur 10 pieds 2 pouces d'envergure.

LA PRAIRIE.

Lors de mon retour du haut Mississipi, je me trouvai obligé de traverser une de ces vastes prairies qui varient agréablement l'aspect parfois monotone du paysage. Il faisait un temps superbe; autour de moi tout était frais, souriant et épanoui comme au sortir des mains du Créateur. Mon havre-sac, mon fusil et mon chien composaient tout mon bagage et toute ma compagnie. Quoique sans fatigue et bien équipé pour la marche, je ne me pressais cependant pas, attiré, tantôt par l'éclat d'une belle fleur, tantôt par les gambades de quelques faons autour de leur mère, charmants animaux qui paraissaient aussi éloignés de toute idée de danger que je l'étais moi-même!

Je continuai ainsi très longtemps; je vis le soleil disparaître au-dessous de l'horizon, et je ne découvrais aucune apparence d'un pays boisé. De toute la journée, je n'avais aperçu rien qui ressemblât à figure humaine. L'espèce de sentier que je suivais n'était qu'une vieille trace d'Indiens; et comme l'obscurité s'étendait rapidement sur la prairie, je commençais à désirer d'atteindre au moins un taillis, où je pusse me retirer et dormir. A mes côtés et sur ma tête voletaient déjà les hulottes, attirées par le bourdonnement des cerfs-volants dont elles font leur nourriture; et dans le lointain, les hurlements des loups me donnaient enfin l'espoir de toucher bientôt à la lisière de quelque bois.

En effet, je ne tardai pas à en apercevoir un devant moi, et immédiatement mon regard fut frappé par l'éclat d'une lumière vers laquelle je me dirigeai, dans la ferme persuasion qu'elle provenait d'un campement d'Indiens errants. Je m'étais trompé. A sa clarté, je pus me convaincre qu'elle brillait dans l'âtre d'une pauvre et chétive cabane, et qu'entre moi et le foyer passait et repassait une grande figure, qui paraissait tout occupée des soins de son misérable intérieur.

J'approchai, et me présentant à la porte, je vis une grande femme à laquelle je demandai si je ne pourrais pas obtenir, sous son toit, un abri pour la nuit. Elle me répondit oui; mais sa voix refrognée et ses haillons jetés négligemment autour d'elle n'annonçaient rien de bon. J'entrai cependant, pris une sellette de bois et m'assis tranquillement au coin du feu. Tout d'abord mon attention se porta sur un jeune Indien robuste et bien fait qui se tenait silencieusement, les coudes sur les genoux et la tête appuyée entre les mains. Auprès de lui un arc de fortes dimensions reposait contre les poutres grossières de la cabane, et à ses pieds étaient quantité de flèches et deux ou trois peaux de raton. Il ne faisait pas un mouvement et paraissait même ne pas respirer. Accoutumé à la manière d'être des Indiens, et sachant que la présence d'un étranger civilisé n'a pas le privilége de beaucoup exciter leur curiosité (circonstance qui, dans nombre de pays, est considérée comme une preuve de l'apathie de leur caractère), je lui adressai la parole en français, car c'est une langue assez fréquemment connue, du moins par lambeaux, parmi le peuple de ces contrées. Il releva la tête, pointa son doigt vers l'un de ses yeux, tandis que l'autre m'adressait un regard auquel je ne pouvais me méprendre. Sa figure était couverte de sang; voici ce qui était arrivé : une heure auparavant, comme il s'apprêtait à décocher une flèche contre un raton à la cime d'un arbre, le trait, glissant sur la corde et partant en arrière, était entré avec une telle violence dans son œil droit, que du coup il l'avait perdu pour toujours.

J'avais faim; je m'informai de ce que l'on pourrait me donner. Quant à un lit, rien de semblable n'existait dans toute la hutte; en revanche, de larges peaux d'ours non tannées et des cuirs de buffle étaient empilés dans un coin. Je tirai une belle montre de mon sein, en disant à la bonne femme qu'il se faisait tard et que j'étais fatigué. La vue de ce bijou, dont la richesse ne lui avait point échappé, sembla produire sur son esprit un effet vraiment électrique. Elle s'empressa de me répondre qu'il y avait abondance de venaison et un morceau de buffle fumé (1), et que si je voulais écarter les cendres, j'y trouverais un gâteau. Mais ma montre avait vivement frappé son imagination, et il fallut satisfaire sa curiosité en la lui montrant tout de suite. Je tirai la chaîne d'or qui la retenait à mon cou et la lui présentai. Elle resta devant en extase, admira sa

(1) Jerked, fumé ou pressé. C'est une préparation que l'on fait subir à la viande pour l'embarquer.

beauté, me demanda ce qu'elle me coûtait et passa la chaîne autour de son énorme cou, en s'écriant que la possession d'un pareil trésor la rendrait bien heureuse. Sans aucun soupçon et me regardant comme parfaitement en sûreté dans ce lieu, quelque retiré qu'il fût, j'avais fait peu d'attention à ses paroles et à ses mouvements. Je partageai tranquillement, avec mon chien, un bon souper de venaison, et ne fus pas longtemps sans avoir satisfait aux exigences de mon appétit.

Cependant l'Indien s'était levé de son siége, comme si sa souffrance eût redoublé; il passa et repassa devant moi, à plusieurs reprises, et une fois me pinça si fort au côté, que j'eus peine à retenir un cri de douleur et de colère. Je le regardai; son œil rencontra le mien, mais son regard m'imposa silence d'un air si dominateur, que j'en ressentis le frisson dans tous mes os. Il se rassit, tira d'un étui crasseux son grand couteau, en examina le fil, comme je ferais de celui d'un rasoir que je soupçonnerais d'être émoussé; puis il le remit dans l'étui, prit derrière lui son tomahawk et en remplit la pipe de tabac, tout en continuant à me lancer des regards significatifs, chaque fois que notre hôtesse nous tournait le dos.

Jamais, jusqu'à ce moment, mes sens ne s'étaient éveillés à l'idée d'un danger pareil à celui dont je soupçonnai maintenant la présence. Je rendis à mon compagnon regard pour regard, et restai bien convaincu que, quels que fussent les ennemis qui me menaçaient, lui du moins ne serait pas du nombre.

Je redemandai ma montre à la vieille femme, la remontai et, sous prétexte de regarder quel temps il pourrait faire le lendemain matin, je pris mon fusil et sortis de la cabane. Je glissai une balle dans chaque canon, donnai un coup à mes pierres pour les mettre en état, renouvelai mes amorces, puis je rentrai en disant que le temps me semblait avoir belle apparence. Alors je pris quelques peaux d'ours et m'en fis un tapis sur lequel je me couchai, ayant eu soin d'appeler à mes côtés mon chien fidèle et de placer mon fusil sous ma main. Quelques minutes après, je paraissais plongé dans un profond sommeil.

Il ne s'était écoulé que très peu de temps, lorsque le bruit de plusieurs voix se fit entendre, et, du coin de l'œil, je vis entrer deux grands gaillards taillés en hercules et portant suspendu à une perche un daim qu'ils avaient tué. Ils déposèrent leur fardeau et se firent apporter du whisky, dont ils se versèrent de copieuses rasades. M'ayant aperçu ainsi que l'Indien blessé, ils demandèrent ce que faisait là cette canaille, parlant de l'Indien, qu'ils savaient ne pas comprendre un mot d'anglais. La mère, car la vieille femme était leur mère, leur commanda de parler plus bas, leur dit, en me montrant, qu'il y avait une montre, et les tirant à l'écart, engagea avec eux une conversation dont il ne m'était pas difficile de deviner le but. J'avertis doucement mon chien en lui donnant une petite tape ; il remua la queue, et je vis, avec un inexprimable plaisir, ses beaux yeux noirs se fixant alternativement sur moi et sur le ténébreux trio du coin. J'en étais certain, il avait compris mon danger. L'Indien échangea avec moi un dernier coup d'œil.

Les deux garnements s'en étaient tellement donné à boire et à manger, que je les regardais déjà comme hors de combat; et les fréquentes visites des sales lèvres de la mégère à la bouteille de whisky devaient bientôt, sans doute, la réduire au même état. Qu'on juge de ma stupeur, quand je vis ce démon incarné se saisir d'un grand couteau de cuisine et s'en aller droit à la meule pour l'aiguiser. Je la vis verser de l'eau sur la machine en mouvement, et s'acquitter avec tout le soin et les précautions voulues de sa dangereuse opération. Une sueur froide m'inondait tout le corps, malgré ma ferme résolution de me défendre jusqu'à l'extrémité. Son travail fini, elle se dirigea vers ses fils, qui chancelaient sur leurs jambes.—Voici, leur dit-elle, pour lui faire promptement son affaire; allons! mes garçons, expédiez-moi çà... et vite à la montre!

Je me retournai, armai tout doucement mon fusil, d'un léger coup fis signe à mon chien, et me tins prêt à m'élancer et à brûler la cervelle au premier qui essayerait d'attenter à ma vie. Déjà je touchais à l'instant fatal, et cette nuit eût peut-être été ma dernière en ce monde; mais la Providence veillait. C'en était fait: l'infernale sorcière s'avançait en silence, pas à pas, pour prendre son temps et mieux me frapper, pendant que ses fils seraient engagés avec l'Indien; plusieurs fois je fus sur le point de bondir et de l'étendre sur le carreau..... mais une autre punition l'attendait. Tout à coup la porte s'ouvre, et je vois entrer deux hommes vigoureux armés chacun d'une carabine. D'un saut je suis sur pied, en leur criant qu'il était grand temps qu'ils arrivassent. Leur raconter tout, fut l'affaire d'un instant. D'abord on s'assura des deux ivrognes; puis la femme, en dépit de sa résistance et de ses vociférations, subit le même sort. L'Indien ne se contenait plus et dansait de joie. Il nous donna à entendre que la douleur l'ayant empêché de dormir, il n'avait cessé d'avoir l'œil sur nous. On peut croire que nous ne songeâmes guère au sommeil; nous passâmes le reste de la nuit à causer; et les deux étrangers me racontèrent une aventure où ils s'étaient eux-mêmes trouvés dans une semblable situation. Enfin parut l'aurore brillante et vermeille, amenant l'heure du châtiment pour nos prisonniers.

Maintenant, ils étaient tout à fait de sens rassis; on leur délia les pieds, mais les bras restèrent toujours attachés; nous les poussâmes dans le milieu des bois, et les ayant soumis au traitement que les *régulateurs* (1)

(1) Ce châtiment consiste, suivant la gravité des circonstances, dans l'injonction de quitter la contrée, avec défense de s'approcher jamais d'aucune habitation ; dans une punition corporelle infligée sur le lieu même, et s'il s'agit de récidive de vol ou bien de meurtre, dans la peine de mort. Quelquefois, pour les cas désespérés, après que la tête a été séparée du tronc, on la fiche sur un pieu pour servir d'exemple aux autres.

Quant aux juges, ou *régulateurs*, on désigne ainsi dans les parties éloignées de l'Union, sur les frontières, d'honnêtes citoyens choisis parmi les plus respectables du district et, qui appelés de suite à siéger dès qu'un outrage à la société, ou un crime a été commis, sont revêtus des pouvoirs nécessaires pour punir les coupables et maintenir l'ordre, là où le cours régulier de la justice manquerait son but. — C'est ce font subir à de pareils coupables, nous mîmes le feu à la cabane et donnâmes toutes les peaux ainsi que le mobilier au jeune guerrier indien. Cette exécution finie, nous nous dirigeâmes, le cœur léger, vers les défrichements.

Durant l'espace de vingt-cinq années environ, alors que mes courses vagabondes me conduisaient dans toutes les parties de nos États, c'est la seule fois que ma vie ait été menacée par mes semblables. Au fait, les voyageurs courent si peu de danger dans toute l'étendue de l'Union, qu'il suffit d'y avoir vécu, pour que la pensée même n'en vienne pas à l'esprit pendant la route, et vraiment je ne puis me rendre compte de mon aventure qu'en supposant que les habitants de la cabane n'étaient pas des Américains.

Croiriez-vous, ami lecteur, qu'à quelques milles seulement du lieu où cela m'arriva et où, il n'y a pas plus de quinze ans, on ne trouvait pas une seule habitation d'homme civilisé, et à peine quelques bicoques du genre de celles où je faillis passer un si mauvais quart d'heure, de larges routes sont maintenant ouvertes, la culture a converti les bois en champs fertiles, des auberges ont été construites, et que l'on peut s'y procurer en grande partie ce que, nous Américains, nous appelons le *comfort* de la vie. C'est ainsi que tout marche dans notre riche, dans notre libre patrie !

qui, sous le nom de *loi du lynch*, se pratique actuellement et d'une manière encore plus expéditive en Californie.

LE MARTINET POURPRÉ.

Le martinet pourpré paraît à la Nouvelle-Orléans, du 1er au 9 février, rarement plus tôt. On le voit alors faisant ses évolutions au travers des airs, au-dessus de la ville et de la rivière, où il attrape en passant toutes sortes d'insectes qu'il trouve en abondance à cette époque.

Ces oiseaux élèvent souvent trois couvées pendant qu'ils restent avec nous. Au moment où ils arrivent, j'ai maintes fois eu l'occasion d'en voir des troupes prodigieuses qui volaient dans les environs à une hauteur considérable, en décrivant des cercles et faisant la chasse aux insectes qui se rencontraient sur leur route. Ces troupes étaient peu serrées et se dirigeaient soit vers l'est, soit vers le nord-ouest, à raison à peu près de quatre milles à l'heure. C'est un point que j'ai vérifié moi-même ; car le 4 février 1821, sur le bord de la rivière, au-dessus de la ville, j'en suivis une que j'eus sur ma tête pendant plus de deux milles, tout en allant du même train qu'elle et mes yeux constamment fixés en l'air, au grand étonnement des personnes qui passaient auprès de moi, et qui avaient probablement bien d'autres choses en vue. Mon thermomètre de Fahrenheit se tint à 68°, le temps étant calme et humide. Cette troupe pouvait avoir un mille et demi de long, sur un quart de mille de large. Le 9 du même mois, un peu au-dessus du *Champ de bataille*, j'eus encore le plaisir d'en voir une autre, mais qui ne me parut pas aussi nombreuse.

Aux chutes de l'Ohio, j'ai vu de ces martinets arriver dès le 15 mars, par petits détachements de cinq ou six individus. Le thermomètre ne marquait que 28°, le jour suivant que 45°, et ainsi de suite pendant une semaine, c'est-à-dire que tous les pauvres voyageurs périrent de faim et de froid, ou devinrent tellement incapables de se servir de leurs ailes, qu'ils se laissaient prendre par les enfants. Vers le 25 du même mois, ils sont ordinairement très abondants dans ces parages.

A Sainte-Geneviève, dans le Missouri, ils n'arrivent guère avant le 10 ou le 15 d'avril, et quelquefois souffrent beaucoup d'une reprise inattendue de la gelée. A Philadelphie, on ne les voit point avant le 10 avril. Ils atteignent Boston vers le 25, et continuent leur migration en remontant bien plus haut, à mesure que le printemps s'épanouit au nord.

Quand vient le moment de leur retour aux États du sud, ils n'ont pas besoin, comme au printemps, d'attendre des jours plus chauds pour se remettre en voyage, et tous ils partent vers le 20 d'août. Mais pendant les quelques jours qui précèdent, ils s'assemblent par troupes de 50 à 150 sur les flèches des églises dans les villes, ou sur les branches de quelque grand arbre mort, aux environs des fermes. De là, on les voit de temps en temps faire des excursions, en poussant un cri général ; ils dirigent leur course vers l'ouest, volent avec rapidité pendant plusieurs centaines de mètres, puis s'arrêtent tout court au milieu de leur essor, pour retourner, en se jouant, à leur arbre ou à leur clocher. Ils semblent agir ainsi dans l'intention d'exercer leurs forces, et probablement aussi pour déterminer la route qu'ils doivent suivre, et prendre les arrangements nécessaires afin de se mettre tous en état de supporter les fatigues du voyage. Lorsqu'ils sont posés, pendant ces jours de préparation, ils emploient la plus grande partie du temps à parer et oindre leurs plumes, à se rendre la peau propre et à nettoyer chaque partie de leur corps des nombreux insectes dont ils sont infestés. Ils demeurent sur leurs juchoirs, exposés à l'air de la nuit, quelques-uns seulement se retirant dans les *boîtes* où ils ont été élevés, et qu'ils ne quittent que lorsque le soleil est depuis une heure ou deux au-dessus de l'horizon ; et ils continuent, pendant la première partie de la matinée, à s'arranger les plumes avec une grande assiduité. Enfin, à l'aurore, par un temps calme, ils s'élancent d'un même accord, et on les voit se dirigeant droit à l'ouest ou au sud-ouest, pour se joindre aux autres troupes qu'ils rencontrent, jusqu'à ce qu'ils n'en forment plus qu'une comme celle que j'ai précédemment décrite. Ils voyagent alors bien plus rapidement qu'au printemps, et se tiennent plus serrés l'un contre l'autre.

C'est pendant ces migrations qu'on peut le mieux

juger de la puissance du vol chez ces oiseaux, et surtout lorsqu'ils viennent à se heurter contre quelque impétueux coup de vent. Ils font face à l'ouragan, et semblent glisser sur ses bords, comme déterminés à ne pas perdre un pouce du terrain qu'ils ont gagné. Le premier rang affronte la tourmente avec opiniâtreté, montant ou plongeant à la surface des courants opposés, pénétrant dans le centre même du tourbillon, et bien décidé à se frayer un passage tout au travers; tandis que derrière, le reste suit de près, les uns et les autres serrés ensemble et formant un tout si compacte, qu'on ne voit, d'en bas, qu'une masse noire. Alors ils n'ont pas le temps de pousser un cri; mais du moment qu'ils ont doublé la dernière pointe du courant, ils se relâchent de leurs efforts, reprennent haleine, et tous d'une voix font entendre un joyeux gazouillement, pour se féliciter de l'heureuse issue d'une pareille lutte.

Le vol, dans cette espèce, ressemble beaucoup à celui de l'hirondelle de fenêtre; mais, bien que facile et gracieux, il ne peut être comparé, pour la rapidité, à celui de l'hirondelle domestique. Excepté celle-ci, le martinet peut distancer tout autre oiseau. C'est plaisir de les voir se baigner et boire tout en volant, lorsque, sur un lac ou une rivière, par un brusque mouvement imprimé à la partie postérieure de leur corps, ils l'amènent en contact avec l'eau, pour se renlever l'instant d'après et se secouer ainsi que fait un barbet, en éparpillant les gouttes, comme autant de perles, tout autour d'eux. Quand ils veulent boire, ils rasent la surface de l'eau, les deux ailes entièrement relevées, et formant l'une avec l'autre un angle très aigu. Dans cette position, ils baissent la tête et plongent le bec plusieurs fois de suite et rapidement, en avalant un peu d'eau à chaque gorgée.

Ils se posent assez facilement sur différents arbres, notamment sur les saules, en faisant de fréquents mouvements des ailes et de la queue, lorsqu'ils changent de place pour chercher des feuilles et les porter à leur nid. On les voit aussi fréquemment s'abattre sur le sol, où, malgré leurs jambes si courtes, ils se meuvent avec une certaine agilité; ils vont, ramassant un scarabée ou un autre insecte, marchant au bord des flaques d'eau pour s'y désaltérer, mais en ouvrant un peu les ailes, ce qu'ils font aussi sur les arbres, comme s'ils ne s'y trouvaient pas à l'aise.

Ces oiseaux sont extrêmement courageux, persévérants et tenaces dans ce qu'ils considèrent comme leur droit. Ils montrent une forte antipathie contre les chats, les chiens et autres quadrupèdes qui leur paraissent dangereux. Ils attaquent et poursuivent indistinctement toute espèce de faucon, corneille ou vautour, et, pour cette raison, sont en grande faveur auprès des laboureurs. Ils chasseront et harcèleront un aigle jusqu'à ce qu'il ne soit plus en vue de leur nid, et l'exemple suivant pourra vous donner une idée de leur opiniâtreté, lorsqu'une fois ils ont fait choix d'un lieu pour y élever leur couvée.

J'avais construit et fixé au bout d'une perche un logement spacieux et commode pour recevoir des martinets, dans un enclos auprès de ma maison, où, depuis quelques années, plusieurs couples venaient faire leur nid. Pendant l'hiver, j'établis de cette manière d'autres petites boîtes, désirant y attirer aussi des oiseaux bleus. Au printemps, arrivèrent les martinets, qui, trouvant ces petits appartements plus agréables que les leurs, s'y installèrent, en forçant les jolis oiseaux bleus à décamper. J'observai les divers combats qui furent livrés en cette occasion, et je m'assurai que l'un des oiseaux bleus était doué, pour le moins, d'autant de courage que son adversaire; seulement, le martinet étant le plus fort, il avait dû lui céder sa maison, où son nid se trouvait presque terminé; mais, autant qu'il était en son pouvoir, il ne manquait pas une occasion de taquiner l'usurpateur. Le martinet mettait la tête à la fenêtre, et se contentait de lui répondre par des accents d'insulte et de défi. Je vis bien qu'il me fallait intervenir. En conséquence, je montai sur l'arbre où la boîte de l'oiseau bleu était attachée, pris le martinet et lui rognai la queue avec des ciseaux, dans l'espoir que cette punition mortifiante produirait son effet et l'engagerait à retourner à ses quartiers. Pas du tout : je ne l'eus pas plutôt lâché, qu'il courut droit à la boîte et y rentra. Je le pris une seconde fois et lui coupai la pointe de chaque aile, de façon cependant qu'il pût toujours voler pour chercher sa nourriture; puis je le remis en liberté: mais cela n'y fit encore rien, et je vis l'entêté martinet se réinstaller dans la boîte en dépit de tous mes efforts. Alors, de colère, je le pris et le traitai de telle sorte, qu'il ne revint jamais plus troubler le voisinage.

Chez un de mes amis, dans la Louisiane, des martinets s'étaient emparés de quelques creux dans les corniches, et y avaient élevé leurs petits plusieurs années de suite, jusqu'à ce qu'enfin les insectes qu'ils introduisaient avec eux dans la maison, eurent déterminé le propriétaire à s'occuper d'une réforme. On appela des charpentiers pour nettoyer la place et fermer les ouvertures par où les oiseaux s'introduisaient. Cela fut bientôt fait. Les martinets paraissaient au désespoir; ils apportèrent de petites branches et d'autres matériaux, et recommencèrent à construire de nouveaux nids, en quelque endroit du bâtiment que restât un trou. Mais on leur donna si bien la chasse, qu'après de nombreuses tentatives, la saison se trouvant trop avancée, ils furent contraints de déguerpir et se retirèrent aux environs de la plantation, dans quelques creux d'arbres qui autrefois avaient appartenu à des pics. Au printemps suivant, on bâtit un logement tout exprès pour eux; et c'est ce qui se pratique généralement chez nous, où l'on considère ce martinet comme un voyageur privilégié et comme l'avant-coureur du printemps.

La voix du martinet n'est pas mélodieuse, mais cependant ne laisse pas que de faire beaucoup de plaisir. On aime surtout à entendre le gazouillement du mâle, pendant qu'il courtise sa femelle. Ses chants, des premiers qui retentissent au matin, sont bien accueillis de tout le monde. Le fermier laborieux se lève de sa couche dès qu'ils ont frappé son oreille; bientôt après, ils se mêlent aux concerts des autres oiseaux, et l'homme des champs, certain d'un beau jour, reprend ses travaux pacifiques avec une nouvelle ardeur. L'Indien, plus amoureux encore d'indépendance, recherche avec non moins d'empressement la compagnie du martinet. Souvent à quelque branche, auprès de son camp, il suspend une calebasse; et de ce berceau ainsi préparé, l'oiseau fait sentinelle et se précipite, pour garantir de l'attaque du vautour, les peaux de daim ou les pièces de venaison qu'on a exposées à l'air pour sécher. L'humble esclave des États du Sud se donne encore plus de peine, afin que rien ne manque à l'oiseau favori : la calebasse est proprement vidée et attachée à l'extrémité flexible d'un roseau qu'il a été chercher dans le marais voisin, et qu'il a planté auprès de sa hutte. Hélas! ce n'est là, pour lui, qu'un souvenir de la liberté qu'il connut autrefois; et, au son de la corne qui l'appelle au travail, en disant adieu au martinet, il ne peut s'empêcher de songer que, lui aussi, il serait bien heureux, s'il pouvait, sans maître et sans entraves, se livrer à la joie et gambader tout le jour! A la campagne, presque chaque taverne a, sur le haut de son enseigne, sa boîte aux martinets; et j'ai remarqué qu'en général, plus la boîte est belle, meilleure est l'auberge elle-même.

Toutes nos villes ont aussi de ces boîtes; et l'on peut dire que le martinet est vraiment un oiseau privilégié, puisque même les enfants maraudeurs ne cherchent pas à le troubler. Il glisse tranquillement le long des rues, en gobant par-ci par-là quelque moucheron; s'accroche sous les gouttières, jette un regard curieux dans l'intérieur des maisons, en se balançant sur ses ailes devant les fenêtres; ou bien il s'élève haut au-dessus de la ville, plonge dans l'air limpide, et joue avec les cordes des cerfs-volants, qu'il frappe en passant d'un vol rapide et sans jamais manquer le but; puis soudain il revient raser les toits, d'où il chasse Grimalkin, l'hôte du logis, qui s'en allait, rôdant sans doute à la recherche de ses jeunes chats.

Dans les États du centre, le martinet commence à bâtir un nid nouveau, quand il ne se contente pas de réparer et d'augmenter celui de l'année précédente, huit ou dix jours après son arrivée, c'est-à-dire vers le 20 d'avril. Il le compose de bûchettes, de petites branches de saule, d'herbe, de feuilles sèches ou vertes, et de tous les chiffons qu'il peut trouver, et y pond de quatre à six œufs d'un blanc pur. Plusieurs couples se retirent dans la même boîte pour couver, et la petite communauté semble vivre en parfaite harmonie. Ils élèvent d'ordinaire deux nichées par saison : la première éclôt à la fin de mai; la seconde, vers le milieu de juillet. Cependant, comme je l'ai dit, dans la Louisiane, ils en ont quelquefois trois. Le mâle couve à son tour, et prodigue les plus tendres soins à la femelle. Il gazouille sans cesse, perché sur la boîte, ou bien passe et repasse devant l'entrée. Ses notes, à ce moment, sont emphatiques et prolongées, mais basses, et même moins musicales que ses communs *pews pews*.

Ces oiseaux ne se nourrissent que d'insectes, et, entre autres, de hannetons; rarement s'attaquent-ils aux mouches à miel.

L'HOSPITALITÉ DANS LES BOIS.

Hospitalité ! douce vertu, toujours agréable à l'étranger, mais qu'on n'apprécie pas pour ce qu'elle est, en réalité, dans tous les cas. Qu'un voyageur se soit rendu célèbre, l'accueil dont il se voit l'objet n'est souvent dû, en grande partie, qu'à la soigneuse attention que l'hôte porte à ses propres intérêts ; et certes, la faveur dont on l'entoure perd bien de son prix, quand on la lui fait acheter par mille et mille réponses à d'interminables questions sur ses lointains voyages et ses périlleuses aventures. Tel autre reçoit l'hospitalité de la munificence de personnages qui, possesseurs de tout le confort de la vie, éblouissent de leur ostentation le pauvre voyageur égaré, le conduisent pompeusement d'un bout à l'autre de leur vaste manoir, puis le laissent tout seul à s'égayer, comme il l'entendra, dans un bel appartement, sous prétexte qu'il n'est pas fait pour être présenté à l'honorable cercle des amis de la maison. Un troisième, avec plus de chance, rencontre un caractère simple et franc : on l'accueille à bras ouverts; on lui offre argent, domestiques et chevaux, pour le mettre en état de continuer sa route, et l'on ne se sépare de lui que les larmes aux yeux ! Dans ces divers cas, l'étranger contracte plus ou moins d'obligation, et doit, par suite, plus ou moins de reconnaissance. Mais croyez-moi, cher lecteur, l'hospitalité reçue de l'habitant des forêts, qui ne peut offrir que l'abri de son humble toit, et partage avec vous les provisions qui lui suffisent à peine pour les besoins de chaque journée, voilà celle qui, entre toutes, est agréable au voyageur, et dont son cœur ne perd jamais le souvenir.

J'avais déjà fait dans les bois plusieurs centaines de milles, en compagnie de mon fils, jeune garçon de quatorze ans, lorsque nous arrivâmes près d'une rivière aux eaux limpides et sur le bord opposé de laquelle j'aperçus une habitation. Nous traversâmes en canot, et bientôt nous nous arrêtions devant la maison, qui justement était une auberge où nous résolûmes de passer une partie de la nuit. Nous étions l'un et l'autre extrêmement fatigués, et je fis avec l'hôte un arrangement pour nous conduire environ cent milles plus loin, dans une légère voiture à la Jersey ; nous devions repartir au lever de la lune.

Il pouvait être deux heures avant l'aurore, quand la belle Cynthie aux rayons d'argent commença de poindre au-dessus de la forêt. Nous partîmes au bon trot, dansant sur la charrette comme des pois dans un crible. Le chemin, tout juste assez large pour nous laisser passer, était sillonné d'ornières profondes, et barré çà et là de troncs d'arbres et de vieilles souches par-dessus lesquels nous nous lancions bravement, sans ralentir notre train. Le maître de l'auberge, M. Flint, notre conducteur, nous avait vanté sa parfaite connaissance du pays; aussi nous abandonnâmes-nous avec confiance à sa direction, lorsqu'il nous proposa de nous mener par la traverse, au plus court; et nous allions, cahotés tout du long et faisant de droite et de gauche de fréquents détours pour ne pas nous rompre le cou sur les monceaux de bois qui obstruaient le passage. La journée avait commencé par promettre du beau temps; mais comme il avait gelé blanc depuis plusieurs nuits, on s'attendait à un changement prochain. Malheureusement il arriva bien avant que nous eussions regagné la route. La pluie tomba par torrents, le tonnerre grondait, les éclairs nous aveuglaient. Nous n'étions encore qu'au matin, mais la tourmente nous avait plongés dans une nuit complète, noire, effroyable. Notre voiture n'était pas couverte; mouillés et transis, nous gardions un morne silence, avec la perspective de passer la nuit sous le chétif abri que pourrait nous procurer notre véhicule.

Que faire...? S'arrêter! c'était encore pis que d'avancer. Nous lâchâmes donc la bride aux chevaux, avec un reste d'espoir qu'ils sauraient nous tirer de ce mauvais pas. Tout à coup ils ralentirent leur course; nous vîmes briller dans le lointain une faible lumière, et, presque au même instant, des chiens se mirent à aboyer. Nos chevaux, arrêtés par une haute clôture, commencèrent de leur côté à hennir, tandis que moi, j'appelais de toutes mes forces; et nous eûmes bientôt une réponse. En même temps, une torche de pin s'agita dans les ténèbres, en s'avançant vers nous. Elle était portée par un esclave nègre qui, sans prendre le temps de nous adresser aucune question, nous recommanda de longer la haie, en disant que le maître l'avait envoyé pour conduire les étrangers à la maison. Nous le suivîmes tout réconfortés, et peu de temps après nous arrivions à la porte d'une petite cour, dans laquelle nous aperçûmes une modeste cabane.

Sur le seuil, se tenait un jeune homme de grande taille et de bonne mine, qui nous invita à descendre de voiture et à lui faire l'amitié d'entrer. Sans cérémonie nous acceptâmes, et pendant que nous mettions pied à terre, la conversation s'engagea : « Un mauvais temps, messieurs. Mais qui donc a pu vous amener par ici? Il faut que vous ayez perdu votre chemin, car il n'y a pas de route à vingt milles à la ronde. » — Il n'est que trop vrai, nous l'avons perdue, répondit M. Flint; mais en revanche nous avons trouvé un gîte, et grand merci pour votre réception! — Ma réception, répliqua l'habitant des bois, n'est pas bien magnifique, après tout; mais vous êtes ici en sûreté, et c'est le principa.... Élisa, Élisa, continua-t-il en se retournant vers sa femme, aie soin de préparer quelque chose pour les étrangers..... Et toi, Jupiter, s'adressant au nègre, apporte du bois et rallume le feu.... Élisa, appelle les garçons, et traite les étrangers du mieux que tu pourras.... Approchez, messieurs ; ôtez ces habits mouillés et séchez-les au feu.... Élisa, vite, atteins des bas et une chemise ou deux.»

Pour ma part, connaissant mes compatriotes comme je les connais, je n'étais pas beaucoup surpris de tout cela ; mais mon fils, qui, comme je l'ai dit, avait à peine quatorze ans, faisait tout bas la remarque, en se rangeant auprès de moi, que nous étions bien heureux d'avoir rencontré de si braves gens. M. Flint, pendant ce temps, mettait la main aux chevaux qu'il conduisait sous un hangar; et la jeune femme allait et venait pour tout préparer, d'un air si empressé et si aimable, qu'elle semblait évidemment nous dire que tout ce qu'elle en faisait n'était qu'un plaisir pour elle. Deux jeunes nègres avancèrent un moment leur grosse face pour nous regarder, puis disparurent en appelant les chiens, et bientôt après les cris du poulailler nous apprenaient qu'on s'occupait activement de nous. Jupiter apporta de nouveau bois dans l'âtre dont la flamme illumina toute la maisonnette; enfin, M. Flint et notre hôte étant rentrés, nous commençâmes réellement alors à goûter toutes les douceurs de l'hospitalité.

« C'est bien dommage, observa l'habitant des bois, que nous n'ayons eu le bonheur de vous avoir il y a aujourd'hui trois semaines; car c'était, dit-il, le jour de nos noces : mon père nous avait donné de quoi garnir le buffet, et vous auriez pu faire meilleure chère. Malgré cela, si vous aimez le jambon et les œufs, on pourra vous en donner, même un petit poulet sur le gril. Je n'ai pas de whisky; mais mon père a de fameux cidre, et je vais vous en chercher. » Je demandai si son père demeurait loin : « Seulement à trois milles, monsieur, et je vais être de retour avant qu'Élisa ait fricassé le souper. » En effet il sortit, et l'instant d'après nous entendions le galop de son cheval. La pluie tombait toujours à torrents; et alors moi aussi, je fus frappé de l'extrême bonté de notre hôte.

D'après toutes les apparences, l'âge du couple aimable sous le toit duquel nous avions trouvé l'abri ne dépassait pas, à eux deux, la quarantaine. On voyait bien qu'ils n'étaient pas riches et n'avaient qu'à peine pour se suffire à eux-mêmes; mais la générosité de leurs jeunes cœurs était sans bornes. La cabane, nouvellement bâtie, avait été construite de troncs de tulipier soigneusement rabotés et polis: tout y respirait la plus grande propreté; même les grossières pièces de bois qui formaient le plancher paraissaient tout récemment lavées et séchées. Plusieurs robes et jupons d'une étoffe commune, mais solide, étaient pendus aux poutres, d'un côté de la cabane, tandis que l'autre était couvert de vêtements et d'effets à l'usage d'un homme. Un grand rouet avec des rouleaux de laine et de coton occupait l'un des coins; dans l'autre, se dressait un petit buffet contenant la modeste batterie de cuisine, en plats neufs, verres, assiettes et autres ustensiles d'étain. La table n'était pas grande non plus, mais toute neuve et aussi polie, aussi luisante que peut l'être du noyer. Le seul lit que je vis était entièrement l'œuvre de l'industrie domestique, et la courte-pointe montrait suffisamment combien la jeune épouse était habile à manier la navette et le fuseau. Une belle carabine ornait le manteau de la cheminée, et le devant du feu était de telles dimensions, qu'on eût dit qu'il avait été disposé tout exprès pour y ménager place à la nombreuse lignée que semblait promettre cette heureuse union.

Le jeune noir s'occupait à moudre du café; le pain fut pétri des belles mains de l'épouse, et placé à mesure, pour la cuisson, sur une plaque au-devant du feu; le jambon et les œufs frillaient déjà et chantaient dans la poêle; en avant de l'âtre, au-dessus des cendres chaudes, deux poulets sur le gril se gonflaient et fumaient à faire envie; enfin la nappe était mise, tout était prêt, quand les pas du cheval annoncèrent le retour du mari. Il entra, apportant un baril de cidre de deux gallons (1); et vraiment ses yeux petillaient de plaisir en disant: « Tu ne sais pas, Élisa! mon père qui voulait nous voler nos étrangers; il allait venir ici, les prier de l'accompagner chez lui, comme si nous n'avions pas, à nous deux, de quoi bien les recevoir! Au moins, voilà du liquide... Allons, messieurs, à table, et que chacun fasse de son mieux! » Il n'était pas besoin de nous reforcer; et moi, pour savourer plus délicieusement mon repas, je pris une chaise de la façon du mari, par préférence à celles qu'on appelle *windsor*, et dont une demi-douzaine garnissait la cabane. La mienne était rembourrée d'un morceau de peau de daim proprement tendue, et procurait un siége très confortable.

La femme reprit alors ses fuseaux, et le mari, après avoir rempli une bouteille d'un cidre petillant, s'assit auprès du feu pour sécher ses habits. Le bonheur dont il jouissait éclatait dans ses yeux, lorsqu'à ma demande il se mit à nous raconter en gros l'état de ses affaires et ses projets. « J'aurai, nous dit-il, vingt-deux ans, vienne Noël prochain. Mon père quitta la Virginie étant jeune, et s'établit sur la grande étendue de pays où il vit encore. A force de travailler, il n'a

(1) Environ huit litres.

pas trop mal réussi. Nous étions neuf enfants ; la plupart sont mariés et établis dans le voisinage. Le brave homme a partagé aux uns la terre qu'il possédait déjà, et en achète de surplus pour les autres. Il y a deux ans qu'il m'a donné celle que j'occupe ; et pour un plus beau morceau, il n'est pas facile d'en trouver. J'ai défriché, j'ai planté et je me trouve avoir champs et verger. Mon père m'a aussi donné un fonds de bétail, quelques chiens, quatre chevaux et deux nègres. Je campais ici ordinairement pendant mes travaux ; puis quand j'ai voulu me marier avec la jeune femme que vous voyez à son rouet, mon père m'a aidé à élever cette hutte. Par hasard, il s'est trouvé que ma femme avait aussi un nègre, et nous avons commencé notre ménage aussi bien que beaucoup d'autres, et Dieu aidant, nous pourrions.... Mais, messieurs, vous ne mangez pas, reforcez-vous donc... Élisa, m'est avis que ces messieurs ne refuseraient pas un peu de lait. » La jeune femme arrêta son rouet, et nous demanda, d'une voix douce, lequel nous préférions du lait caillé ou du lait doux (car il faut que vous sachiez, lecteur, que le lait caillé est regardé, par nombre de fermiers, comme un régal) : et l'on apporta du lait caillé et du lait doux ; mais, pour ma part, je préférai m'en tenir au cidre.

Le souper fini, nous nous rapprochâmes tous du feu, et de nouveau la conversation s'engagea. A la fin, notre bon hôte s'adressant à sa femme : « Élisa, lui dit-il, j'imagine que ces messieurs ne seraient pas fâchés de se coucher ; vois donc quel lit tu pourras leur donner. » Élisa regarda son mari en souriant : « Mais, Willy, nous n'avons qu'à dédoubler le nôtre et en étendre la moitié pour nous sur le plancher, où nous dormirons très bien. Quant au reste, nous l'arrangerons pour ces messieurs du mieux que nous pourrons. » A cela, je m'opposai tout d'abord, et proposai de coucher sur une couverture, auprès du feu; mais ni Willy ni Élisa ne voulurent en entendre parler. En conséquence, ils déménagèrent une partie de leur lit qu'ils installèrent sur le plancher, et après de longs débats, il fallut bel et bien nous y étendre. Les nègres furent envoyés à leur cabine, le jeune couple se mit au lit, et M. Flint nous endormit tous avec une interminable histoire qui ne tendait à rien moins qu'à nous prouver comme quoi il était vraiment extraordinaire qu'il eût fini par s'égarer.

Toi, qui restaures si délicieusement la nature épuisée, sommeil embaumé..... Mais la suite à demain; car il fuyait déjà, ce doux sommeil, chassé par l'aurore. M. Speed, notre hôte, se leva, mit le nez à la porte, et bientôt se retournant, nous assura qu'il faisait trop mauvais pour qu'on pût songer à partir. Je crois, en vérité, qu'il en était bien aise! Mais moi, j'avais hâte de continuer ma route, et je priai M. Flint de voir à préparer ses chevaux. Cependant Élisa était debout aussi, et je vis qu'elle disait quelque chose à l'oreille de son mari, qui se mit à crier tout haut: « Certainement, messieurs, vous ne partirez pas sans prendre un morceau, et c'est moi qui me charge de vous remettre dans votre route.» J'eus beau dire et beau faire, le déjeuner fut préparé, et il fallut le manger. Le ciel s'était un peu éclairci, et sur les neuf heures nous remontions en voiture. Willy, à cheval, marchait devant; et, en assez peu de temps, il nous eut conduits dans un chemin que nous n'eûmes qu'à suivre pour regagner enfin la grande route. C'est là que nous nous séparâmes de notre hôte des bois, avec un regret d'autant plus vif, qu'il ne voulut rien accepter d'aucun de nous. Bien loin de là; il dit avec un sourire, à M. Flint, qu'il espérait que d'autres fois encore il pourrait prendre le chemin le plus long pour le plus court, et, nous souhaitant un bon voyage, s'en retourna au trot de son cheval, vers sa gentille Élisa et son heureuse demeure.

L'OISEAU MOQUEUR.

C'est aux lieux où le grand magnolia élance sa tige majestueuse, couronnée de feuilles toujours vertes, et décorée d'une multitude de magnifiques fleurs dont l'air est embaumé; où les forêts et les champs s'émaillent de mille couleurs; où l'orange d'or embellit les jardins et les bosquets; où des bignonias d'espèces variées enlacent leurs rameaux autour du stuartia aux blanches corolles, et courent s'épanouir au sommet des grands arbres, entremêlés à des vignes sans nombre qui festonnent l'épais feuillage des bois, et livrent aux brises printanières le parfum de leurs cimes fleuries; où l'atmosphère est presque toujours imprégnée d'une douce chaleur; où baies et fruits de toute espèce se rencontrent pour ainsi dire à chaque pas; en un mot, c'est aux lieux où la nature, en passant au-dessus de notre terre, semble s'être arrêtée un instant pour verser tous ses trésors, et répandre d'une main libérale les innombrables germes d'où sont sorties toutes ces belles et splendides formes que j'essaierais en vain de vous décrire; oui, c'est là que l'oiseau moqueur devait fixer sa demeure: c'est là seulement qu'il devait faire entendre ses notes inimitables.

Mais où peut-elle exister, cette terre favoriséedes cieux? Il est un immense continent, aux lointains rivages duquel l'Europe envoya ses fils aventureux qui venaient se conquérir une habitation aux dépens des hôtes sauvages de la forêt, et convertir un sol abandonné en champs d'une fertilité exubérante: la Louisiane! C'est là que toutes ces bontés de la nature éclatent dans leur plus grande perfection, et où je voudrais qu'en ce moment, près de moi, vous pussiez prêter l'oreille au chant d'amour de l'oiseau moqueur. Voyez comme il voltige autour de sa femelle, non moins agile, non moins léger que le papillon; sa queue est largement étalée; il monte, mais sans s'éloigner, décrit un cercle et redescend se poser auprès de sa bien-aimée, les yeux rayonnants de bonheur, car elle vient de lui promettre d'être à lui, de n'être qu'à lui! Ses belles ailes se lèvent doucement; il s'incline vers l'objet de son amour, et de nouveau, bondissant dans les airs il ouvre son bec pour épancher en chants mélodieux les ravissements de son triomphe.

Ce ne sont pas les doux accords de la flûte ou du hautbois que j'entends, mais les notes plus harmonieuses de la nature elle-même : le moelleux des tons, la variété et la gradation des modulations, l'étendue de la gamme, le brillant de l'exécution, tout ici est sans rival. Ah! sans doute, dans le monde entier, il n'existe pas d'oiseau doué de toutes les qualités musicales de ce roi du chant, lui qui a tout appris de la nature, oui, tout !

Mais, une fois encore, il vient de redescendre, et le pacte conjugal a été scellé. Aussitôt, comme si son cœur allait éclater de joie, il exhale ses transports en notes plus suaves et plus riches que jamais. Maintenant il monte plus haut, promenant autour de lui un œil vigilant, pour s'assurer qu'il n'a eu aucun témoin de son bonheur; puis, quand sont passées ces scènes d'amour, visibles seulement pour l'amant passionné de la nature, il danse, il pirouette dans les airs, comme en délire : on dirait qu'il veut convaincre sa charmante compagne que, pour dépasser toutes ses espérances, il lui garde en réserve bien d'autres trésors d'amour; et puis, il recommence à chanter encore, en imitant toutes les notes que la nature a réparties entre les autres chantres du feuillage.

Pendant quelque temps, c'est ainsi que se passe chaque longue journée, chaque nuit délicieuse. Mais à une note bien connue que fait entendre la femelle, il cesse ses chants pour se rendre à ses désirs : il faut préparer un nid, et le choix du lieu qu'il occupera doit être matière à grande délibération. L'oranger, le figuier, le poirier des jardins, sont passés en revue; on visite aussi les épais buissons de ronces; et les uns et les autres ils paraissent tout à fait convenables pour l'objet que se propose le couple fortuné. Ils savent si bien tous deux que l'homme n'est pas leur plus dangereux ennemi, qu'au lieu de le fuir, ils fixent enfin leur demeure dans son voisinage, peut-être sur l'arbre le plus rapproché de sa fenêtre. Petites branches sèches, feuilles, herbes, coton, filasse et autres matières, sont recueillis, portés sur une branche fourchue, et là, convenablement arrangés. La femelle a pondu un œuf, et le mâle redouble ses caresses; cinq œufs y sont déposés en temps voulu ; tandis que le mâle, qui n'a d'autre désir que de charmer par ses chants les douces occupations de sa femelle, accorde de nouveau sa voix. Cependant il guette s'il n'apercevra pas çà et là vers la terre, quelque insecte dont il sait que le goût doit plaire à sa bien-aimée, et dès qu'il en voit un, il tombe dessus, le prend dans son bec, le bat contre le sol, et revole au nid, pour y apporter ce morceau friand, et recevoir les tendres remercîments de sa compagne dévouée.

Au bout d'une quinzaine, la jeune famille réclame toute leur attention et tous leurs soins. Ni chat, ni reptile immonde, ni redoutable faucon, ne visiteront probablement la demeure chérie : en effet, les habitants de la maison voisine se sont, pendant ce temps, épris d'une véritable affection pour l'aimable couple, et mettent leur plaisir à le protéger. Les mûres des champs, plusieurs espèces de fruits des jardins, et des insectes, pourvoient aux besoins des jeunes, aussi bien qu'à ceux des parents. Bientôt on voit la couvée se hasarder hors du nid; et une seconde quinzaine suffit pour qu'ils soient capables de voler et de se nourrir eux-mêmes. Alors ils quittent leurs parents, comme font la plupart des autres espèces.

Mais ce que je viens de dire ne renferme pas tout ce que je veux que vous sachiez de ce chanteur remarquable. Je vais donc transporter la scène dans les bois et la solitude, où nous pourrons examiner ses mœurs plus à loisir.

L'oiseau moqueur reste dans la Louisiane toute l'année; j'ai observé avec étonnement que vers la fin d'octobre, lorsque ceux qui s'étaient dirigés vers les États de l'Est, et quelques-uns aussi loin que Boston, sont de retour, à l'instant ils se voient reconnus par les *résidants* du Sud, qui les attaquent en toute occasion. Je me suis assuré de ce fait, en remarquant que les nouveaux venus se tenaient sur une plus grande réserve, et semblaient avoir peur pendant les premières semaines de leur arrivée. Mais cette réserve finit par disparaître, ainsi que l'animosité des méridionaux; et les uns et les autres, durant l'hiver, ont l'air de vivre en bonne harmonie.

Au commencement d'avril, et parfois une quinzaine plus tôt, les moqueurs s'accouplent et construisent leur nid. Dans quelques cas, ils poussent l'insouciance jusqu'à le placer entre les barreaux d'une palissade, tout au bord de la route. J'en ai aussi trouvé dans les champs, au milieu des ronces; et ils sont si faciles à découvrir, qu'une personne désireuse d'en avoir peut s'en procurer un en très peu de temps. Il est grossièrement composé, au dehors, de brins de ronces sèches, de feuilles mortes et d'herbes mêlées avec de la laine; l'intérieur est fini avec des racines fibreuses disposées en cercle, mais négligemment arrangées. La femelle, pour la première ponte, y dépose de quatre à six œufs; de quatre à cinq pour la seconde; et quand il y a une troisième couvée, ce qui arrive quelquefois, on en compte rarement plus de trois, dont le plus souvent deux seulement éclosent. Les œufs sont courts, ovales, d'un vert clair, pointillés de taches couleur terre d'ombre. Comme les petits de la dernière couvée ne sont capables de se suffire que tard dans la saison, lorsque baies et insectes deviennent rares, ils restent pauvres et chétifs, circonstance qui a fait croire à quelques personnes, qu'il existait, aux États-Unis, deux espèces d'oiseaux moqueurs, l'une petite, l'autre plus grosse. Mais cela, autant du moins que j'ai pu l'observer, n'est pas exact. Sur le marché aux oiseaux de la Nouvelle-Orléans, et dès le milieu d'avril, on en apporte souvent de la première couvée; un peu plus haut, dans le pays, ils ne sont en bon état que vers le 15 de mai. La seconde couvée éclôt en juillet, et la troisième dans la dernière moitié de septembre.

Plus vous approchez des bords de la mer, plus vous trouvez de ces oiseaux. Ils recherchent naturellement les terrains sablonneux et meubles, et les cantons peu fournis de petits arbres, de buissons, de ronces et de broussailles.

Pendant l'incubation, la femelle remarque si exactement la position dans laquelle elle laisse ses œufs, en s'en éloignant pour prendre un peu d'exercice, se rafraîchir, piquer quelque grain de gravier ou se rouler dans la poussière, qu'à son retour, elle s'aperçoit très bien si l'un d'eux a été déplacé ou touché par la main d'un homme, et pousse aussitôt un cri bas et plaintif, à l'appel duquel le mâle accourt pour gémir et se lamenter avec elle. Quelques personnes s'imaginent que, dans ce cas, la femelle abandonne son nid: mais il n'en est rien; au contraire, elle redouble de vigilance et de soin, et ne le quitte plus que pour de rares instants. Ce n'est qu'après avoir été forcée maintes et maintes fois dans sa chère retraite, et lorsque de fréquentes intrusions l'ont par trop alarmée, qu'elle se décide enfin à partir, et encore, bien à regret; même si les œufs sont à la veille d'éclore, elle se laissera plutôt prendre que de déserter son poste.

Ces nids sont exposés aux visites de diverses sortes de serpents qui y montent, et ordinairement sucent les œufs et avalent les petits. En de telles extrémités, non-seulement le couple auquel le nid appartient, mais encore des troupes d'autres moqueurs du voisinage volent au lieu menacé, attaquent les reptiles, et, dans quelques cas, sont assez heureux pour les faire battre en retraite, ou même les mettre à mort. Des chats qui ont abandonné les maisons pour rôder à travers champs, dans un état à demi sauvage, sont aussi, pour eux, de dangereux ennemis; ils se glissent sans être vus; d'un coup de griffe s'emparent de la mère, tout au moins détruisent les œufs ou les jeunes, et bouleversent le nid. Les enfants, en général, ne touchent point à ces oiseaux qui sont protégés par les planteurs; et cette bienveillance pour eux est poussée à un tel point, dans la Louisiane, qu'on ne permet d'en tuer presque en aucun temps.

En hiver, les moqueurs s'approchent des fermes et des plantations pour vivre aux environs des jardins et des dépendances. On les voit alors sur les toits et perchés sur le haut des cheminées. Cependant, ils paraissent toujours vifs et alertes. Quand ils cherchent leur nourriture par terre, leurs mouvements sont prestes et élégants; ils ouvrent souvent leurs ailes, comme les papillons lorsqu'ils se réchauffent au soleil; puis, ils font un pas ou deux et leurs ailes s'étendent de nouveau. Par un temps doux, on entend les vieux mâles chanter avec autant d'entrain qu'au printemps ou à l'été; tandis que les plus jeunes s'exercent sans relâche, pour se préparer à la saison des amours. Rarement ils s'enfoncent dans l'intérieur de la forêt; mais d'ordinaire, ils perchent parmi les feuilles des arbres toujours verts, dans le voisinage immédiat des maisons, à la Louisiane; dans les États de l'Est, ils préfèrent les sapins peu élevés.

Leur vol est marqué par une suite de vifs et courts élans des ailes et du corps, à chacun desquels on aperçoit comme une forte contraction de la queue; et ce mouvement est encore bien plus prononcé pendant qu'ils marchent, leur queue s'ouvrant alors comme un éventail et se refermant l'instant d'après. Leur cri habituel ou d'appel consiste en une note très plaintive et qui ressemble à celle que fait entendre, en pareil cas, leur cousin germain, le merle roux, ou, comme on l'appelle communément, le moqueur français. Lorsqu'ils émigrent, leur vol est seulement un peu plus prolongé; ils vont d'un arbre à l'autre, tout au plus traversent un champ d'une seule fois, et presque jamais ne s'élèvent plus haut que la cime de la forêt. Durant ces voyages, qui, le plus souvent, ont lieu de jour, ils se tiennent ordinairement dans les parties les plus hautes des bois, au voisinage des cours d'eau; c'est là qu'ils exhalent leurs notes plaintives, et qu'ils se retirent également pour passer la nuit.

Les faucons n'osent guère les attaquer; car quelque soudaine qu'ait été leur approche, le moqueur est prêt, non-seulement à se défendre vigoureusement et avec un courage indomptable, mais encore à faire la moitié du chemin contre l'agresseur et à le forcer d'abandonner son entreprise. Le seul qui puisse le surprendre est le faucon Stanley : celui-ci vole bas, avec une extrême rapidité, et semble enlever le merle comme en passant et sans s'arrêter. Mais si le rapace manque son coup, l'oiseau moqueur devient à son tour l'assaillant; il poursuit le faucon avec intrépidité, tout en appelant au secours les autres oiseaux de son espèce. Sans doute il n'aura pas la force d'infliger un juste châtiment au maraudeur; mais l'alarme donnée par ses cris se propage dans tous les bosquets d'alentour, comme le garde-à-vous des sentinelles sous les armes, et l'empêche de réussir dans ses noirs desseins.

Les facultés musicales de cet oiseau ont été souvent étudiées par des naturalistes européens et d'autres personnes qui trouvent plaisir à écouter le chant des divers oiseaux, soit en captivité, soit à l'état libre. Quelques amateurs ont même signalé les notes du rossignol comme pouvant, à l'occasion, parfaitement égaler celles de notre moqueur. Je les ai fréquemment entendus l'un et l'autre, en liberté comme en cage, et, sans crainte, sans prévention aucune, je le déclare ici : le chant de la philomèle d'Europe égalera, si l'on veut, celui d'une soubrette de goût qui, ayant étudié sous un Mozart, peut produire à la longue quelque chose d'assez intéressant ; mais comparer ses *essais* au talent accompli du moqueur, c'est, dans mon opinion, tout à fait absurde.

On peut élever facilement l'oiseau moqueur, quand on le prend dans le nid, au moment convenable, c'est-à-dire lorsqu'il a de huit à dix jours. Il devient si familier et s'affectionne si bien, que souvent il suit son maître au travers de la maison. A Natchez, j'en ai vu un pris ainsi dans le nid, et qui pouvait aller et venir par le logis. Il se permettait de fréquentes excursions au dehors, puis, après avoir épanché ses mélodies dans les bois, il revenait à la vue de son gardien. Mais quelques soins, quelques précautions qu'on prenne pour perfectionner les facultés vocales de cet oiseau, quand il est retenu prisonnier, jamais on n'en fera rien qui, pour l'harmonie, puisse approcher du chant naturel.

On distingue sans peine le mâle, dans le nid, aussitôt que la couvée a quelques plumes : il est plus gros que la femelle et montre davantage de blanc pur. Il ne se foule pas non plus autant qu'elle, dans le fond du nid, lorsqu'il voit la main qui va pour le saisir. De bons chanteurs de cette espèce atteignent souvent à un haut prix. Ils vivent longtemps et sont de très agréables compagnons. Leur pouvoir d'imitation est étonnant ; ils miment avec facilité tous leurs frères des bois et des eaux, et même nombre de quadrupèdes. On assure qu'ils savent imiter la voix humaine, mais je ne puis rien affirmer par moi-même, relativement à cette faculté qu'on leur attribue.

LE COUGUAR.

Dans cette section de l'État de Mississipi qui occupe en partie le territoire des *Choctaws*, existe un marais d'une étendue considérable. C'est au bord même du Mississipi qu'il commence, à une assez petite distance d'un village *chicasaw* situé près l'embouchure d'une crique du nom de *Vauconnah*, et partiellement inondé par les débordements de plusieurs courants très larges dont le principal, traversant le marais dans toute sa longueur, va décharger ses eaux non loin de l'embouchure de la rivière *Yasoo*. Ce courant fameux est appelé *fausse rivière*. Le marais dont je parle suit les ondulations du Yasoo jusqu'au point où ce dernier se divise en se dirigeant vers le nord-est, pour former la rivière aux *froides eaux*, au-dessous de laquelle le Yasoo reçoit un autre courant qui s'incline vers le nord-ouest, et coupe la fausse rivière, à une courte distance du lieu où celle-ci reçoit elle-même les eaux du Mississipi.

Voilà, sans doute, un détail bien ennuyeux; mais j'ai voulu donner positivement la situation de ce marais, dans le désir de le signaler à l'attention de tous les studieux amis de la nature; et j'engage fortement ceux qui pourraient se diriger de ce côté, à visiter son intérieur où abondent des productions rares et curieuses, quadrupèdes, reptiles et mollusques, dont la plupart, j'en suis persuadé, n'ont jamais été décrits.

Un jour, pendant l'une de mes excursions sur le bord de la rivière aux froides eaux, le hasard guida mes pas vers la cabane d'un pionnier, dans lequel, comme chez la plupart de ces aventuriers de nos frontières, je trouvai un homme profondément versé dans tout ce qui concerne la chasse, et connaissant de longue main les habitudes de quelques-unes des plus grosses espèces d'oiseaux et de quadrupèdes.

Comme j'ai toujours eu pour principe que celui qui ne cherche qu'à s'instruire doit ne dédaigner personne, mais écouter quiconque a quelque chose à lui dire, si humble que soit sa condition, si bornés que soient ses moyens, j'entrai dans la cabane du pionnier, et j'engageai immédiatement la conversation avec lui, en le questionnant sur la situation du marais et ses productions naturelles. Il me répondit qu'à son avis, c'était bien ce que je pouvais désirer de mieux ; il me parla du gibier que renfermait ce lieu, et me montrant du doigt quelques peaux d'ours et de daim, il ajouta que les individus qui les avaient portées ne formaient qu'une très petite partie des nombreux animaux qu'il y avait tués. Mon cœur tressaillait d'aise: je lui demandai s'il voudrait m'accompagner au travers du vaste marais, et me permettre de devenir l'un des commensaux de son humble mais hospitalière demeure; et j'eus la satisfaction de le voir accepter cordialement chacune de mes propositions. En conséquence, je me débarrassai sur-le-champ de mon havre-sac, déposai mon fusil, et m'assis pour prendre ma part, avec grand appétit, des rustiques provisions destinées au souper du pionnier, de sa femme et de ses deux fils.

Le calme de la soirée semblait en parfaite harmonie avec le bon accueil et les manières engageantes de la famille. La femme et les enfants, je m'en aperçus plus d'une fois, me considéraient comme une sorte de personnage étrange : je leur avais dit que j'errais à la recherche des oiseaux et des plantes; et si je devais rapporter ici les mille et mille questions qu'ils me firent, en réponse à celles que je leur adressai moi-même, la liste seule en remplirait plusieurs pages. Le mari, natif du Connecticut, avait entendu parler de l'existence d'hommes tels que moi, soit dans notre Amérique, soit aux pays étrangers, et il semblait me posséder avec grand plaisir sous son toit. Le souper fini, je demandai à mon excellent hôte quel motif avait pu le pousser à se retirer dans des régions si reculées et si sauvages. « C'est, me répondit-il, que le monde se fait maintenant trop nombreux pour qu'on puisse vivre à l'aise sur le sol de la Nouvelle-Angleterre. » Je songeai alors à l'état de quelques parties de l'Europe, et calculant la densité de leur population comparée à celle de la Nouvelle-Angleterre, je me dis en moi-même : Combien donc doit-il être plus difficile à l'homme de vivre dans ces contrées que surchargent tant et tant d'habitants ! La conversation changea ; et le pionnier, ses fils et moi, nous parlâmes longtemps chasse et pêche. Mais à la fin, la fatigue nous gagnant, nous nous étendîmes sur les tapis de peau d'ours, et reposâmes en paix tous ensemble dans le seul appartement dont se composât la hutte.

Au retour de l'aurore, je fus éveilllé par la voix du pionnier appelant ses porcs qu'il laissait errer à l'état à demi-sauvage, dans les bois. J'étais d'avance tout habillé, et je l'eus bientôt rejoint. Les pourceaux arrivaient en grognant, au cri bien connu de leur maître. Il leur jeta quelques têtes de maïs ; et les ayant comptés, il me dit que depuis plusieurs semaines leur nombre diminuait rapidement, à cause du grand ravage que faisait parmi eux une redoutable panthère : c'est le nom par lequel on désigne le couguar en Amérique. Cet animal vorace ne se contentait pas seulement de la chair de ses cochons de lait, mais lui emportait de temps en temps un veau, malgré tout ce qu'il avait pu tenter pour le détruire. La *peintère*, comme il l'appelait aussi quelquefois, ne s'était pas gênée pour lui voler, en diverses occasions, un daim, fruit de sa chasse ; et à ces exploits il ajoutait nombre d'autres traits d'audace de la bête, pour me donner une idée formidable de son caractère. Charmé de cette description, j'offris de m'unir à lui pour le débarrasser de son ennemi ; il accepta bien volontiers, mais en observant que nous ne ferions rien sans l'assistance de quelques voisins, aux chiens desquels il faudrait joindre les siens. Et, en effet, bientôt après il montait à cheval, courait chez ses voisins dont quelques-uns demeuraient à plusieurs milles, et convenait avec eux d'un rendez-vous.

Au jour dit, et par une matinée superbe, les chasseurs arrivèrent à la porte de la cabane, juste au moment où le soleil paraissait au-dessus de l'horizon. Ils étaient cinq, en complet équipage de chasse, montés sur des chevaux que, dans quelques parties de l'Europe, on pourrait regarder comme de tristes coursiers, mais qui, pour l'haleine, la vigueur et la sûreté du pied, sont plus propres qu'aucun autre de ce pays à poursuivre le couguar et l'ours à travers les bois et les marais. Une bande de gros et vilains chiens étaient en train de faire connaissance avec ceux du pionnier ; tandis que lui et moi nous montions sur ses deux meilleurs chevaux, et que ses fils en enfourchaient d'autres de moindre qualité.

En route on causa peu ; et quand nous eûmes gagné le bord du marais, il fut convenu qu'on allait prendre chacun de son côté, pour chercher les traces fraîches de la *peintère ;* et que le premier qui les trouverait, donnerait de sa corne et resterait sur place, sans bouger, jusqu'à ce que les autres l'eussent rejoint. Au bout d'une heure, nous entendîmes clairement le son de la corne, et nous étant rapprochés du pionnier, nous nous enfonçâmes dans l'épaisseur des bois, dirigés par l'appel, de temps en temps répété, des chasseurs. Cependant nous ne tardâmes pas à nous rencontrer avec les autres camarades au lieu du rendez-vous. Les meilleurs chiens furent dépêchés pour dépister le couguar; et bientôt toute la meute était à l'œuvre, et se portait bravement vers l'intérieur du marais. Aussitôt les carabines furent apprêtées, et nous suivîmes les chiens à diverses distances, mais toujours en vue les uns des autres, et déterminés à ne pas tirer sur d'autre gibier que la panthère.

Les chiens avaient commencé à donner; soudain ils hâtèrent le pas. Mon compagnon en conclut que l'animal était *à terre;* et mettant nos chevaux au petit galop, nous continuâmes à suivre les chiens, en nous guidant sur leur voix. Le tapage augmentait, les aboiements redoublaient; lorsque tout d'un coup nous les entendîmes faiblir et changer de note. «En avant, en avant! me cria le pionnier : la bête est maintenant *perchée*, c'est-à-dire qu'elle a gagné les basses branches de quelque gros arbre; et si nous ne parvenons à la tuer dans cette position, pour sûr elle nous fera longtemps courir.» En approchant du lieu où elle devait être, nous ne formions plus qu'un peloton; mais ayant aperçu les chiens qui, en effet, étaient tous postés au pied d'un gros arbre, nous nous dispersâmes au galop pour l'entourer.

Chaque chasseur alors se tint en garde, l'arme prête, et laissant pendre la bride sur le cou de son cheval, tandis qu'il s'avançait à petits pas vers les chiens. Un coup de fusil retentit ; et l'on vit aussitôt le couguar sauter à terre et repartir, en bondissant, d'une façon à nous convaincre qu'il n'avait nulle envie de supporter plus longtemps notre feu. Les chiens détalèrent après, d'une ardeur au moins égale, et en criant à tue-tête. Le chasseur qui avait tiré nous rejoignit ; sa balle, nous assura-t-il, avait frappé le monstre dont l'une des jambes devait être cassée, près de l'épaule, seule place où il eût pu l'ajuster. Ce qu'il y a de certain, c'est qu'une légère trace de sang marquait la terre ; mais les chiens allaient d'un tel train, que nous ne pûmes en faire la remarque qu'en courant ; et l'éperon dans le ventre de nos chevaux, nous nous lançâmes à plein galop vers le centre du marais. Une rivière fut traversée, puis une autre plus large et plus bourbeuse ; et les chiens allaient toujours ! Les chevaux commençaient à souffler d'une furieuse manière ; nous jugeâmes qu'il vaudrait mieux les laisser et continuer à pied. Ces déterminés chasseurs savaient que le couguar, étant blessé, ne tarderait pas à remonter sur un autre arbre, où, selon toute probabilité, il resterait plus longtemps cette fois, et qu'il nous serait aisé de nous diriger sur la trace des chiens. Nous descendîmes, ôtâmes selles et brides à nos chevaux, et après leur avoir pendu des sonnettes au cou, les abandonnâmes ainsi, chacun à ses propres ressources.

Maintenant, cher lecteur, suivez la troupe qui s'enfonce au plus profond du marais, à travers des étangs fangeux, se frayant comme elle peut un passage pardessus des troncs renversés, au milieu d'un inextricable fouillis de joncs et de roseaux qui parfois couvrent des acres entières! Si vous êtes vous-même chasseur, cela ne vous semblera qu'un jeu; mais si les cercles où trônent la galanterie et la mode sont vos seules délices; si vous n'avez de goût que pour la paisible jouissance des plaisirs champêtres, certes! avec un pareil tableau, je n'ose guère espérer de vous faire comprendre quelle sorte de bonheur on éprouve dans une expédition de ce genre.

Nous marchions depuis une couple d'heures, quand nous commençâmes à entendre de nouveau la meute; chacun de nous redouble d'ardeur, s'emportant à la pensée de terminer soi-même la carrière du couguar. Nous entendions quelques chiens se plaindre; mais le plus grand nombre aboyait avec fureur. C'était le signe évident que la bête était de nouveau sur l'arbre; et sans doute elle y demeurerait assez pour se remettre de ses fatigues. En avançant vers les chiens, nous découvrîmes le féroce animal couché le long d'une forte branche et près du tronc, sur un cotonnier des bois. Sa large poitrine était tournée de notre côté, ses yeux se fixaient alternativement sur nous et sur les chiens qui étaient au-dessous de lui et l'assiégeaient; une de ses jambes de devant pendait inerte à son côté, et il se tenait tapi, les oreilles à ras de la tête, comme s'il croyait pouvoir échapper à nos regards. A un signal donné, trois coups partirent, et le monstre, après avoir bondi sur la branche, roula par terre, la tête en bas. Attaqué de tous côtés par les chiens, qui étaient comme des enragés, et lui-même rendu furieux, il combattit avec l'énergie du désespoir. Mais le pionnier, s'avançant au front de la troupe et jusqu'au milieu des chiens, lui logea une balle au défaut de l'épaule gauche. — Le couguar se débattit un instant dans les convulsions de l'agonie, et bientôt retomba mort.

Le soleil, à ce moment, allait disparaître dans l'ouest. Deux des chasseurs furent détachés pour nous procurer de la venaison ; tandis que les fils du pionnier recevaient l'ordre de retourner au logis pour donner, au matin, la nourriture aux cochons. Le reste de la troupe résolut de camper sur le champ de bataille. Le couguar fut dépouillé ; on prit sa peau, et l'on abandonna le reste aux chiens affamés. Pendant que nous étions occupés à préparer notre campement, un coup de fusil se fit entendre, et bientôt l'un de nos chasseurs revint avec un petit daim. On alluma du feu ; chacun tira sa provision de pain, accompagnée d'un flacon de whisky ; le daim fut partagé en trois portions, et l'on fit rôtir les grillades sur des bâtons devant les flammes. N'était-ce pas assez pour faire un bon repas ? Ajoutez historiettes et chansons qui commencèrent à circuler à la ronde. Cependant la nuit devenait plus noire, et mes camarades fatigués, jugèrent à propos de s'étendre par terre devant les cendres, où ils furent bientôt profondément endormis.

Quant à moi, je me promenai quelques minutes autour du camp, pour contempler les beautés de cette nature au sein de laquelle j'ai toujours su trouver mes plus grandes jouissances. Je repassais dans mon esprit les divers incidents de la journée, et tout en parcourant des yeux les environs, je remarquais les singuliers effets produits par l'éclat phosphorescent de gros troncs d'arbres tombés de vétusté et qui gisaient dans toutes les directions. Qu'il serait aisé, me disais-je en moi-même, pour l'esprit confus et troublé d'une personne égarée au milieu d'un marais comme celui-ci, de s'imaginer, dans chacune de ces masses lumineuses, quelque être fantastique et redoutable dont la seule vue lui ferait dresser les cheveux sur la tête! Cette pensée de me trouver moi-même dans une pareille situation me serra le cœur; et je me hâtai de rejoindre mes compagnons, auprès desquels je me couchai et m'endormis, bien assuré qu'aucun ennemi ne pourrait nous approcher sans éveiller les chiens, qui pour le moment en étaient encore à se disputer et à grogner sur la carcasse du couguar.

A la pointe du jour, nous quittâmes notre camp, le pionnier emportant sur son épaule la dépouille du défunt ravageur de son troupeau. Nous revînmes d'abord sur nos pas pour prendre nos chevaux, que nous retrouvâmes à peu près à la même place où nous les avions laissés. Ils furent promptement sellés, et nous partîmes au petit trot, en ligne droite, guidés par le soleil, en nous félicitant l'un l'autre de la destruction d'un voisin aussi redoutable que la panthère. Bientôt nous arrivâmes à la cabane de mon hôte, qui offrit à ses amis quelques rafraîchissements, tels que ses moyens le lui permettaient; puis ils se séparèrent, pour s'en retourner chacun chez eux; et moi, je pus continuer le cours de mes recherches favorites.

LE PIGEON VOYAGEUR.

Le pigeon voyageur ou, comme on l'appelle habituellement en Amérique, le pigeon sauvage, vole avec une extrême rapidité, en donnant de vifs et fréquents coups de ses ailes qu'il porte plus ou moins près du corps, suivant le degré de vitesse qu'il veut acquérir. De même que le pigeon domestique, on le voit souvent, dans la saison des amours, décrire en l'air de larges cercles, les ailes relevées en angle; et pendant ces évolutions qu'il continue jusqu'à ce qu'il soit prêt à se poser, les tuyaux des rémiges primaires, frottant par le bout les uns contre les autres, produisent un bruit strident qu'on peut entendre à cinquante ou soixante pas. Comme le perroquet de la Caroline et quelques autres oiseaux, il a soin, avant de se poser, de briser la force de son vol par des battements répétés, craignant sans doute de se blesser s'il abordait trop brusquement la branche ou le point du sol sur lesquels il a résolu de descendre.

J'ai commencé la description de cet oiseau par les détails qui précèdent sur son vol, parce que les faits les plus importants de son histoire se rapportent précisément à ses migrations. — Ces migrations sont dues uniquement à la nécessité où il se trouve de se procurer de la nourriture; et jamais il ne les accomplit en vue de se soustraire aux rigueurs des latitudes septentrionales, ou de chercher au midi un climat plus chaud pour y nicher. En conséquence elles ne se produisent point à une certaine période ou à une époque fixe de l'année; au contraire, il arrive quelquefois qu'une abondance continuelle de nourriture retienne pendant très longtemps ces oiseaux dans un même canton, sans qu'ils songent à en visiter d'autres. Du moins, je sais très positivement qu'ils restèrent ainsi dans le Kentucky, et qu'on n'en voyait nulle part ailleurs; puis, une année que les provisions manquaient, ils disparurent tout à coup. Des faits analogues ont été observés dans d'autres États.

La grande force de leurs ailes leur permet de parcourir et d'explorer, en volant, une immense étendue de pays dans un très court espace de temps. Cela est prouvé par des faits bien connus en Amérique. Ainsi des pigeons ont été tués dans les environs de New-York, ayant le jabot encore plein de riz qu'ils ne pouvaient avoir pris, au plus près, que dans les champs de la Géorgie et de la Caroline. Or, comme leur digestion se fait assez rapidement pour décomposer entièrement les aliments dans l'espace de douze heures, il s'ensuit qu'ils devaient, en six heures, avoir parcouru de trois à quatre cents milles; ce qui montre que leur vol est d'environ un mille à la minute. A ce compte, l'un de ces oiseaux, s'il lui en prenait fantaisie, pourrait visiter le continent européen en moins de trois jours.

Cette grande puissance de vol est secondée par une puissance de vue non moins remarquable; de sorte que, tout en voyageant du train que nous venons d'indiquer, ils sont capables d'inspecter le pays qui s'étend au-dessous d'eux, de découvrir aisément s'il s'y trouve de la nourriture, et d'atteindre ainsi le but pour lequel ils ont entrepris leur voyage. C'est ce dont j'ai pu m'assurer également: ainsi, quand ils passaient au-dessus de terrains stériles ou peu fournis des aliments qui leur conviennent, ils se maintenaient haut en l'air volant sur un front étendu, de manière à pouvoir explorer des centaines d'acres à la fois; au contraire, dès qu'apparaissaient de riches moissons ou des arbres chargés d'une provision de graines et de fruits, ils commençaient à voler bas, pour découvrir sur quelle partie de la contrée les attendait le plus ample butin.

Leur corps est d'une forme ovale allongée, terminé en guise de gouvernail par une queue longue aussi, abondamment garnie de plumes, et porté en avant par des ailes bien attachées, et dont les muscles sont très gros et très forts, eu égard à la taille de l'oiseau. Qu'un de ces pigeons soit aperçu glissant à travers les bois et non loin du regard de l'observateur, il passe rapide comme la pensée, et lorsqu'on veut le revoir encore, les yeux cherchent en vain; il n'y est déjà plus!

La multitude de ces pigeons dans nos forêts est véritablement étonnante; à ce point que moi-même, qui ai pu les observer si souvent et en tant de circonstances, j'hésite encore et me demande si ce que je vais raconter est bien un fait; et pourtant je l'ai vu, je l'ai bien vu, et cela dans la compagnie de personnes qui, comme moi, en restèrent frappées de stupeur.

Pendant l'automne de 1813, je partis de Henderson où j'habitais, sur les bords de l'Ohio, me dirigeant vers Louisville. En traversant les landes qu'on trouve à quelques milles au delà de Hardensbourg, je remarquai des pigeons qui volaient du nord-est vers le sud-ouest en si grand nombre, que je n'avais jamais rien vu de pareil. Voulant compter les troupes qui pourraient passer à portée de mes regards dans l'espace d'une heure, je descendis de cheval, m'assis sur une éminence, et commençai à faire avec mon crayon un point à chaque troupe que j'apercevais. Mais bientôt je reconnus qu'une pareille entreprise était impraticable, car les oiseaux se pressaient en innombrables multitudes. Je me levai, comptai les points qui étaient sur mon album; il y en avait 163 de marqués en vingt et une minutes! Je continuai ma route, et plus j'avançais, plus je rencontrais de pigeons. L'air en était littéralement rempli; la lumière du jour, en plein midi, s'en trouvait obscurcie comme par une éclipse; la fiente tombait semblable aux flocons d'une neige fondante, et le bourdonnement continu des ailes m'étourdissait et me donnait envie de dormir.

Je m'arrêtai, pour dîner, à l'hôtel de Young, au confluent de la rivière Salée avec l'Ohio; et de là, je pus voir à loisir d'immenses légions passant toujours sur un front qui s'étendait bien au delà de l'Ohio, dans l'ouest, et des forêts de hêtres qu'on découvre directement à l'est. Pas un seul oiseau ne se posa, car on ne voyait ni un gland ni une noix dans le voisinage. Aussi volaient-ils si haut, qu'on essayait vainement de les atteindre, même avec la plus forte carabine; et les coups qu'on tirait après eux ne les effrayaient pas le moins du monde. Je renonce à vous décrire l'admirable spectacle qu'offraient leurs évolutions aériennes lorsque, par hasard, un faucon venait à fondre sur l'arrière-garde de l'une de leurs troupes : tous à la fois, comme un torrent et avec un bruit de tonnerre, ils se précipitaient en masses compactes, se pressant l'un sur l'autre vers le centre; et ces masses solides dardaient en avant en lignes brisées ou gracieusement onduleuses, descendaient et rasaient la terre avec une inconcevable rapidité, montaient perpendiculairement de manière à former une immense colonne; puis, à perte de vue, tournoyaient, en tordant leurs lignes sans fin qui représentaient la marche sinueuse d'un gigantesque serpent.

Avant le coucher du soleil, j'atteignis Louisville, éloignée de Harsdenbourg de cinquante-cinq milles; les pigeons passaient toujours en même nombre, et continuèrent ainsi pendant trois jours sans cesser. Tout le monde avait pris les armes; les bords de l'Ohio étaient couverts d'hommes et de jeunes garçons fusillant sans relâche les pauvres voyageurs qui volaient plus bas en passant la rivière. Des multitudes furent détruites; pendant une semaine et plus, toute la population ne se nourrit que de pigeons, et pendant ce temps l'atmosphère resta profondément imprégnée de l'odeur particulière à cette espèce.

Il est extrêmement intéressant de voir chaque troupe répéter, de point en point, les mêmes évolutions qu'une première troupe a déjà tracées dans les airs. Ainsi, qu'un faucon vienne à donner quelque part sur l'une d'elles; les angles, les courbes et les ondulations que décriront ces oiseaux dans leurs efforts pour échapper aux serres redoutables du ravisseur, seront reproduits sans dévier par ceux de la troupe suivante. Et si, témoin d'une de ces grandes scènes de tumulte et de trouble, frappé de la rapidité et de l'élégance de leurs mouvements, un amateur est curieux de les voir se reproduire encore, ses désirs seront bientôt satisfaits : qu'il reste seulement en place jusqu'à ce qu'une autre troupe arrive.

Il ne sera peut-être pas hors de propos de donner ici un aperçu du nombre de pigeons contenus dans l'une de ces puissantes agglomérations, et de la quantité de nourriture journellement consommée par les oiseaux qui la composent. Cette recherche nous prouvera une fois de plus avec quelle étonnante bonté le grand Auteur de la nature a su pourvoir au besoin de chacun des êtres qu'il a créés. — Prenons une colonne d'un mille de large, ce qui est bien au-dessous de la réalité, et concevons-la passant au-dessus de nous, sans interruption, pendant trois heures, à raison également d'un mille par minute; nous aurons ainsi un parallélogramme de cent quatre-vingts milles de long sur un de large. Supposons deux pigeons par mètre carré, le tout donnera un billion cent quinze millions cent cinquante-six mille pigeons par chaque troupe; et comme chaque pigeon consomme journellement une bonne demi-pinte de nourriture, la quantité nécessaire pour subvenir à cette immense multitude devra être de huit millions sept cent douze mille boisseaux par jour.

Aussitôt que s'annonce quelque part une abondance convenable, les pigeons se préparent à descendre, et volent d'abord en larges cercles, en passant en revue la contrée au-dessous d'eux. C'est pendant ces évolutions que leurs masses profondes offrent des aspects d'une admirable beauté et déploient, selon qu'ils changent de direction, tantôt un tapis du plus riche azur, tantôt une couche brillante d'un pourpre foncé. Alors, ils passent plus bas par-dessus les bois, et par instants se perdent parmi le feuillage, pour reparaître le moment d'après et se renlever au-dessus de la cime des arbres. Enfin les voilà posés ; mais aussitôt, comme saisis d'une terreur panique, ils reprennent leur vol, avec un battement d'ailes semblable au roulement lointain du tonnerre ; et ils parcourent en tous sens la forêt, comme pour s'assurer qu'il n'y a nulle part de danger. La faim cependant les ramène bientôt sur la terre, où on les voit retournant très adroitement les feuilles sèches qui cachent les graines et les fruits tombés des arbres. Sans cesse, les derniers rangs s'enlèvent et passent par-dessus le gros du corps, pour aller se reposer en avant; et ainsi de suite, d'un mouvement si rapide et si continu, que toute la troupe semble être en même temps sur ses ailes. La quantité de terrain qu'ils balayent est immense, et la place rendue si nette, que le glaneur qui voudrait venir après eux perdrait complétement sa peine. Ils mangent quelquefois avec une telle avidité, qu'en s'efforçant d'avaler un gros gland ou une noisette, ils restent là longtemps, en tirant le cou et haletant, comme sur le point d'étouffer.

C'est lorsqu'ils remplissent ainsi les bois qu'on en tue des quantités prodigieuses, et sans que le nombre paraisse en diminuer. Vers le milieu du jour, quand leur repas est fini, ils s'établissent sur les arbres pour reposer et digérer. Par terre, ils marchent aisément, aussi bien que sur les branches, et se plaisent à étaler leur belle queue, en imprimant à leur cou un mouvement en arrière et en avant des plus gracieux. Quand le soleil commence à disparaître, ils regagnent en masse leur *juchoir* quelquefois à des centaines de milles, ainsi que me l'ont affirmé plusieurs personnes qui avaient exactement noté le moment de leur arrivée et de leur départ.

Et nous aussi, cher lecteur, suivons-les jusqu'aux lieux qu'ils ont choisis pour leur nocturne rendez-vous. J'en sais un, notamment, digne de tout votre intérêt : c'est sur les bords de la rivière Verte et, comme toujours, dans cette partie de la forêt où il y a le moins de taillis et les plus hautes futaies. Je l'ai parcouru sur un espace d'environ cinquante milles, et j'ai trouvé qu'il n'avait pas moins de trois milles de large. La première fois que je le visitai, les pigeons y avaient fait élection de domicile depuis une quinzaine, et il pouvait être deux heures avant soleil couchant lorsque j'y arrivai. On n'en apercevait encore que très peu; mais déjà un grand nombre de personnes, avec chevaux, charrettes, fusils et munitions, s'étaient installées sur la lisière de la forêt. Deux fermiers du voisinage de Russelsville distante de plus de cent milles, avaient amené près de trois cents porcs, pour les engraisser de la chair des pigeons qui allaient être massacrés; çà et là on s'occupait à plumer et saler ceux qu'on avait précédemment tués et qui étaient véritablement par monceaux. La fiente, sur plusieurs pouces de profondeur, couvrait la terre. Je remarquai quantité d'arbres de deux pieds de diamètre, rompus assez près du sol; et les branches des plus grands et des plus gros avaient été brisées comme si l'ouragan eût dévasté la forêt. En un mot, tout me prouvait que le nombre des oiseaux qui fréquentaient cette partie des bois devait être immense, au delà de toute conception. A mesure qu'approchait le moment où les pigeons devaient arriver, leurs ennemis, sur le qui-vive, se préparaient à les recevoir. Les uns s'étaient munis de marmites de fer remplies de soufre; d'autres, de torches et de pommes de pin; plusieurs, de gaules, et le reste, de fusils. Cependant le soleil était descendu sous l'horizon, et rien encore ne paraissait! Chacun se tenait prêt, et le regard dirigé vers le clair firmament qu'on apercevait par échappées à travers le feuillage des grands arbres..... Soudain un cri général a retenti : « Les voici! » Le bruit qu'ils faisaient, bien qu'éloigné, me rappelait celui d'une forte brise de mer parmi les cordages d'un vaisseau dont les voiles sont ferlées. Quand ils passèrent au-dessus de ma tête, je sentis un courant d'air qui m'étonna. Déjà des milliers étaient abattus par les hommes armés de perches; mais il continuait d'en arriver sans relâche. On alluma les feux et alors ce fut un spectacle fantastique, merveilleux et plein d'une magnifique épouvante. Les oiseaux se précipitaient par masses et se posaient où ils pouvaient, les uns sur les autres, en tas gros comme des barriques; puis les branches, cédant sous le poids, craquaient et tombaient, entraînant par terre et écrasant les troupes serrées qui surchargeaient chaque partie des arbres. C'était une lamentable scène de tumulte et de confusion. En vain, aurais-je essayé de parler, ou même d'appeler les personnes les plus rapprochées de moi. C'est à grand'-peine si l'on entendait les coups de fusil; et je ne m'apercevais qu'on eût tiré, qu'en voyant recharger les armes.

Personne n'osait s'aventurer au milieu du champ de carnage. On avait renfermé les porcs, et l'on remettait au lendemain, pour ramasser morts et blessés; mais les pigeons venaient toujours, et il était plus de minuit, que je ne remarquais encore aucune diminution dans le nombre des arrivants. Le vacarme continua toute la nuit. J'étais curieux de savoir à quelle distance il parvenait, et j'envoyai un homme habitué à parcourir les forêts. Au bout de deux heures il revint et me dit qu'il l'avait distinctement entendu à trois milles de là. Enfin, aux approches du jour, le bruit s'apaisa un peu; et longtemps avant qu'on ne pût distinguer les objets, les pigeons commencèrent à se remettre en mouvement dans une direction tout opposée à celle par où ils étaient venus le soir. Au lever du soleil, tous ceux qui étaient capables de s'envoler avaient disparu. C'était maintenant le tour des loups, dont les hurlements frappaient nos oreilles : renards, lynx, couguars, ours, ratons, opossums et fouines bondissant, courant, rampant, se pressaient à la curée, tandis que des aigles et des faucons de différentes espèces se précipitaient du haut des airs pour les supplanter, ou du moins prendre leur part d'un aussi riche butin.

Alors, eux aussi, les auteurs de cette sanglante boucherie, commencèrent à faire leur entrée au milieu des morts, des mourants et des blessés. Les pigeons furent entassés par monceaux; chacun en prit ce qu'il voulut; puis on lâcha les cochons pour se rassasier du reste.

Si l'on ne connaissait pas ces oiseaux, on serait naturellement porté à conclure que d'aussi terribles massacres devraient bientôt avoir mis fin à l'espèce; mais j'ai pu m'assurer, par une longue observation, qu'il n'y a que le défrichement graduel de nos forêts qui puisse réellement les menacer, attendu que, dans la même année, ils quadruplent fréquemment leur nombre, ou tout au moins ne manquent jamais de le doubler. En 1805 j'ai vu des schooners, ayant une cargaison complète de pigeons pris au haut de la rivière Hudson, venir les décharger aux quais de New-York, où ils se vendaient un *cent* la pièce (1). En Pensylvanie, j'ai connu un individu qui en prit près de cinq cents douzaines dans une *tirasse*, et en un seul jour; il en balayait quelquefois vingt douzaines et plus d'un même coup de filet. Au mois de mars 1830, ils étaient si abondants sur les marchés de New-York, qu'on en rencontrait par tas dans toutes les directions. Aux salines des États-Unis, j'ai vu des nègres fatigués d'en tuer pendant des

(1) Un centième de dollar ou environ 5 centimes de France.

semaines, lorsqu'ils descendaient pour boire l'eau sortant des tuyaux d'exhaure. Encore en 1826, dans la Louisiane, je les ai trouvés rassemblés par troupes aussi nombreuses que jamais.

La manière dont nichent ces pigeons, et les lieux qu'ils choisissent à cet effet, sont aussi des points d'un grand intérêt. L'endroit le plus convenable est celui où ils trouvent le plus facilement de la nourriture à leur portée, pourvu qu'il ne soit pas trop éloigné de l'eau. Ils préfèrent les plus hautes futaies, au milieu des forêts, et s'y rendent en légions innombrables, se préparant à accomplir l'une des plus grandes lois de la nature. A ce moment qui, moins que dans les autres espèces, dépend de l'influence de la saison, le roucoulement du mâle devient un doux *coo coo coo coo*, beaucoup plus bref que celui du pigeon domestique. Les notes communes ressemblent aux monosyllabes *kee kee kee kee*, la première étant la plus forte, et les suivantes allant peu à peu en baissant. Le mâle prend aussi un air fier et pompeux; il poursuit la femelle soit par terre, soit sur la branche ,la queue étalée et laissant pendre ses ailes, qu'il frotte contre le sol ou la partie de l'arbre sur lesquels il se pavane. Le corps est élevé, la gorge se gonfle, les yeux étincellent; il continue son roucoulement et s'envole de temps à autre à une courte distance, pour se rapprocher bientôt de sa timide compagne qui semble fuir. De même que les pigeons domestiques, ils se caressent en se becquetant mutuellement, les mandibules de l'un introduites transversalement entre celles de l'autre, et, par des efforts répétés, ils se dégorgent tour à tour le contenu de leur jabot. Mais ces préliminaires sont assez promptement terminés, et les pigeons commencent leur nid, au milieu d'une paix et d'une harmonie générales. Il est formé de quelques brindilles sèches entrecroisées, et supporté par des branches fourchues. Sur le même arbre, on trouve fréquemment de cinquante à soixante de ces nids ; je dirais plus, cher lecteur, si je ne craignais que cette histoire, déjà si étonnante du pigeon sauvage, ne vous parût tourner tout à fait au merveilleux. Chacun contient deux œufs en forme de large ellipse et d'un blanc pur. Durant l'incubation, le mâle fournit aux besoins de la femelle, et sa tendresse, son affection pour elle, ont quelque chose de frappant. Un fait également remarquable, c'est que chaque couvée se compose généralement d'un mâle et d'une femelle.

Mais ici encore, le tyran de la création, l'homme, intervient pour troubler l'harmonie de cette pacifique scène. Quand les jeunes oiseaux commencent à grandir, arrive leur ennemi, armé de haches pour en prendre et détruire le plus qu'il pourra. Les arbres sont coupés, et on les fait tomber de façon que la chute de l'un entraîne celle des autres, ou du moins leur donne une telle secousse que les pauvres pigeonneaux, comme on les appelle, sont précipités violemment sur la terre. De cette manière aussi on en détruit d'immenses quantités.

Les jeunes reçoivent la nourriture des parents, de la manière que nous avons ci-dessus indiquée, c'est-à-dire qu'elle leur est dégorgée dans le bec, et ils les quittent aussitôt qu'ils peuvent se suffire à eux-mêmes, pour vivre séparément jusqu'à l'âge adulte ; à six mois, ils sont capables de se reproduire.

La chair des pigeons sauvages est noire, mais assez bonne à manger. On l'estime beaucoup plus quand ils viennent d'être pris dans le nid. Leur peau est couverte de petites écailles blanches et membraneuses ; les plumes tombent, pour peu qu'on y touche, comme je l'ai déjà remarqué de la tourterelle de la Caroline ; j'ajouterai que cette espèce, ainsi que d'autres du même genre, a pour habitude en buvant de se plonger la tête dans l'eau jusqu'aux yeux.

En mars 1830, j'achetai environ trois cent cinquante de ces oiseaux, au marché de New-York, à raison de quatre *cents* la pièce ; j'en apportai beaucoup de vivants en Angleterre, que je distribuai entre plusieurs personnages de qualité, m'en réservant quelques-uns pour les offrir à la Société zoologique.

UN BAL A TERRE-NEUVE.

Nous revenions du Labrador, cette contrée d'un aspect si saisissant et si sauvage, et notre vaisseau *le Ripley* rangeait de près la côte nord de Terre-Neuve. L'air était doux, le ciel clair ; mes jeunes compagnons s'amusaient sur le pont au son de divers instruments, et moi je contemplais la scène pittoresque qui se déroulait le long de ces rivages hardis et souvent d'une magnifique grandeur. Des portions de ces terres reculées apparaissaient couvertes d'une végétation luxuriante et de beaucoup supérieure à celle des régions que nous venions de quitter; dans quelques vallées, je crus même distinguer des arbres d'une hauteur moyenne. Le nombre des habitations croissait rapidement; sur les vagues des baies que nous dépassions dansaient des flottilles de petits navires et de bateaux. Là se dressait un bord escarpé qui semblait être la section d'une grande montagne dont l'autre moitié s'était enfoncée et perdue dans les profondeurs de la mer, tandis qu'à sa base bouillonnait le flot, terreur du marinier. Ces énormes masses de roc brisé remplissaient mon âme d'une religieuse terreur; je me demandais quelle puissance continuait à soutenir d'aussi gigantesques fragments, de tous côtés suspendus comme par enchantement, au-dessus de l'abîme, et attendant ainsi le moment d'écraser par leur chute l'équipage impie de quelque vaisseau de pirate; plus loin, des montagnes aux croupes doucement arrondies élevaient leur tête vers le ciel, comme aspirant à monter encore pour s'épanouir au sein de sa pureté azurée; et par moments, il me semblait que le bramement du renne parvenait jusqu'à mon oreille. On voyait d'épaisses nuées de courlis dirigeant leur vol vers le sud; des milliers d'alouettes et d'oiseaux chanteurs fendaient les airs; et je me disais, en les regardant: Que n'ai-je aussi des ailes pour m'envoler vers mon pays et ceux que j'aime!

Un matin, de bonne heure, notre vaisseau doubla le cap nord de la baie de Saint-Georges. Le vent était léger, et la vue de cette magnifique étendue d'eau qui pénétrait dans les terres jusqu'à une distance de dix-huit lieues sur une largeur de treize, réjouissait à bord tous les cœurs. Une longue rangée de rivages abrupts la bordait d'un côté, et leur sombre silhouette se prolongeant sur les flots ajoutait un nouveau charme à la beauté de la scène ; de l'autre, les tièdes rayons d'un soleil d'automne, glissant sur les eaux, blanchissaient les voiles des petites barques qui s'en allaient naviguant de çà et de là comme autant de mouettes au plumage d'argent. Qu'il nous était doux de revoir des troupeaux paissant au milieu des plaines cultivées, et le monde à ses travaux dans les champs ! C'en était assez pour nous consoler de toutes nos fatigues et des privations que nous avions souffertes ; et comme le *Ripley* gouvernait alors vers un port commode qui soudainement s'était ouvert devant nous, le nombre des vaisseaux que nous y apercevions à l'ancre et l'aspect d'un joli village augmentaient encore notre joie.

Bien que le soleil dans l'ouest touchât presque à l'horizon, lorsque nous jetâmes l'ancre, les voiles ne furent pas plutôt ferlées, que nous descendîmes tous à terre. Alors se produisit, parmi la foule, un vif sentiment de curiosité : ils semblaient inquiets de savoir qui nous étions, car à notre tournure et à celle de notre schooner, qui avait un certain air guerrier, on voyait bien que nous n'étions pas des pêcheurs. Comme nous portions nos armes d'habitude et notre accoutrement de chasse moitié indien, moitié civilisé, les premières personnes que nous rencontrâmes commençaient à manifester de forts soupçons; ce qu'ayant remarqué, le capitaine fit un signe, et la bannière semée d'étoiles fut hissée soudain à notre grand mât et salua joyeusement les pavillons de France et d'Angleterre. Alors nous fûmes parfaitement accueillis; l'on nous fournit abondance de provisions fraîches; et nous, tout heureux de nous retrouver encore une fois sur la terre ferme, nous traversâmes le village pour aller nous promener aux environs. Mais la nuit tombait; il nous fallut rentrer dans notre maison flottante, d'où nous eûmes au moins la satisfaction d'envoyer des aubades répétées aux paisibles habitants du village.

Dès l'aurore, j'étais sur le pont, admirant le spectacle d'activité et d'industrie que j'avais devant les yeux. Le port était déjà rempli de bateaux pêcheurs employés à prendre des maquereaux, dont nous fîmes provision. Des signes de culture s'observaient aux pentes des montagnes, qui par endroits se couvraient d'assez beaux arbres; non loin coulait une rivière qui avait creusé son lit entre deux rangs de rochers escarpés, et de côté et d'autre des groupes d'Indiens s'occupaient à chercher des écrevisses de mer, des crabes et des anguilles que nous trouvâmes tous abondants et délicieux. Un canot chargé de viande de renne s'approcha de nous, conduit par deux vigoureux Indiens qui échangèrent leur cargaison contre différents objets de la nôtre. C'était un plaisir de les voir, eux et leurs familles, cuire à terre leurs écrevisses : ils les jetaient toutes vives dans un grand feu de bois, et aussitôt grillées, ils les dévoraient encore si chaudes qu'aucun de nous n'eût pu même y toucher. Quand elles furent convenablement refroidies, j'en goûtai et les trouvai beaucoup plus savoureuses que celles qu'on fait bouillir. — On nous représenta le pays comme abondant en gibier; la température y était de 20 degrés (1) plus élevée que celle du Labrador; et pourtant on me dit que, dans la baie, la glace se brisait rarement avant la mi-mai, et que peu de vaisseaux essayaient de gagner le Labrador avant le 10 juin, époque où commence la pêche de la morue.

Une après-midi, nous reçûmes la visite d'une députation que nous adressaient les habitants du village, pour inviter tout notre monde à un bal qui devait avoir lieu cette nuit même; on nous priait de prendre avec nous nos instruments. A l'unanimité, l'invitation fut acceptée; nous voyions bien qu'elle nous était faite de bon cœur; et comme nous nous aperçûmes que les députés avaient un faible pour le vieux jamaïque, nous leur en versâmes, non moins cordialement, quelques rasades qui nous prouvèrent bientôt qu'il n'avait rien perdu de sa force pour avoir fait le voyage du Labrador. A dix heures, terme indiqué, nous débarquâmes. Des lanternes de papier nous éclairaient vers la salle de danse. L'un de nous avait sa flûte, un autre son violon, et moi, je portais dans ma poche un flageolet.

La salle n'était rien moins que le rez-de-chaussée

(1) Toujours au thermomètre de Fahrenheit.

d'une maison de pêcheur. Nous fûmes présentés à la ménagère, qui, de même que ses voisines, était une adepte dans l'art de la pêche. Elle nous accueillit par une révérence, non à la Taglioni, j'en conviens ; mais faite avec une modeste assurance qui, pour moi, me plaisait tout autant, que l'aérien et cérémonieux hommage de l'illustre sylphide. On peut dire que la brave dame avait été prise un peu au dépourvu, et tout à fait en négligé, de même que son appartement. Mais elle était remplie d'activité, d'excellentes intentions, et ne demandant qu'à faire les choses dans le bon style. D'une main, elle tenait un paquet de chandelles ; de l'autre, une torche flambante, et distribuant les premières à des intervalles convenables le long des murs, elle en approchait successivement la torche et les allumait ; ensuite, elle vida le contenu d'un large vaisseau de fer-blanc, en un certain nombre de verres que portait une sorte de plateau à thé reposant lui-même sur la seule table que possédât la pièce. La cheminée, noire et vaste, était ornée de pots à café, de cruches à lait, tasses, écuelles, couteaux, fourchettes, et de toute la batterie de cuisine nécessaire en si importante occasion. Une rangée de tabourets et de bancs de bois tout à fait primitifs avait été disposée autour de l'appartement, pour la réception des *belles* du village, dont quelques-unes faisaient maintenant leur entrée, dans tout l'épanouissement d'un embonpoint fleuri dû à l'action fortifiante d'un climat du Nord, et si magnifiquement décorées, qu'elles eussent éclipsé, de bien loin, la plus superbe reine des sauvages de l'Ouest. Leurs corsets semblaient près d'éclater, et leurs souliers m'avaient l'air d'être non moins étroits, tant étaient rebondies et pleines de suc ces robustes beautés des régions arctiques ! Autour de leur cou brillaient des colliers avec de gros grains entremêlés de tresses d'ébène ; et à voir leurs bras nus, on aurait pu concevoir, pour soi-même, quelques craintes; mais heureusement leurs mains n'avaient d'autre occupation que d'arranger nœuds de rubans, bouquets de fleurs et flonflons de mousseline.

Ce fut alors que parut l'un des *beaux* qui revenait tout frais de la pêche : bien connu de toutes, et les connaissant toutes également, il sauta sans façon sur des planches mal jointes qui formaient, en dessus, une espèce de grenier; puis, après avoir promptement changé ses nippes mouillées, contre un costume mieux approprié à la circonstance, il fit à son tour son entrée dans l'appartement où, se carrant, se dandinant, il salua les dames et leur présenta ses hommages sans plus de gêne, sinon avec autant d'élégance, que le cavalier le plus fashionable de *Bond-street.* Les autres arrivèrent à la file, en grande tenue, et l'on demanda la musique. Mon fils, en guise d'ouverture, joua « *Salut*, *Colombie, heureuse terre;* » puis, la *Marseillaise* (1), et finit par le « *God save the king.* » Quant à moi, enfoncé dans un coin, à côté d'un vieux gentleman d'Europe, dont la conversation était instructive et amusante, je me con-

(1) Au Mexique et au Pérou, on exécute quelquefois la Marseillaise jusque dans les églises, en la regardant sans doute comme un hymne purement religieux.

tentai de rester simple spectateur, et de faire mes observations sur cette drôle de société.

Les danseurs se tenaient le pied en avant, chacun pourvu de sa danseuse. Un Canadien se mit de la partie en accompagnant mon fils sur son *crémone;* et vive la joie! La danse est certainement l'une des récréations les plus salutaires et les plus innocentes que l'on puisse imaginer. Dans mon temps, j'aimais bien mieux me donner ce plaisir que de me morfondre à guetter une truite; et je me suis dit quelquefois que cet amusement, partagé avec une aimable personne du sexe, adoucissait mon naturel, de même qu'un pâle clair de lune embellit et tempère une nuit d'hiver. J'avais aussi à côté de moi une jeune miss, la fille unique de mon agréable voisin, qui goûta tellement mes observations à ce sujet, que la seconde contredanse la trouva toute prête à honorer l'humble plancher du savoir-faire et des grâces de son pied mignon.

A chaque pause des musiciens, l'hôtesse et son fils présentaient des rafraîchissements à la ronde; et je ne revenais pas de ma surprise en voyant que les dames, femmes et filles, vous avalaient le rhum pur, à plein verre, ni plus ni moins que leurs amoureux et leurs maris. Mais peut-être aurais-je dû réfléchir que, dans les climats froids, une dose de spiritueux ne produit pas le même effet que sous de brûlantes latitudes, et que le raffinement n'avait point encore appris à ces puissantes et rustiques beautés à affecter une délicatesse qui n'était pas dans leur nature.

Il s'en allait tard; ayant beaucoup à faire pour le

lendemain, je quittai la compagnie et me dirigeai vers le rivage. Mes hommes étaient profondément endormis dans le bateau; néanmoins en quelques minutes je fus à bord du *Ripley*. Mes jeunes amis ne revinrent qu'au matin ; et beaucoup de filles et de garçons de pêcheurs sautaient encore aux sons de la musique du Canadien, même après notre déjeuner.

Toutes les danseuses que j'avais vues à ce bal étaient certes parfaitement exemptes de mauvaise honte; aussi fûmes-nous très étonnés, dans nos courses et nos pérégrinations à travers les prés et les champs du voisinage, d'en rencontrer plusieurs qui s'échappèrent en nous apercevant, comme des gazelles devant des chacals. L'une d'elles qui portait un seau sur sa tête, se hâta de le renverser et courut se cacher dans les bois ; une autre qui cherchait sa vache, remarquant que nous nous dirigions vers elle, se jeta à l'eau et traversa une petite anse où elle en avait par-dessus la ceinture; après quoi elle s'enfuit vers sa maison, du train d'un lièvre effaré. Je voulus demander à quelques-unes le motif de cette étrange conduite; mais pour toute réponse, je vis leurs joues se couvrir d'une vive rougeur.

LE CORBEAU.

Laissant aux compilateurs la tâche ingrate de répéter cette masse de fables et d'insipides inventions qui ont été accumulées, par la suite des âges, sur le compte de telles ou telles espèces d'oiseaux remarquables, je vais m'occuper de mettre en ordre les matériaux que j'ai rassemblés durant des années de pénibles, mais délicieuses observations, et poursuivre mes essais sur l'histoire et les mœurs des citoyens emplumés de nos bois et de nos plaines d'Amérique.

En traitant des oiseaux représentés dans le second volume de mon atlas, comme je l'ai déjà fait pour ceux du premier, j'entends me renfermer dans les particularités que j'ai pu recueillir pendant le cours d'une vie principalement consacrée à étudier les oiseaux de ma terre natale, alors que tant d'occasions m'étaient offertes de les contempler et de voir avec admiration se manifester en eux les perfections glorieuses de leur tout-puissant Créateur.

C'est parmi les hautes herbes des vastes prairies de l'Ouest, dans les forêts solennelles du Nord, aux sommets des montagnes méditerranéennes, sur les rivages de l'Océan infini, au sein des lacs spacieux et des rivières magnifiques; c'est là que j'ai cherché, pour découvrir les choses cachées depuis la création, ou que n'a contemplées encore que l'œil du misérable Indien, unique habitant, à remonter aux plus hauts âges, de ces splendides et mélancoliques solitudes. Où est l'étranger, je dis celui qui n'a pas vu ma chère patrie, qui puisse se former une juste idée de l'étendue de ses forêts, aux premiers jours; de la majesté de ces arbres superbes que, pendant des siècles, a fait ondoyer la brise, et qui ont résisté au choc de la tempête; des larges baies de nos côtes de l'Atlantique, remplies par mille cours d'eau différant de grandeur, comme diffèrent les étoiles au milieu de la pure immensité du firmament; du contraste si frappant de nos plaines de l'Ouest et de nos rivages sablonneux du Sud entrecoupés de marais couverts de roseaux, avec les rochers escarpés qui protégent nos côtes de l'est; des rapides courants du golfe du Mexique, et du flot bruyant de la marée dans la baie de *Fundy;* de nos lacs océaniens, de nos puissantes rivières, de nos cataractes tonnantes, de nos colossales montagnes élevant leurs têtes blanches de neige au sein des paisibles régions d'un air limpide et glacé. Oh ! que ne puis-je vous esquisser ici les beautés si variées de ma terre chérie !... Mais ne voulant point, n'ayant jamais voulu me lancer dans des descriptions d'objets au-dessus de ma portée, du moins laissez-moi vous dire tout ce que je sais de ceux que j'ai admirés dans ma jeunesse; que j'ai étudiés, étant homme, et pour l'acquisition desquels j'ai bravé les chaleurs énervantes du Sud, les froids engourdissants du Nord; pénétré dans l'inextricable marais de roseaux; foulé le sentier douteux de la forêt silencieuse, pagayé avec mon frêle canot sur les criques des rivages bourbeux, et fait glisser ma barque galante sur les vagues gonflées de l'Océan.

Maintenant donc, cher lecteur, je vais reprendre mes descriptions et faire un pas de plus vers l'accomplissement de cette tâche qui, soit dit avec une juste modestie, semble m'avoir été imposée par Celui qui m'a appelé à l'existence. On peut dire qu'aux États-Unis, le corbeau est jusqu'à un certain point un oiseau émigrant, puisqu'on en voit qui descendent aux régions extrêmes du sud, durant les grands froids de l'hiver, et qui ensuite, à la première apparition d'une saison plus douce, regagnent les cantons du milieu, de l'ouest et du nord. Quelques-uns sont reconnus pour nicher dans les parties montagneuses de la Caroline du Sud; mais ces exemples sont rares et dus uniquement à la sécurité qu'ils y trouvent pour élever leurs petits, parmi des précipices inaccessibles. Leurs lieux habituels de retraite sont les montagnes, les bancs abrupts des rivières, les bords des lacs hérissés de rochers, les sommets escarpés des îles désertes ou peu peuplées. C'est là qu'il faut guetter et observer ces oiseaux, si l'on veut connaître leurs mœurs et leur vrai naturel manifesté, cette fois, dans toute sa liberté, loin de la crainte de leur ennemi le plus dangereux, le roi de la création.

Au milieu d'une atmosphère claire et raréfiée, le corbeau déploie ses ailes lustrées et sa queue; à mesure qu'il gagne en avant, chaque coup de rame audacieux qu'il donne l'emporte de plus en plus haut; comme s'il savait que, plus il s'approche du soleil, plus reluisantes deviennent les teintes de son plumage. Il n'a qu'un souci : c'est de convaincre sa compagne de la constance et de la ferveur de son amour ; et le voilà qui glisse légèrement au-dessous d'elle, qui flotte dans l'air liquide ou qui navigue à ses côtés. Que je voudrais pouvoir, ô lecteur, vous rendre cette variété d'inflexions musicales au moyen desquelles ils s'entretiennent tous deux, durant leurs tendres voyages ; ces sons, je n'en doute pas, expriment la pureté de leur attachement conjugal confirmé et rendu plus fort par de longues années d'un bonheur goûté dans la société l'un de l'autre. C'est ainsi qu'ils se rappellent le doux souvenir des jours de leur jeunesse ; qu'ils se racontent les événements de leur vie ; qu'ils dépeignent tant de plaisirs partagés, et que peut-être ils terminent par une humble prière à l'Auteur de leur être, pour qu'il daigne les leur continuer encore.

Maintenant ont cessé leurs cris de reconnaissance et de joie. Voyez : le couple fortuné glisse vers la terre en lignes spirales. Ils descendent sur la crête la plus escarpée de quelque rocher si haut, qu'on peut à peine les distinguer d'en bas. Ils se touchent ; leurs becs se rencontrent, et ils échangent d'aussi tendres caresses que les amoureuses tourterelles. Bien loin, au-dessous d'eux, vagues sur vagues roulent et bondissent en écumant contre les flancs inébranlables de la sourcilleuse tour dont l'aspect formidable plaît au sombre couple qui, depuis des années, a fait de ces lieux le berceau des chers et précieux fruits de son mutuel amour. A moitié chemin entre eux et les ondes bouillonnantes, un léger rebord du roc en s'inclinant cache leur aire. C'est là maintenant qu'ils se dirigent pour voir quels dommages ont pu y causer les assauts de la tempête pendant l'hiver. Puis ils volent aux forêts lointaines d'où ils rapportent les matériaux qui doivent en réparer les brèches; ou bien, sur la plaine, ils ramassent le poil et la laine des quadrupèdes, et, vers la baie sablonneuse, font leur butin des herbes sauvages. Peu à peu le nid s'élargit et reprend forme; et quand tout y est rendu propre et convenable, la femelle dépose ses œufs et commence à couver; pendant que son mâle, courageux et plein de zèle, la protége, la nourrit et par moments vient prendre sa place.

A l'entour d'eux, tout est silence; on n'entend que le rauque murmure des vagues, ou le sifflement de l'aile des oiseaux de mer qui passent en gagnant les régions du nord. Enfin les jeunes crèvent la coquille, et les parents sans repos, s'étant félicités l'un l'autre du joyeux événement, dégorgent de la nourriture à moitié préparée qu'ils déposent dans leur bec encore trop tendre. Vienne alors le plus audacieux aventurier des airs! il est attaqué avec furie et bientôt repoussé! Tandis que croissent les petits, ils savent bien qu'il leur faut rester tranquilles et silencieux : un seul faux mouvement pourrait les précipiter dans l'abîme; le moindre cri, pendant l'absence de leurs parents, risquerait d'attirer sur eux les serres impitoyables du faucon pèlerin ou du gerfaut. Les vieux eux-mêmes semblent redoubler de soin, de vigilance et d'activité, variant leur route pour regagner leur domicile, et souvent y rentrant tout à fait à l'improviste. — Mais voilà les jeunes devenus capables de se tenir sur le bord du nid; ils essayent leurs ailes, et enfin prennent courage pour voleter à quelque logement plus commode et peu éloigné. Déjà ils sont assez forts pour suivre leurs parents au large; ils vont chercher la nourriture dans leur compagnie et dans celle des autres, jusqu'au temps de la nichée, où ils s'accouplent à leur tour et se dispersent.

Malgré toutes les précautions du corbeau, son nid est envahi partout où on le trouve; on oublie qu'il n'est d'aucun usage, et l'on ne se souvient que de ses méfaits que l'imagination grossit; et lui-même, en quelque lieu qu'il se présente, on le tue, parce que, de temps immémorial, l'ignorance, les préjugés et l'amour de la destruction ont travaillé l'esprit de l'homme à son détriment. Les hommes exposent leur vie pour atteindre son nid; ils y emploient cordes et câbles, sans avoir pourtant contre lui d'autre grief que la mort de quelques brebis ou d'un agneau de leurs nombreux troupeaux. D'autres, disent-ils, détruisent les corbeaux, parce qu'ils sont noirs; d'autres, parce que leur croassement est désagréable et de mauvais augure, et malheur surtout aux pauvres petits qui sont emportés à la maison, pour devenir les souffre-douleurs de quelque enfant cruel! Quant à moi, j'admire le corbeau, parce que je vois en lui beaucoup de choses calculées pour exciter notre étonnement. J'avoue qu'il lui arrivera parfois de hâter la fin d'une brebis qui, d'elle-même, s'en allait périr, ou de détruire un agneau chétif; il pourra manger les œufs des autres oiseaux, ou, par occasion, ravir quelques-uns de ceux que le fermier ne se fait pas faute d'appeler les siens; même, de jeunes poulets seront quelquefois de délicieux morceaux pour lui et sa progéniture; mais aussi combien de brebis, d'agneaux et de volailles lui sont redevables de leur salut! Les plus intelligents de nos fermiers savent très bien que le corbeau détruit un nombre prodigieux d'insectes, de larves et de vers; qu'il tue souris, taupes et rats, en quelque lieu qu'il les rencontre; qu'il prend la belette, la jeune sarigue et la moufette; qu'avec la persévérance d'un chat, il guette la tanière des renards dont il perce et enlève les petits; nos fermiers savent aussi parfaitement qu'il les avertit de la présence du loup rôdant autour de leurs vergers, et qu'il n'entre jamais dans leurs champs de blé, sans qu'eux-mêmes ils en profitent. Oui, cher lecteur, le fermier connaît très bien tout cela; mais ce qu'il connaît aussi, c'est sa propre force. Essayez de tous les moyens; adressez-vous à son intérêt ou à sa pitié... L'oiseau est un corbeau! et comme la Fontaine le dit avec tant de vérité et d'à-propos :

« La raison du plus fort est toujours la meilleure. »

Le vol du corbeau est puissant, égal, et par moments bien soutenu; quand le ciel est calme et beau, il monte à d'immenses hauteurs où il plane plusieurs heures de suite, et bien qu'on ne puisse pas le dire léger, il s'élance cependant avec assez de vigueur pour pouvoir lutter avec différentes espèces de faucons et même avec des aigles, lorsqu'ils l'attaquent. Il manœuvre de façon à diriger sa course au milieu des plus épais brouillards du nord, et il est de force à traverser d'immenses étendues de terre et d'eau sans se reposer.

Le corbeau est omnivore; sa nourriture consiste en petits animaux de toute espèce : œufs, poissons morts, charognes, crustacés, insectes, vers, noix, différentes sortes de baies et de fruits. Je ne l'ai jamais vu s'attaquer à de gros animaux vivants, comme ont coutume de le faire le vautour noir et le *catharte aura;* mais je sais qu'il suit les chasseurs sans chien pour se repaître des parties du gibier qu'on rejette, et qu'il emporte le poisson salé, quand on le met rafraîchir à la fontaine. Quelquefois il s'élève en l'air, tenant un crustacé qu'il laisse retomber exprès pour le briser sur quelque rocher. Sa vue est excessivement perçante, mais son odorat, si tant est qu'il possède ce sens, est faible; sous ce rapport, il offre une grande ressemblance avec nos vautours.

La saison de couver pour ces oiseaux varie, suivant la latitude, du commencement de janvier à celui de juin; la durée de l'incubation est de dix-neuf ou vingt jours. Ils ne font qu'une nichée par an, à moins qu'on n'enlève les œufs ou qu'on ne détruise les petits. Les jeunes restent dans le nid plusieurs semaines, avant de pouvoir voler. C'est toujours au même nid que les vieux reviennent d'année en année, et s'il arrive que l'un d'eux périsse, l'autre prend un nouveau compagnon pour habiter avec lui la même demeure. Il y a plus : après que les petits sont éclos, si l'un des parents est tué, d'ordinaire le survivant s'y prend de manière à trouver soit mâle, soit femelle, pour lui aider à les nourrir.

Le corbeau peut être considéré comme un oiseau qui aime à vivre en société, puisque après la saison des œufs, il s'en rassemble des troupes de quarante, cinquante et plus, comme j'en ai vu sur la côte du Labrador et sur le Missouri. Quand il est apprivoisé et traité avec bonté, il s'attache à son maître, et le suit avec toute la familiarité d'un fidèle ami. Il est capable d'imiter la voix humaine, à ce point que certains individus ont appris à prononcer quelques paroles, et très distinctement.

Sur la terre, le corbeau s'avance d'un air imposant; ses mouvements annoncent une sorte de réflexion et d'importance qui va presque jusqu'à la gravité. En marchant, il donne fréquemment de petits coups d'ailes comme pour se maintenir les muscles en action. Je ne sache pas en avoir jamais vu dont l'habitude fût de percher dans les bois, bien qu'ils se posent volontiers sur les arbres, pour y chercher des noix et d'autres fruits. Mais où ils aiment à passer la nuit, c'est sur les rochers escarpés, dans des lieux à l'abri des vents du nord. Doués, selon toute apparence, de la faculté de pressentir la saison qui s'approche, ils quittent, aux premières annonces de l'hiver, les hauts lieux, sombres et sauvages retraites où ils nichaient, pour gagner les basses terres, et c'est alors qu'on les voit, au long des rivages de la mer, saisissant les mollusques et les petits crustacés, à mesure que la marée se retire.

Ils sont vigilants, industrieux, et quand la sûreté de

leurs petits ou du nid est menacée, ils se montrent pleins de courage, et repoussent aigles et faucons, chaque fois qu'il leur arrive d'approcher; mais pourtant, dans aucun cas, ils ne s'aventurent à attaquer l'homme. Il est même extrêmement difficile de venir à portée de fusil d'un vieux corbeau. Plus d'une fois, je me suis trouvé à quelques pas seulement d'un de ces oiseaux, pendant qu'il était sur ses œufs, m'en étant approché en rampant avec les plus grandes précautions, jusqu'à la crête d'un rocher qui surplombait son nid. Mais aussitôt qu'il m'avait aperçu, il partait avec toutes les apparences de la frayeur. — Ils sont tellement circonspects et si rusés, qu'on n'en attrape presque jamais au piége. Ils feront très bien le guet près de celui qu'on a tendu pour un renard, un loup, un ours, attendant que quelqu'un de ces animaux passe et s'y prenne, pour aller ensuite eux-mêmes manger l'appât!

J'ai déjà noté que quelques corbeaux vont, au sud, faire leur nid jusque dans les Carolines. Le lieu où ils se retirent, pour cet objet, est appelé la montagne de la Table et situé dans le district de Pendleton. L'extrait suivant des *Vues de la Caroline du Sud*, par Drayton, pourra nous en donner une idée :

« La montagne de la Table est la plus remarquable de toutes celles de cet État. Sa hauteur excède trois mille pieds, et à la vue simple, on peut, de son sommet, distinguer d'un seul coup d'œil une trentaine de fermes. Son flanc est un précipice abrupt, d'un roc solide, de trois cents pieds de profondeur et presque à pic. On l'appelle le *Saut de l'amant*. Pour ceux qui sont dans la vallée, il fait l'effet d'un mur immense se dressant vers le ciel, et la terreur qu'il inspire se trouve encore considérablement augmentée par la masse d'ossements blanchis qui gisent à sa base. Ce sont les restes des différents animaux qui se sont imprudemment aventurés trop près du bord. Souvent le faîte en est enveloppé de nuages (1). Comme la pente du sol va en montant insensiblement, depuis les côtes de la mer jusqu'à cette extrémité occidentale de la Caroline, on peut estimer, en y ajoutant l'élévation même de la montagne, que son sommet se trouve à plus de quatre mille pieds au-dessus du niveau de l'Atlantique ; hauteur de laquelle, à l'aide des verres dont la science dispose actuellement, on peut voir les vaisseaux franchissant la barre de Charleston. Pendant l'hiver, des masses énormes de neige se détachent avec fracas des flancs de cette montagne, et leur chute s'entend à sept milles de là. Les parties les plus inaccessibles servent de refuge aux daims et aux ours, et les pigeons sauvages y perchent en si grand nombre, que quelquefois les branches des arbres se brisent sous leur poids. »

(1) Ainsi qu'il arrive au cap de Bonne-Espérance, sur la montagne qui porte le même nom.

MEADVILLE.

Les incidents qui se rencontrent dans la vie d'un amateur de la Nature ne sont pas tous du genre agréable; pour vous en donner une preuve, cher lecteur, permettez-moi de vous présenter l'extrait suivant d'un de mes journaux.

Un jour, c'était sur la côte du haut Canada, ma bourse me fut volée par un individu qui s'imaginait sans doute que l'argent était de trop dans la poche d'un naturaliste. Je ne m'attendais pas du tout à cette aventure; et l'affaire fut conduite aussi dextrement que si elle eût été conçue et exécutée dans *Cheapside* même. Me lamenter, quand la chose était faite, c'eût été certes peu digne d'un homme; je recommandai donc à mon compagnon d'avoir bon courage, car j'espérais bien que la Providence aurait quelque expédient en réserve pour nous tirer d'embarras. Nous étions à quinze cents milles de chez nous; et ce qui nous restait, entre nous deux, d'argent comptant, se montait à la somme de sept dollars et demi. Heureusement notre passage sur le lac avait été payé. Nous nous embarquâmes et atteignîmes bientôt l'entrée du havre de *presqu'île*, mais sans pouvoir franchir la barre à cause d'un violent coup de vent qui nous surprit comme nous en approchions.

On jeta l'ancre, et nous restâmes à bord toute la nuit, livrés par moments à de très pénibles réflexions, et nous reprochant d'avoir fait si peu d'attention à notre argent. Combien de temps serions-nous demeurés là ? C'est ce que je ne puis dire, si la Providence, en laquelle je n'ai cessé de me confier, ne fût venue à notre secours. Par des moyens dont je ne puis nullement me rendre compte, le capitaine Judd, de la marine des États-Unis, nous envoya une embarcation avec six hommes pour nous délivrer. C'était le 29 août 1824. Jamais je n'oublierai cette matinée ; mes dessins furent placés dans le bateau avec grand soin, puis nous y descendîmes nous-mêmes, et nous y assîmes aux places qu'on nous indiquait poliment. Nos braves rameurs poussèrent en avant, et chaque minute nous rapprochait du rivage américain. Enfin, je sautai à terre avec un tressaillement de joie ; mes dessins furent débarqués sans accident, et, à vrai dire, en ce moment, je ne me souciais guère d'autre chose. Je cherchai vainement l'officier de notre vaisseau, envers lequel je me plais à exprimer ici toute ma gratitude, et donnai un de nos dollars aux hommes de l'équipage, pour boire *à la liberté des eaux;* après quoi, nous nous occupâmes de trouver une humble auberge où nous pussions avoir du pain et du lait, et réfléchir sur ce qui nous restait à faire.

Notre plan fut bientôt arrêté : continuer notre voyage était décidément le meilleur parti. Nous avions un bagage assez lourd, et nous louâmes une charrette pour le transporter à Meadville, moyennant cinq dollars que nous offrîmes et qui furent acceptés. Nous partîmes; le pays que nous traversions semblait devoir fournir ample matière à nos observations, mais il plut toute la journée. Au soir, nous fîmes halte à une petite maison qui appartenait au père de notre conducteur. C'était la nuit du dimanche, les bonnes gens n'étaient pas encore revenus du temple (1) situé à une certaine distance; et nous ne trouvâmes au logis que la grand'mère de notre automédon, brave femme, d'une mine accorte et prévenante, et qui se donnait autant de mouvement que l'âge pouvait le lui permettre. Elle alluma un bon feu pour sécher nos habits, et mit sur la table assez de pain et de lait pour en rassasier plusieurs autres avec nous.

Les cahots de la charrette nous avaient fatigués; nous demandâmes à nous reposer, et l'on nous conduisit à une chambre où il y avait plusieurs lits. En souhaitant le bonsoir à notre hôtesse, je lui dis que le lendemain je lui ferais son portrait, pour qu'elle le donnât à ses enfants; et quelques minutes après, mon camarade et moi nous étions couchés et endormis. Probablement nous aurions ronflé jusqu'au matin, si nous n'avions été réveillés par l'éclat d'une lumière que portaient trois jeunes demoiselles. Elles regardèrent, du coin de l'œil, où nous étions, soufflèrent leur chandelle, et gagnèrent à tâtons un lit qui était à l'autre bout de la chambre. Comme nous n'avions pas ouvert la bouche, elles nous supposaient, sans doute, plongés dans un profond sommeil;

(1) *Meeting-house*. Proprement, le lieu où s'assemblent les non conformistes.

et nous les entendîmes manifester en babillant toute l'envie qu'elles éprouvaient d'avoir leurs portraits avec celui de la grand'mère. Mon cœur acquiesça silencieusement à leur désir, et nous nous rendormîmes sans être de nouveau troublés. C'est souvent l'usage, dans nos bois reculés, qu'une seule chambre suffise ainsi pour le coucher de toute la famille.

L'aurore parut, et en nous habillant, nous nous trouvâmes seuls dans l'appartement; nos jolies campagnardes s'étaient esquivées sans faire de bruit, et nous avaient laissés dormir. Nous rejoignîmes la famille, qui nous accueillit cordialement, et je n'eus pas plutôt fait connaître mes intentions relativement aux portraits, que les jeunes filles disparurent, pour revenir au bout de quelques secondes, parées de leurs plus beaux atours. L'instant d'après, le noir crayon était à l'œuvre, à leur grande joie; et comme les fumées du déjeuner qu'on préparait pendant ce temps venaient flatter mon odorat, je travaillai avec un redoublement d'ardeur. Les croquis se trouvèrent bientôt finis, et plus promptement encore le déjeuner fut expédié; ensuite je jouai quelques airs sur mon flageolet, pendant que notre guide attelait les chevaux, et vers dix heures nous nous remettions en route pour Meadville. Bonne et hospitalière famille de Maxon-Randell, je ne vous oublierai jamais! Mon compagnon était tout aussi enchanté que moi; le temps s'était remis au beau, et nous jouissions de notre voyage avec cette complète et heureuse insouciance qui convient le mieux à notre caractère. Le pays se montrait alors couvert de bois de charpente et d'arbres verts; les pins et les magnoliers (1) étaient chargés de fruits brillants, et les sapins du Canada projetaient sur la terre une ombre qui eût très bien fait pour le fond d'un moelleux tableau. La seule chose qui nous frappât désagréablement, était le retard des récoltes. Cependant l'herbe attendait une seconde coupe; mais les pêches étaient encore toutes petites et toutes vertes, et en passant devant les différentes fermes, c'est à peine si nous voyions çà et là quelques personnes occupées à moissonner les avoines. Enfin, nous arrivâmes en vue de la *Crique aux Français*, et bientôt après à Meadville. Une fois là, nous payâmes les cinq dollars promis à notre conducteur, qui immédiatement tourna bride, appliqua un vigoureux coup de fouet à ses chevaux, et partit en nous disant adieu.

Il ne nous restait plus alors qu'un dollar et demi; nous n'avions pas de temps à perdre. Nous nous remîmes, personnes et bagages, à la garde de M. J. E. Smith, aubergiste, *à la halte des voyageurs*, et sans tarder, commençâmes notre tournée d'inspection à travers le petit village qui allait être mis à contribution pour nos besoins ultérieurs. L'apparence nous en parut assez triste. Mais, grâce à Dieu, je n'ai jamais su ce que c'était que de désespérer. N'est-ce pas Dieu, en effet, qui m'a soutenu, pendant tout le cours de ces voyages que je n'ai entrepris que pour lui rendre témoi-

(1) « Cucumber-tree » (*Magnolia acuminata*), dont les capsules, formant un cône allongé, prennent en effet une couleur pourpre en mûrissant.

gnage, en admirant ses grandes, ses magnifiques œuvres! J'avais ouvert la boîte qui contenait mes dessins; et mettant mon portefeuille sous mon bras, ainsi que de bonnes lettres de recommandation dans ma poche, j'enfilai la principale rue, regardant à droite et à gauche, examinant les différentes *têtes* que je rencontrais; tant et si bien, qu'enfin mes yeux se fixèrent dans une boutique, sur une honnête figure de gentleman qui me fit l'effet d'avoir envie de son portrait. Je lui demandai la permission de me reposer, ce qu'il m'accorda; et comme je restais là, ayant soin de ne pas ajouter un mot, il s'informa de ce que je portais ainsi « *dans ce portefeuille.* » Que ces trois mots sonnèrent délicieusement à mes oreilles! Sans me les faire répéter, j'étalai mes cartons devant lui. C'était un Hollandais, il loua beaucoup l'exécution de mes oiseaux et de mes fleurs; je lui montrai le croquis du meilleur ami que j'aie maintenant en ce monde, et lui demandai s'il ne désirerait pas le sien dans le même style. Certes, je ne puis pas dire qu'il me répondit affirmativement; mais du moins il m'assura qu'il allait s'employer de son mieux pour me faire avoir des pratiques. Je le remerciai, vous pouvez le croire, cher lecteur; on convint du lendemain matin, pour les séances, et je rentrai à la *halte des voyageurs*, avec l'espoir que le lendemain matin pourrait en effet m'être propice. Le souper était prêt. En Amérique, il n'y a généralement qu'une sorte de table d'hôte, à laquelle il fallut bien nous asseoir; cependant tout le monde m'avait pris pour un missionnaire, à cause de mes longs cheveux que je portais alors flottants sur mes épaules, et l'on me pria de dire les grâces, ce dont je m'acquittai d'un cœur fervent.

Le lendemain matin, je commençai, avec mon camarade, par visiter le bocage et les bois des environs, puis je revins déjeuner et me dirigeai vers le magasin, où, malgré mon ardent désir de me mettre à l'ouvrage, dix heures sonnaient, que personne n'était encore prêt à poser. En attendant, cher lecteur, je veux vous décrire l'atelier de l'artiste. Voyez-moi montant un escalier vermoulu qui, d'une arrière-boutique, conduisait dans un vaste grenier, au-dessus du magasin et du bureau, et là, regardant de tous côtés pour voir comment je parviendrais à modérer la lumière qui m'offusquait à travers quatre fenêtres situées l'une en face de l'autre à angle droit; suivez-moi fouillant chaque recoin et trouvant dans l'un une chatte qui donnait à teter à ses petits parmi un tas de chiffons attendant le moulin à papier; ajoutez deux barriques remplies d'avoine, des débris de joujoux hollandais épars sur le plancher, un grand tambour et un basson gisant d'un autre côté, des bonnets de fourrure pendus à la muraille; vers le centre, le lit portatif du commis, se balançant comme un hamac; ensemble quelques rouleaux de cuir pour faire des semelles, et vous aurez le tableau complet. J'embrassai le tout d'un coup d'œil, et fermant avec des couvertures les croisées qui étaient de trop, j'obtins bientôt un *vrai jour* de peintre.

Un jeune gentleman prit place pour faire l'essai de mon talent. J'eus promptement expédié son physique, dont il fut satisfait. Le marchand, à son tour, se mit sur la chaise, et j'eus également le bonheur de le contenter. Bientôt le grenier fut assiégé par tous les gros bonnets du village: les uns riaient, d'autres exprimaient leur étonnement; mais mon travail avançait, nonobstant les observations et les critiques. Après la séance, mon Hollandais m'invita à passer la soirée avec lui; j'acceptai et me donnai le plaisir de le régaler, par-dessus le marché, de quelques airs de flûte et de violon. Enfin, je revins trouver mon compagnon, le cœur tout joyeux; et vous pouvez juger combien ma satisfaction s'accrut, lorsque j'appris que, de son côté, il avait fait deux portraits. Après avoir écrit quelques pages de notre journal, nous songeâmes à prendre du repos.

Le jour suivant se passa de la même manière. Il m'était doux, je l'avoue, de songer que, sous mon habit gris, mes petits moyens n'en avaient pas moins fait leur chemin; j'aimais à reconnaître ainsi que l'industrie et un mérite modeste sont pour le moins aussi utiles qu'un talent de premier ordre, quand on ne sait pas s'aider soi-même. Nous quittâmes Meadville à pied; une voiture portait en avant notre bagage. Nos cœurs étaient légers, nos poches pleines, et en deux jours nous atteignîmes Pittsburg, aussi heureux qu'il nous était possible de l'être.

LA PERDRIX TACHETÉE,

OU TÉTRAO DU CANADA.

J'avais surtout pour objet, en entrant dans le Maine, de me renseigner exactement sur la perdrix tachetée, ou tétrao du Canada, et chaque personne à qui j'en parlai m'assura que, dans cet État, elle était assez abondante durant toute l'année, et que par conséquent elle y nichait. Heureusement, cela se trouva vrai; mais nul ne m'avait prévenu des difficultés que je rencontrerais lorsqu'il s'agirait d'observer ses mœurs et de l'étudier de près. A la fin pourtant j'y réussis; mais la tâche n'en avait pas moins été l'une des plus ardues que j'eusse encore entreprises.

Au mois d'août 1832, j'arrivai au délicieux petit village de Denisville, à environ dix-huit milles d'East-Port. Là, par un hasard dont j'eus dans la suite tout lieu de m'applaudir, je devins locataire de l'excellente et hospitalière famille du juge Lincoln, établi dans cette localité depuis à peu près un demi-siècle, et à qui le ciel avait accordé une longue suite de fils des plus remarquables pour les talents, la persévérance et l'industrie. Chacun avait sa vocation particulière, et naturellement je m'attachai plus spécialement à l'un d'eux qui, dès son enfance, avait manifesté une préférence décidée pour l'ornithologie. Ce jeune gentleman, Thomas Lincoln, s'offrit à me conduire dans les bois retirés au milieu desquels, parmi les mélèzes et les sapins, on trouverait cette espèce de perdrix que je cherchais. Nous partîmes donc le 27 d'août, accompagnés de mes deux fils. Thomas, ayant une parfaite connaissance des bois, marchait à notre tête ; et vous pouvez m'en croire, le suivre à travers les inextricables forêts de son cher pays, comme aussi par-dessus les mousses profondes du Labrador, où plus tard lui-même il m'accompagna, n'était besogne facile ni agréable. La chaleur nous accablait, et les moustiques et les taons faisaient de leur mieux pour nous la rendre insupportable. Néanmoins nous résistâmes toute la journée ; monceaux d'arbres, marécages, épaisses broussailles, rien ne put nous arrêter. Malgré cela, pas une perdrix ne se montrait, même dans les endroits où auparavant notre guide les avait vues. Ce qui me vexa le plus, c'est qu'en nous en revenant, au coucher du soleil, dans une prairie à un quart de mille du village, les gens qui coupaient le foin nous dirent qu'une demi-heure environ après notre départ, ils en avaient fait lever une belle compagnie ; mais nous étions trop fatigués pour nous remettre en chasse, et nous rentrâmes au logis.

Toujours plein d'ardeur, sinon d'impatience, je pris mes mesures pour me procurer de ces perdrix, en offrant un bon prix pour quelques couples de vieilles et de jeunes. En outre, je ne tardai pas à renouveler mes poursuites, en compagnie d'un homme qui m'avait promis de me conduire aux lieux mêmes où elles nichaient, et qui tint parole. Ces retraites profondes, je ne puis mieux vous les décrire qu'en disant que ce sont des forêts de mélèzes et de pins tout aussi difficiles à pénétrer que les forêts mêmes du Labrador. Le sol est partout recouvert d'un tapis de la plus belle et de la plus verte mousse sur laquelle marche, en se jouant, la perdrix au pied léger; mais où nous enfoncions, à chaque pas, jusqu'à la ceinture, les jambes embourbées dans la vase et le corps pris entre les troncs morts et les branches des arbres dont les feuilles aiguës s'insinuaient à travers mes habits et m'aveuglaient. Cependant nous avions été assez heureux pour maintenir nos fusils en bon état, et à la fin, ayant aperçu des perdrix qui nous laissèrent approcher sans nous voir, nous pûmes nous en procurer quelques-unes. Leur plumage était superbe, mais c'était tous des mâles. Nous étions bien en effet en pleine solitude, c'est-à-dire aux lieux où d'habitude elles se tiennent, car on n'en voit que très rarement dans les champs, hors des limites de leurs impénétrables retraites. En rentrant chez moi, je trouvai deux belles femelles qu'un autre chasseur m'avait tuées, mais sans les petits : le maladroit les avait pris et donnés à ses enfants. J'envoyai chez lui en toute hâte; mais quand mon messager arriva, ils étaient déjà dans la marmite.

La perdrix des pins, ou tétrao du Canada, commence son nid dans le Massachusetts et le Maine, vers le milieu de mai, un mois environ plus tôt que dans le Labrador. Les mâles, pour courtiser les femelles, font la roue devant elles sur la terre ou sur la mousse, à la manière du coq d'Inde; ils s'élèvent souvent en spirale de plusieurs pieds en l'air, et alors les ailes battent violemment contre le corps et produisent comme un bruit de tambour, plus clair que celui du tétrao à fraise, et qui peut s'entendre de très loin. La femelle place son nid sous les basses branches des pins, choisissant celles qui rasent horizontalement la terre et le cachant avec beaucoup de soin. Il se compose d'un lit de menues brindilles, de feuilles sèches et de mousses, sur lequel elle dépose de huit à quatorze œufs d'une haute couleur daim irrégulièrement brouillée de différentes teintes de brun. Il n'y a qu'une couvée par saison, et les jeunes suivent la mère dès qu'ils sont éclos. Les mâles quittent les femelles aussitôt que l'incubation a commencé, pour ne se rejoindre à elles que tard dans l'automne. Ils s'enfoncent dans les bois, et sont alors plus rusés et plus sauvages que pendant l'hiver ou la saison des amours.

Ces oiseaux marchent à peu près comme notre perdrix. Je n'en ai jamais vu fouetter de la queue, ainsi que le fait le tétrao à fraise; ils ne se creusent pas non plus de trou dans la neige, comme ce dernier; mais ordinairement ils s'envolent sur les arbres pour échapper au chasseur: l'aboiement du chien les en fait rarement partir, et quand ils se lèvent, ils ne vont se remettre qu'à une petite distance, faisant entendre quelques *cluck cluck* qu'ils répètent en se reposant. En général, quand on a la chance de tomber sur une compagnie, chaque individu qui la compose se laisse facilement approcher et prendre; car ce n'est que par grand hasard qu'ils voient des hommes dans les lieux retirés où ils habitent, et ils semblent n'avoir point encore appris à se méfier de notre espèce.

Au long des rivages de la baie de Fundy, la perdrix des pins est beaucoup plus abondante que le tétrao à fraise qui, en effet, devient graduellement plus rare à mesure qu'on s'avance davantage vers le Nord, et qui, au Labrador où on ne le connaît pas, est remplacé par le tétrao des saules et deux autres espèces. Les femelles du tétrao du Canada diffèrent considérablement dans leur coloration, suivant la différence des latitudes. Dans le Maine, par exemple, elles sont plus richement colorées qu'au Labrador, où j'ai reconnu que tous les individus que j'ai pu me procurer étaient d'une nuance beaucoup plus grise que ceux tués dans les environs de Denisville. La même différence est peut-être encore plus remarquable parmi les tétraos à fraise, qui sont si gris et si uniformément colorés dans les États du Nord et de l'Est, qu'on les prendrait certainement pour une autre espèce que ceux du Kentucky ou des districts montagneux du sud de l'Union. J'ai chez moi des dépouilles de nombreuses espèces que je me suis procurées à d'immenses distances l'une de l'autre, et qui offrent ces mêmes diversités dans la teinte générale de leur plumage.

Toutes les espèces de ce genre annoncent l'approche de la pluie ou d'un ouragan de neige avec bien plus de précision que le meilleur baromètre. Dans l'après-midi qui précède ces phénomènes, on les voit regagner leurs retraites, plusieurs heures plus tôt qu'elles n'ont coutume, quand le beau temps est assuré. J'ai remarqué des compagnies de tétraos qui se réfugiaient sur leurs arbres, à midi, ou même dès que l'air commençait à devenir lourd, et presque toujours il pleuvait dans l'après-midi. Au contraire, si la même compagnie restait tranquillement occupée à chercher sa nourriture jusqu'au soleil couchant, je pouvais compter sur une nuit et sur une matinée fraîche et claire. — Je crois que cette sorte d'instinct ou de prévision existe dans toute la tribu des gallinacés.

Un jour, sur la côte du Labrador, je mis presque le pied sur une femelle de tétrao du Canada entourée de sa jeune famille. C'était le 18 juillet. La mère, effrayée, hérissa ses plumes, comme ferait une poule ordinaire et s'avança sur nous, bien résolue à défendre sa couvée. Son désespoir et sa détresse sollicitaient notre clémence, et nous l'épargnâmes en lui octroyant paix et sécurité. Lorsqu'elle vit que nous nous retirions, elle rabattit doucement son plumage en nous remerciant par un tendre et maternel gloussement, et ses petits, bien, j'en suis sûr, qu'ils n'eussent pas plus d'une semaine, se mirent à jouer des ailes avec tant d'aisance et de joie, que je ressentis une vive satisfaction de les avoir laissés échapper.

Deux jours après, mes jeunes et industrieux compagnons revinrent au *Ripley* avec une paire de ces tétraos en état de mue. C'est une crise pénible qu'ils subissent bien plus tôt que le tétrao des saules. Mon fils me dit que quelques jeunes qu'il avait vus avec leur mère étaient déjà capables de s'envoler d'un trait à plus de cent verges, et qu'il en avait pris sur des arbres bas où ils se reposaient. Mais ils étaient morts avant d'arriver au vaisseau.

La nourriture de ces oiseaux consiste en baies de diverses sortes, en jeunes pousses et boutons de différents arbres. En été comme en automne, je les ai trouvés gorgés de cette plante qu'on appelle vulgairement sceau-de-Salomon. Dans l'hiver, leur jabot était rempli de menues feuilles de mélèze.

On m'a plusieurs fois assuré qu'on pouvait aisément les abattre à coups de bâton, ou même que toute une compagnie se laissait tuer quand elle était perchée sur des arbres, à commencer par le plus bas. Mais n'en ayant jamais fait l'expérience moi-même, je ne puis garantir la vérité de cette assertion. — Durant l'automne de 1833, ces tétraos furent extrêmement abondants dans l'État du Maine. Mon ami Édouard Harris, de New-York, Thomas Lincoln et d'autres, en tuèrent un grand nombre. Ce dernier m'en procura un couple de vivants que je nourris d'avoine et qui firent bien.

Leur chair est noire et bonne à manger dans la saison seulement où ils peuvent se procurer des baies; mais quand ils sont réduits aux feuilles d'arbres, comme en hiver, elle est amère et très désagréable.

LE FUGITIF.

Jamais je n'oublierai l'impression produite sur mon esprit par la rencontre qui fait le sujet de cet article, et je ne doute pas que la relation que j'en vais donner n'excite dans celui de mon lecteur des émotions de plus d'un genre.

C'était dans l'après-midi d'une de ces journées étouffantes où l'atmosphère des marécages de la Louisiane se charge d'émanations délétères; il se faisait tard, et je regagnais ma maison encore éloignée, ployant sous la charge de cinq ou six ibis des bois, et de mon lourd fusil dont le poids, même en ce temps où mes forces étaient encore entières, m'empêchait d'avancer bien rapidement. J'arrivai sur les bords d'un *bayou* qui n'avait guère que quelques pas de large; mais ses eaux étaient si bourbeuses, que je n'en pouvais distinguer la profondeur, et je ne jugeai pas prudent de m'y aventurer avec mon fardeau. En conséquence, saisissant chacun de mes gros oiseaux, je les lançai l'un après l'autre sur la rive opposée, puis mon fusil, ma poire à poudre et mon carnier; et tirant du fourreau mon couteau de chasse pour me défendre, s'il en était besoin, contre les alligators, j'entrai dans l'eau, suivi de mon chien fidèle. Je marchais avec précaution et lentement

Platon nageait auprès de moi, épuisé de chaleur, et profitant de la fraîcheur du liquide élément qui calmait sa fatigue. L'eau devenait plus profonde en même temps que la fange de son lit; je redoublai de prudence, et je pus enfin atteindre le bord.

A peine commençais-je à m'y raffermir sur mes pieds, que mon chien accourut vers moi, avec toutes les apparences de la terreur. Ses yeux semblaient vouloir sortir de leurs orbites, il grinçait des dents avec une expression de haine, et ses intentions se manifestaient par un sourd grognement. Je crus que tout cela provenait simplement de ce qu'il avait éventé la trace d'un ours ou de quelque loup; et déjà j'apprêtais mon fusil, lorsque j'entendis une voix de stentor me crier : «Halte-là, ou la mort!» Un tel qui-vive au milieu de ces bois était bien fait pour surprendre. Du même coup, je relevai et j'armai mon fusil; je n'apercevais point encore l'individu qui m'avait intimé un ordre si péremptoire, mais j'étais déterminé à combattre avec lui pour mon libre passage sur notre libre terre.

Tout à coup un grand nègre solidement bâti s'élança des épaisses broussailles où jusqu'alors il s'était tenu caché, et renforçant encore sa grosse voix, me répéta sa formidable injonction. Que mon doigt eût pressé la détente, et c'était fait de sa vie; mais m'étant aperçu que ce qu'il dirigeait sur ma poitrine n'était qu'une espèce de mauvais fusil qui ne pourrait jamais faire feu, je me sentis au fond assez peu effrayé de ses menaces et ne crus pas nécessaire d'en venir aux extrémités. Je remis mon fusil à côté de moi, fis doucement signe à mon chien de rester tranquille, et demandai à cet homme ce qu'il voulait.

Ma condescendance et l'habitude de la soumission qu'avait ce malheureux produisirent leur effet: «Maître, dit-il, je suis un *fugitif;* je pourrais peut-être vous tuer! mais Dieu m'en garde! car il me semble le voir lui-même, en ce moment, prêt à prononcer son jugement contre moi, pour un tel forfait. C'est moi maintenant qui implore votre merci; pour l'amour de Dieu, maître, ne me tuez pas. —Et pourquoi, lui répondis-je, avez-vous déserté vos quartiers où vous seriez certainement plus à l'aise que dans ces affreux marais?—Maître, mon histoire est courte, mais elle est triste. Mon camp ne se trouve pas loin d'ici; et comme je sais que vous ne pouvez regagner votre demeure, ce soir, si vous consentez à me suivre, je vous donne *ma parole d'honneur* que vous serez en parfaite sûreté jusqu'à demain matin. Alors, si vous le permettez, je me chargerai de vos oiseaux, et vous remettrai dans votre route.»

Les grands yeux intelligents du nègre, ses manières franches et polies, le ton de sa voix, m'invitaient, toute réflexion faite, à tenter l'aventure. Et comme j'avais conscience de le valoir tout au moins, et d'avoir en plus mon chien pour me seconder, je lui répondis que je *voulais bien le suivre*. Il remarqua l'emphase avec laquelle je prononçai ces derniers mots, et parut en comprendre si profondément la portée, que se tournant vers moi, il me dit: «Voici, maître, prenez mon grand couteau; tandis que, vous le voyez, moi je jette l'amorce et la pierre de mon fusil.» Lecteur, je restai confondu ! c'en était trop : je refusai de prendre son couteau, et lui dis de garder son fusil en état, pour le cas où nous rencontrerions un couguar ou un ours.

La générosité se retrouve partout. Le plus grand monarque reconnaît son empire, et tous, autour de lui, depuis ses plus humbles serviteurs jusqu'aux nobles orgueilleux qui environnent son trône, subissent à certains moments la toute-puissance de ce sentiment. Je tendis cordialement ma main au fugitif. « Merci, maître, » me dit-il. Et il me la serra de façon à me convaincre de la bonté de son cœur, et aussi de la force de son poignet. A partir de ce moment, nous fîmes tranquillement route ensemble à travers les bois. Mon chien vint le flairer à plusieurs reprises ; mais entendant que je lui parlais de mon ton de voix ordinaire, il nous quitta, et se mit à faire ses tours non loin de nous, prêt à revenir au premier coup de sifflet. Tout en marchant, j'observais que le nègre me guidait vers le soleil couchant, dans une direction tout opposée à celle qui conduisait chez moi. Je lui en fis la remarque ; et lui, avec la plus grande simplicité, me répondit : « C'est uniquement pour notre sûreté. »

Après quelques heures d'une course pénible, où nous eûmes à traverser plusieurs autres petites rivières au bord desquelles il s'arrêtait toujours, pour jeter de l'autre côté son fusil et son couteau, attendant que je fusse passé le premier, nous arrivâmes sur la limite d'un immense champ de cannes, où j'avais tué auparavant bon nombre de daims. Nous y entrâmes, comme je l'avais fait souvent moi-même, tantôt debout, tantôt marchant à quatre pieds ; mais il allait toujours devant moi, écartant de côté et d'autre les tiges entrelacées ; et chaque fois que nous rencontrions quelque tronc d'arbre, il m'aidait à passer par-dessus avec le plus grand soin. A sa manière de connaître les bois, je fus bientôt convaincu que j'avais affaire à un véritable Indien ; car il se dirigeait aussi juste en droite ligne qu'aucun Peau rouge avec lequel j'eusse jamais fait route.

Tout à coup il poussa un cri fort et perçant, assez semblable à celui d'un hibou ; et j'en fus tellement surpris, qu'à l'instant même mon fusil se releva. « Ce n'est rien, maître, je donne seulement le signal de mon retour à ma femme et à mes enfants. » Une réponse du même genre, mais tremblante et plus douce, nous revint bientôt, prolongée entre les cimes des arbres. Les lèvres du fugitif s'entr'ouvrirent avec une expression de joie et d'amour ; l'éclatante rangée de ses dents d'ivoire semblait envoyer un sourire à travers l'obscurité du soir qui s'épaississait autour de nous. « Maître, me dit-il, ma femme, bien que noire, est aussi belle, pour moi, que la femme du président l'est à ses yeux ; c'est ma reine, et je regarde mes enfants comme autant de princes. Mais vous allez les voir, car ils ne sont pas loin, Dieu merci ! »

Là, au beau milieu du champ de cannes, je trouvai un camp régulier. On avait allumé un petit feu, et sur les braises grillaient quelques larges tranches de venaison. Un garçon de neuf à dix ans soufflait les cendres qui recouvraient des pommes de terre de bonne mine ; divers articles de ménage étaient disposés soigneusement à l'entour, et un grand tapis de peaux d'ours et de daim semblait indiquer le lieu de repos pour toute la famille. La femme ne leva point ses yeux vers les miens; et les petits, il y en avait trois, se retirèrent dans un coin, comme autant de jeunes ratons qu'on vient de prendre. Mais le fugitif, plus hardi et paraissant heureux, leur adressa des paroles si rassurantes, que bientôt les uns et les autres semblèrent me regarder comme envoyé par la Providence pour les retirer de toutes leurs tribulations. On s'empara de mes hardes que l'on suspendit pour les faire sécher; le nègre me demanda si je voulais qu'il nettoyât et graissât mon fusil, je le lui permis, et pendant ce temps la femme coupait une large tranché de venaison pour mon chien que les enfants s'amusaient déjà à caresser.

Lecteur, réfléchissez à ma situation. J'étais à dix milles, au moins, de chez moi, à quatre ou cinq de la plantation la plus rapprochée, dans un camp d'esclaves fugitifs, et entièrement à leur discrétion! Involontairement mes yeux suivaient leurs mouvements; mais croyant reconnaître en eux un profond désir de faire de moi leur confident et leur ami, je me relâchai peu à peu de ma défiance, et finis par mettre de côté tout soupçon. La venaison et les pommes de terre avaient un air bien tentant, et j'étais dans une position à trouver excellent un ordinaire beaucoup moins savoureux. Aussi, lorsqu'ils m'invitèrent humblement à faire honneur aux mets qui étaient devant nous, j'en pris ma part d'aussi bon cœur que je l'aie jamais fait de ma vie.

Le souper fini, le feu fut complétement éteint, et

l'on plaça une petite lumière de pomme de pin dans une calebasse qu'on avait creusée. Je m'apercevais bien que le mari et la femme avaient grande envie de me communiquer quelque chose; moi de même, désormais libre de toute crainte, je désirais les voir se décharger le cœur. Enfin le fugitif me raconta l'histoire dont voici la substance :

«Il y avait environ huit mois qu'un planteur des environs ayant éprouvé quelques pertes, avait été obligé de vendre ses esclaves aux enchères. On connaissait la valeur de ses nègres; et au jour dit, le crieur les avait exposés soit par petits lots, soit un à un, suivant qu'il le jugeait plus avantageux à leur propriétaire. Le fugitif, qu'on savait avoir le plus de valeur, après sa femme, fut mis en vente à part, et poussé à un prix excessif. Pour la femme, qui vint ensuite et seule aussi, on en demanda huit cents dollars qui furent sur-le-champ comptés. Enfin arriva le tour des enfants, et à cause de leur race on les porta à de hauts prix. Le reste des esclaves fut vendu, chacun en raison de sa propre valeur.

» Le fugitif eut la chance d'être adjugé à l'intendant de la plantation; la femme fut achetée par un individu demeurant à environ cent milles de là; et les enfants se virent dispersés en différents endroits, le long de la rivière. Le cœur de l'époux et du père défaillit sous cette dure calamité. Quelque temps il souffrit d'un désespoir profond, sous son nouveau maître; mais ayant retenu dans sa mémoire le nom des diverses personnes qui avaient acheté chacune une partie de sa chère famille, il feignit une maladie, si l'on peut appeler feint l'état d'un homme dont les affections avaient été si cruellement brisées, et refusa de se nourrir pendant plusieurs jours, regardé de mauvais œil par l'intendant, qui lui-même se trouvait frustré dans ce qu'il avait considéré comme un bon marché.

« Une nuit d'orage, pendant que les éléments se déchaînaient dans toute la fureur d'une véritable tourmente, le pauvre nègre s'échappa. Il connaissait parfaitement tous les marécages des environs, et se dirigea en droite ligne vers la cannaie au centre de laquelle j'avais trouvé son camp. L'une des nuits suivantes, il gagna la résidence où l'on retenait sa femme, et la nuit d'après il l'emmenait; puis, l'un après l'autre, il réussit à dérober ses enfants, jusqu'à ce qu'enfin furent réunis sous sa protection tous les objets de son amour.

» Pourvoir aux besoins de cinq personnes n'était pas tâche facile dans ces lieux sauvages : d'autant plus qu'au premier signal de l'étonnante disparition de cette famille extraordinaire, ils se virent traqués de tous côtés, et sans relâche. La nécessité, comme on dit, fait sortir le loup du bois. Le fugitif semblait avoir bien compris ce proverbe, car pendant la nuit il s'approchait de la plantation de son premier maître, où il avait toujours été traité avec une grande bonté. Les serviteurs de la maison le connaissaient trop bien pour ne pas l'aider par tous les moyens en leur pouvoir, et chaque matin il s'en revenait à son camp avec d'amples provisions. Un jour qu'il était à la recherche de fruits sauvages, il trouva un ours mort devant le canon d'un fusil qu'on avait mis là tout exprès en affût. Il ramassa l'arme et le gibier et les emporta chez lui. Ses amis de la plantation s'y prirent de manière à lui procurer quelques munitions, et dans les jours sombres et humides il s'aventura d'abord à chasser autour de son camp. Actif et courageux, il devint peu à peu plus hardi et se hasarda plus au large en quête de gibier. C'était dans une de ces excursions que je venais de le rencontrer. Il m'assura que le bruit que j'avais fait en traversant le bayou l'avait empêché de tuer un beau daim. Il est vrai, ajouta-t-il, que mon vieux mousquet rate bien souvent. »

Les fugitifs, quand ils m'eurent confié leur secret, se levèrent tous deux de leur siége, et les yeux pleins de larmes : « Bon maître, au nom de Dieu, faites quelque chose pour nous et nos enfants ! » me dirent-ils en sanglotant. Et pendant ce temps, leurs pauvres petits dormaient d'un profond sommeil, dans la douce paix de leur innocence ! Qui donc aurait pu entendre un pareil récit sans émotion ? Je leur promis de tout mon cœur de les aider. Tous deux passèrent la nuit debout pour veiller sur mon repos ; et moi, je dormis serré contre leurs marmots, comme sur un lit du plus moelleux duvet.

Le jour éclata si beau, si pur, si joyeux, que je leur dis que le ciel même souriait à leur espérance, et que je ne doutais pas de leur obtenir un plein pardon. Je leur conseillai de prendre leurs enfants avec eux, et leur promis de les accompagner à la plantation de leur premier maître. Ils obéirent avec empressement; mes ibis furent accrochés autour du camp, et comme un *memento* de la nuit que j'y avais passée, je fis une entaille à plusieurs arbres; après quoi je dis adieu, peut-être pour la dernière fois, à ce champ de cannes, et bientôt nous arrivâmes à la plantation. Le propriétaire, que je connaissais très bien, me reçut avec cette généreuse bonté qui distingue les planteurs de la Louisiane. Une heure ne s'était pas écoulée, que le fugitif et sa famille se voyaient réintégrés chez lui; peu de temps après, il les racheta de leurs propriétaires, et les traita avec la même bonté qu'auparavant. Ils purent donc encore être heureux, comme le sont généralement les esclaves dans cette contrée, et continuer à nourrir l'un pour l'autre ce tendre attachement, source de leurs infortunes, mais aussi en définitive de leur bonheur. J'ai su que, depuis, la loi avait défendu de séparer ainsi les esclaves d'une même famille sans leur consentement.

L'HIRONDELLE DE CHEMINÉE,

OU MARTINET D'AMÉRIQUE.

Du moment que l'hirondelle a trouvé dans nos maisons tant de commodités pour y établir son nid, on l'a vue abandonner avec une sagacité vraiment remarquable ses anciennes retraites dans le creux des arbres, et prendre possession de nos cheminées, ce qui, sans aucun doute, lui a valu le nom sous lequel on la connaît généralement. Je me rappelle parfaitement bien le temps où, dans le bas Kentucky, dans l'Indiana et l'Illinois, ces oiseaux choisissaient encore très souvent, pour nicher, les excavations des branches et des vieux troncs; et telle est l'influence d'une première habitude, que c'est toujours là que, de préférence, ils reviennent, non-seulement pour chercher un abri, mais aussi pour élever leurs petits, spécialement dans ces parties isolées de notre pays qu'on peut à peine dire habitées. Alors les hirondelles se montrent aussi délicates pour le choix d'un arbre qu'elles le sont ordinairement dans nos villes pour le choix de la cheminée où elles veulent fixer temporairement leur demeure : des sycomores d'une taille gigantesque et que ne soutient plus qu'une simple couche d'écorce et de bois, sont ceux qui semblent leur convenir le mieux. Partout où j'ai rencontré de ces vénérables patriarches des forêts, que la décadence et l'âge avaient ainsi rendus habitables, j'ai toujours trouvé des nids d'hirondelles qui elles-mêmes continuaient d'y vivre jusqu'au moment de leur départ. Ayant fait couper un arbre de cette espèce, j'ai compté dans l'intérieur du tronc une cinquantaine de ces nids, et, de plus, chaque branche creuse en renfermait un.

Le nid, qu'il soit placé dans un arbre ou dans une cheminée, se compose de petites branches sèches que l'oiseau se procure d'une façon assez singulière. Si vous regardez les hirondelles tandis qu'elles sont en l'air, vous les voyez tournoyer par bandes autour de la cime de quelque arbre qui dépérit, s'il n'est déjà tout à fait mort : on les dirait occupées à poursuivre les insectes dont elles font leur proie ; leurs mouvements sont extrêmement rapides. Tout à coup elles se jettent le corps contre la branche, s'y accrochent avec leurs pattes, puis, par une brusque secousse, la cassent net, et se renvolent en l'emportant à leur nid. La frégate pélican a souvent recours à la même manœuvre, seulement elle saisit les petits bâtons dans son bec, au lieu de les tenir avec ses pieds.

C'est au moyen de sa salive que l'hirondelle fixe ces premiers matériaux sur le bois, le roc ou le mur d'une cheminée ; elle les arrange en rond, les croise, les entrelace, pour étendre à l'extérieur les bords de son ouvrage ; le tout est pareillement englué de salive qu'elle répand autour, à un pouce ou plus, pour mieux l'assujettir et le consolider. Quand le nid est dans une cheminée, sa place est généralement du côté de l'est, et à une distance de cinq à huit pieds de l'entrée. Mais dans le creux d'un arbre, où toutes nichent en communauté, il se trouve plus haut ou plus bas, suivant la convenance générale. La construction, assez fragile du reste, cède de temps à autre, soit sous le poids des parents et des jeunes, soit emportée par un flot subit de pluie, cas auxquels ils sont tous ensemble précipités par terre. — On y compte de quatre à six œufs d'un blanc pur, et il y a deux couvées par saison.

Le vol de cette hirondelle rappelle celui du martinet d'Europe ; mais il est plus vif, quoique bien soutenu.

C'est une succession de battements assez courts, si l'on en excepte pourtant la saison où l'heureux couple prélude aux amours: car on les voit alors comme nager tous les deux, les ailes immobiles, glissant dans les airs avec un petit gazouillement aigu, et la femelle ne cessant de recevoir les caresses du mâle. En d'autres temps, ils planent au large, à une grande hauteur, au-dessus des villes et des forêts; puis, avec la saison humide, reviennent voler à ras du sol, et on les voit écumer l'eau pour boire et se baigner. Quand ils vont pour descendre dans un trou d'arbre ou une cheminée, leur vol, toujours rapide, s'interrompt brusquement comme par magie; en un instant ils s'abattent en tournoyant et produisent avec leurs ailes un tel bruit, qu'on croirait entendre dans la cheminée le roulement lointain du tonnerre. Jamais ils ne se posent sur les arbres ni sur le sol. Si l'on prend une de ces hirondelles et qu'on la mette par terre, elle fait de gauches efforts pour s'échapper et peut à peine se mouvoir. J'ai lieu de croire que parfois, la nuit, il arrive aux parents de s'envoler et aux jeunes de prendre de la nourriture: car j'ai entendu le *frou-frou* d'ailes des premiers et les cris de reconnaissance des seconds, durant des nuits calmes et sereines.

Quand les petits tombent par accident, ce qui arrive aussi quelquefois, bien que le nid reste en place, ils parviennent à y remonter à l'aide de leurs griffes aiguës, en élevant un pied, puis l'autre, et en s'appuyant sur leur queue. Deux ou trois jours avant d'être en état de s'envoler, ils grimpent en haut du mur, jusqu'auprès de l'ouverture de la cheminée à l'abri de laquelle ils ont grandi. Un observateur pourra reconnaître ce moment, en voyant les parents passer et repasser au-dessus de l'extrémité du tuyau sans y entrer. C'est la même chose, quand ils ont été élevés dans un arbre.

Dans nos villes, les hirondelles choisissent d'abord une cheminée spéciale pour s'y retirer. C'est là qu'au premier printemps et avant de commencer à bâtir, les deux sexes se rendent en foule depuis une heure ou deux avant le coucher du soleil, jusque bien longtemps après nuit close. Jamais ils ne s'engagent dedans qu'ils n'aient voltigé plusieurs fois tout à l'entour; puis, tantôt l'un, tantôt l'autre, ils se décident à entrer, jusqu'à ce qu'enfin, pressés par l'heure, ils s'y précipitent plusieurs ensemble. Ils s'accrochent aux murs avec leurs griffes, s'y tiennent appuyés sur leur queue pointue, et dès l'aurore, avec un bruit sourd et retentissant, ils s'élancent dehors exactement tous à la fois. Je me rappelle qu'à Francisville, je voulus compter combien il en entrerait dans une cheminée avant la nuit. Je me tenais à une fenêtre, à proximité du lieu; il en vint plus de mille, et je ne les vis pas toutes, tant s'en faut! La ville, à cette époque, pouvait contenir une centaine de maisons, et la plupart de ces oiseaux étaient alors en route vers le sud, ne s'arrêtant simplement que pour la nuit.

Je venais d'arriver à Louisville, dans le Kentucky, lorsque je fus mis en relation avec l'aimable et bonne famille du major William Groghan. Un jour que nous parlions d'oiseaux, celui-ci me demanda si j'avais vu les arbres où l'on supposait que les hirondelles passaient l'hiver, mais où, en réalité, elles n'entrent que pour s'abriter et faire leur nid. Je lui répondis que j'en avais vu. Alors il m'apprit que, sur mon chemin pour revenir à la ville, il s'en trouvait un dont il m'enseigna la place, et qui était remarquable, entre tous, par le nombre immense de ces oiseaux qui s'y retiraient. — M'étant remis en route, j'arrivai bientôt au lieu indiqué et n'eus pas de peine à reconnaître l'arbre en question : c'était un sycomore presque sans branches, portant de soixante à soixante-dix pieds de haut sur huit de diamètre à la base ; il pouvait en avoir encore près de cinq, même à une hauteur de cinquante pieds, où le tronçon d'une branche brisée et creuse, d'environ deux pieds de diamètre, se séparait de la tige principale. C'était par là qu'entraient les hirondelles. En examinant l'arbre de près, je le trouvai d'un bois dur, mais rongé au centre presque jusqu'aux racines. On était au mois de juillet, et le soleil marquait comme quatre heures après-midi. Les hirondelles volaient au-dessus de Jeffersonville, de Louisville et des bois environnants ; mais je n'en voyais aucune près du sycomore. Je rentrai chez moi, pour revenir bientôt à pied. Le soleil descendait derrière les montagnes d'Argent ; la soirée était belle, des milliers d'hirondelles voltigeaient autour de moi, et de temps en temps quatre ou cinq à la fois disparaissaient dans le trou de l'arbre, comme des abeilles se pressant à l'entrée de leur ruche. Et moi je restais là, ma tête appuyée contre le tronc et prêtant l'oreille au bruit assourdissant que faisaient les oiseaux pour s'installer à l'intérieur. Il était nuit noire quand je quittai mon poste, et j'étais convaincu qu'il en restait encore un bien plus grand nombre dehors. Je n'avais pas eu la prétention de les compter : il y en avait trop, et ils se précipitaient à l'ouverture en rangs si serrés et si épais, que c'était à confondre l'imagination. A peine étais-je de retour à Louisville, qu'un violent ouragan mêlé de tonnerre passa sur la ville, et je pensai que la précipitation des hirondelles avait eu pour cause leur inquiétude et le désir d'éviter l'orage. Toute la nuit, je ne fis que rêver d'hirondelles, tant j'étais impatient de constater leur nombre, avant que l'époque de leur départ fût arrivée.

Le lendemain matin, il ne paraissait encore aucune lueur de jour, que déjà je me retrouvais à mon poste. Je me remis l'oreille collée contre l'arbre; tout était silencieux au dedans. Il y avait environ vingt minutes que j'étais dans cette posture, lorsque soudain je crus que le grand arbre se déracinait et tombait sur moi. Instinctivement je fis un bond de côté; mais en regardant en l'air, quel ne fut pas mon étonnement de le voir debout et aussi ferme que jamais. C'étaient des hirondelles qu'il vomissait en flots noirs et continus. Je courus reprendre ma place et j'écoutai, réellement stupéfait de ce bruit du dedans, que je ne puis mieux comparer qu'au sourd roulement d'une large roue sous l'action d'un puissant cours d'eau. Il faisait sombre encore, de sorte que je pouvais à peine distinguer l'heure à ma montre; mais j'estime qu'elles mirent à sortir ainsi trente minutes et plus. Puis, l'intérieur de l'arbre redevint silencieux, et elles se dispersèrent dans toutes les directions avec la rapidité de la pensée.

Immédiatement, je formai le projet d'examiner l'intérieur de cet arbre qui, comme me l'avait dit mon ami le major Groghan, était bien le plus remarquable que j'eusse jamais vu. Pour cette expédition, je m'adjoignis un camarade de chasse, et nous partîmes, munis d'une assez longue corde. Après plusieurs essais, nous réussîmes à la lancer par-dessus la branche brisée de façon à ce que les deux bouts revinssent toucher la terre; ensuite, m'étant armé d'un grand bambou, je grimpai sur l'arbre au moyen de cette sorte de câble et parvins sans accident jusqu'à la branche sur laquelle je m'assis. Mais tout cela fut peine perdue: je ne pus rien voir du tout dans l'intérieur de l'arbre, et ma gaule, d'au moins quinze pieds de long, avait beau s'y promener de droite et de gauche, elle ne touchait à rien qui pût me donner quelque renseignement. Je redescendis fatigué et désappointé.

Sans me décourager cependant, le lendemain je louai un homme qui fit un trou à la base de l'arbre. Il n'y restait plus que huit à neuf pouces d'écorce et de bois. Bientôt la hache eut mis le dedans à jour, et nous découvrîmes une masse compacte de dépouilles et de débris de plumes réduites en une espèce de terreau au milieu duquel je pouvais encore distinguer des fragments d'insectes et de coquilles. Je me frayai ou plutôt me perçai tout au travers un passage d'environ six pieds. Cette opération ne prit pas mal de temps, et comme je savais par expérience que, si les oiseaux venaient à soupçonner l'existence de ce trou, ils abandonneraient l'arbre sur-le-champ, je le fis soigneusement reboucher. Dès le même soir, les hirondelles revinrent comme d'habitude, et je me gardai de les troubler de plusieurs jours. Enfin, m'étant précautionné d'une lanterne sourde, un soir vers les neuf heures, je retournai au sycomore, résolu de voir à fond dans l'intérieur. Le trou fut ouvert doucement; je me hissai le long des parois en m'aidant de la masse de détritus; mon camarade venait par derrière. Je trouvai tout parfaitement tranquille; et par degrés, dirigeant la lumière de la lanterne sur les côtés de l'excavation béante au-dessus de nous, j'aperçus les hirondelles collées les unes contre les autres et couvrant toute la surface interne. Avec le moins de bruit possible, nous en prîmes et tuâmes plus d'un cent que nous fourrâmes dans nos habits et dans nos poches; puis, nous étant laissés glisser en bas, nous nous retrouvâmes en plein air. Une chose remarquable, c'est que, pendant notre visite, pas un seul de ces oiseaux n'avait laissé dégoutter de sa fiente sur nous. L'entrée exactement refermée, nous reprîmes, fiers et joyeux, le chemin de Louisville. Parmi les cent quinze individus que nous avions emportés, il ne se trouva que six femelles; soixante-six étaient mâles et adultes; le sexe de vingt-deux des autres ne put être déterminé; c'étaient, sans aucun doute, des jeunes de la première couvée: leur chair était tendre, et les tuyaux de leurs plumes paraissaient encore mous.

Voyons, faisons en gros le compte des oiseaux qui

pouvaient être ainsi logés dans cet arbre : l'espace vide commençant à partir de la pile de plumes et de dépouilles pour finir à l'entrée supérieure de la cavité, ne présentait pas moins de 25 pieds en hauteur sur 15 de large, en supposant à l'arbre 5 pieds de diamètre, ce qui donnerait 375 pieds carrés de surface. Maintenant, accordons à chaque oiseau un espace d'à peu près 3 pouces, ce qui est plus que suffisant, vu la manière dont ils étaient entassés : il y aura 32 oiseaux par chaque pied carré, et, par conséquent, le nombre total que contenait l'intérieur de ce seul arbre était de 11,000.

Je ne cessai point de surveiller les mouvements de mes hirondelles. Lorsque les jeunes qui avaient été élevées dans les cheminées de Louisville, Jeffersonville et des maisons du voisinage, ainsi que dans les arbres choisis pour cet objet, eurent abandonné le lieu de leur naissance, je recommençai mes visites au sycomore. C'était le 2 d'août. Je m'assurai que le nombre des oiseaux qui s'y retiraient n'avait pas augmenté ; mais je trouvai beaucoup plus de femelles et de jeunes que de mâles, sur une cinquantaine qui furent pris et ouverts. Jour par jour, j'y revins : le 13 d'août, il n'y en entra guère que deux ou trois cents ; le 18, pas un seul ne s'en approcha, et c'est à peine si je vis passer isolément quelques individus qui m'avaient l'air de s'en aller vers le sud. En septembre, pendant la nuit, je regardai dans l'intérieur : il n'y en restait aucun. J'y revins encore une fois, en février, par un temps très froid, et convaincu que toutes les hirondelles avaient quitté le pays, je refermai définitivement l'ouverture et cessai mes visites.

Mai cependant était de retour, et son souffle printanier nous ramenait le peuple vagabond des airs. Les hirondelles aussi revinrent à leur arbre, et j'en vis le nombre s'accroître chaque jour. Vers le commencement de juin, j'imaginai de fermer l'entrée avec un bouchon de paille que je pouvais retirer à mon gré au moyen d'une corde. Le résultat fut curieux : les oiseaux, comme d'ordinaire, vinrent pour s'abriter à la tombée de la nuit; ils s'attroupèrent, passant et repassant devant l'arbre d'un air tout dérouté; plusieurs déjà commençaient à s'envoler au loin : j'ôtai le bouchon, et immédiatement ils entrèrent sans discontinuer, jusqu'à ce qu'il ne me fût plus possible de les distinguer du lieu où j'étais.

J'avais quitté Louisville pour aller me fixer à Henderson, et ce ne fut que cinq ans après que je pus revoir le sycomore, dans l'intérieur duquel les hirondelles abondaient toujours. Les pièces de bois avec lesquelles j'avais bouché mon trou avaient été brisées ou emportées; mais l'ouverture était de nouveau complétement remplie de dépouilles et de débris des oiseaux. — A la fin pourtant, il survint un ouragan tellement violent, que leur antique retraite fut tout de son long couchée par terre.

LA PÊCHE DE LA MORUE.

Je regardais déjà comme chose extraordinaire la quantité de poisson que j'avais vue le long des côtes des Florides; mais ce que j'en trouvai plus tard au Labrador véritablement m'étonna, et si, en lisant ce que je vais raconter, vous éprouvez cette surprise dont je ne pus d'abord me défendre en présence des faits, vous conclurez, ainsi que je l'ai fait souvent moi-même, que, pour produire de petits animaux à l'usage des gros, et *vice-versâ*, la prévoyante nature dispose de moyens vastes et inépuisables, comme ce monde même que son habile main nous a si curieusement construit.

La côte du Labrador est visitée par des pêcheurs européens, aussi bien que par des américains; et tous, du moins je le pense, peuvent revendiquer, avec des droits égaux, certaines portions du domaine de la pêche, assignées d'un consentement mutuel à chaque nation. Mais, pour le moment, je bornerai mes observations aux pêcheurs de mon pays, qui, du reste, doivent être de beaucoup les plus nombreux.

Les citoyens de Boston et beaucoup d'autres de nos ports de l'Est sont ceux qui principalement s'adonnent à cette branche de notre commerce. East-Port, dans le Maine, envoie chaque année une grosse flottille de schooners et de pinasses au Labrador, pour se procurer morues, maquereaux, plies, et parfois du hareng; mais on ne pêche cette dernière sorte de poisson que dans les intervalles des autres travaux. Les vaisseaux de ce port et autres du Maine et du Massachusetts mettent à la voile aussitôt que la chaleur du printemps a débarrassé les mers de l'encombrement des glaces, c'est-à-dire, du commencement de mai à celui de juin.

Un vaisseau de cent tonneaux ou plus est pourvu d'un équipage de douze hommes, tous pêcheurs et matelots consommés. Pour chaque couple de ces hardis marins, on a disposé un bateau de hampton, qui est amarré sur le pont, ou qu'on suspend aux étais (1). Leurs provisions sont simples, mais de bonne qualité, et très rarement les gratifie-t-on de quelque ration de spiritueux : du bœuf, du porc, du biscuit avec de l'eau, voilà tout ce qu'ils prennent avec eux. Cependant on a soin de leur donner des vêtements chauds; des jaquettes et des culottes imprégnées d'huile et à l'épreuve de l'eau, de grandes bottes, des chapeaux aux larges bords et à forme ronde, de fortes mitaines et quelques chemises composent la partie la plus solide de leur garde-robe. Le propriétaire ou capitaine les entretient de lignes, hameçons, filets, et leur fournit aussi les amorces les plus propres à attirer le poisson. La cale du vaisseau est remplie de barils de diverses dimensions, les uns contenant du sel, d'autres pour mettre l'huile qu'on retirera de la morue.

(1) Les étais sont de gros cordages dormants qui vont, de la tête des mâts, se fixer sur l'avant.

L'appât généralement employé au début de la saison consiste en moules qu'on a salées exprès; mais dès que le *capelan* (1) commence à se montrer sur la côte, on s'en sert, comme étant moins coûteux. Souvent même on se contente de chair de *fous* et autres oiseaux de mer. Les gages des pêcheurs varient de seize à cinquante dollars par mois, suivant la capacité des individus.

Le travail de ces hommes est excessivement dur: sauf le dimanche, rarement sur les vingt-quatre heures leur en accorde-t-on plus de trois de repos. Le cuisinier est le seul qui, sous ce rapport, soit mieux traité; mais il faut aussi qu'il aide à vider et saler le poisson. Le déjeuner consistant en café, pain et viande pour le capitaine et tout l'équipage, doit être prêt, chaque matin, à trois heures, excepté le dimanche. Chaque homme emporte avec soi son dîner tout cuit, qu'il mange ordinairement sur le lieu même de la pêche.

Ainsi, dès trois heures du matin, l'équipage est tout préparé pour le travail du jour. Ils n'ont plus qu'à prendre leurs bateaux, qui portent chacun deux rames et des voiles de lougre. Alors ils partent tous en même temps, soit à la rame, soit à la voile. Quand on a atteint les bancs où l'on sait que le poisson se plaît, les bateaux s'établissent à de courtes distances les uns des autres; la petite escadrille laisse tomber l'ancre par une profondeur de dix à vingt pieds d'eau, et immédiatement

(1) Nom que l'on donne à une espèce de gade voisin des merlans.

la pêche commence. Chaque homme a deux lignes et se tient à un bout du bateau du milieu duquel on a enlevé les planches, pour faire place au poisson. Les lignes amorcées sont lancées à l'eau, de chaque côté de la barque; leurs plombs les entraînent à fond; un poisson mord: le pêcheur tire à soi brusquement d'abord, puis d'un mouvement continu, et jette sa capture de travers sur une petite barre de fer ronde placée derrière lui, ce qui force le poisson à ouvrir la gueule, tandis que le seul poids de son corps, si petit qu'il soit, fait déchirer les chairs et dégage l'hameçon. Cependant l'amorce est encore bonne, et déjà la ligne est retournée à l'eau chercher un autre poisson, en même temps que, par le bord opposé, le camarade tire la sienne, et ainsi de suite. De cette manière, avec deux hommes travaillant bien, l'opération se continue jusqu'à ce que le bateau soit si chargé que sa ligne de flottaison ne vienne bientôt plus qu'à quelques pouces de la surface de l'eau. Alors on retourne au vaisseau qui attend dans le port, rarement à plus de huit milles des bancs.

Presque toute la journée, les pêcheurs n'ont cessé de babiller : on cause de pêche, d'affaires domestiques, de politique, et autres matières non moins graves. Parfois, une répartie de l'un excite chez l'autre un bruyant éclat de rire qui vole de bouche en bouche, et sur un bon mot voilà toute la flottille en gaieté. C'est à qui se surpassera, à qui prendra le plus de poisson dans un temps donné. De là une nouvelle source d'émulation et de plaisanteries. Mais, en général, les bateaux se remplissent dans le même espace de temps et s'en reviennent tous ensemble.

Une fois arrivé au vaisseau, chacun s'arme d'une perche qui porte au bout un fer recourbé assez semblable aux dents d'une fourche à foin. Avec cet instrument, on perce le poisson qu'on jette d'une secousse sur le pont, en le comptant à haute voix au fur et à mesure ; puis, dès que chaque cargaison est ainsi déposée en sûreté, les bateaux repartent à la pêche ; et quand l'ancre est jetée, l'équipage dîne, pour recommencer. Laissons-les, si vous le permettez, continuer quelque temps leur manœuvre, et voyons un peu ce qui va se passer à bord du vaisseau.

Le capitaine, quatre hommes et le cuisinier ont, dans le courant de la matinée, dressé de longues tables en avant et en arrière de la grande écoutille ; ils ont porté sur le rivage la plus grande partie de leurs barils de sel, et placé en rang de larges caques vides pour les foies. L'intérieur du vaisseau est entièrement débarrassé, sauf un coin, où l'on a déposé un gros tas de sel ; et maintenant les hommes, ayant dîné à midi précis, sont prêts avec leurs grands couteaux. L'un commence par couper la tête de la morue, ce qui se fait d'un bon coup de tranchant et en un seul tour de main ; puis il lui ouvre le ventre par en haut, la pousse à son voisin, jette la tête par-dessus le bord et recommence la même opération sur une autre. Celui auquel le premier poisson a été passé lui enlève les entrailles, en sépare le foie, qu'il jette dans une caque, et le reste par-dessus le bord ; enfin, un troisième individu introduit dextrement son couteau en-dessous des vertèbres, les sépare de la chair, qu'il envoie dans le vaisseau par l'écoutille, et le surplus toujours à la mer.

Maintenant si vous voulez jeter les yeux dans l'intérieur, vous pourrez voir la dernière cérémonie qui consiste à saler et à entasser la morue dans les barils : six hommes qui en ont l'habitude, et dont les bras veulent s'occuper, suffisent à décapiter, vider, désosser, saler et emballer tout le poisson pris dans la matinée, et à débarrasser complétement le pont pour le moment où les bateaux reviendront avec une nouvelle charge. Leur travail se prolonge ainsi jusqu'à minuit. Alors ils se lavent la figure et les mains, prennent des vêtements propres, suspendent aux haubans leurs appareils de pêche et gagnent le gaillard d'avant, où ils sont bientôt plongés dans un profond sommeil.

Mais il est déjà trois heures du matin! Le capitaine sort de sa cabine en se frottant les yeux et appelle à haute voix : Tout le monde debout, holà ho!!! Les jambes engourdies, et encore à moitié endormis, les pêcheurs sont bientôt sur le pont. Leurs mains et leurs doigts leur font tant de mal et sont tellement enflés à force de tirer les lignes, qu'ils peuvent à peine s'en servir. Mais c'est bien de cela qu'il s'agit! Le cuisinier, qui la veille a fait un bon somme et s'est levé une heure avant eux, a préparé le café et les vivres. Le déjeuner est promptement expédié ; on met de côté les vêtements propres, pour reprendre l'habit de fatigue ; chaque bateau, nettoyé d'avance, reçoit ses deux hommes, et la flottille de nouveau fait voile pour le lieu de la pêche.

Il n'y a pas moins de cent schooners ou pinasses dans le port; or, comme trois cents bateaux partent chaque jour pour les bancs, et que chaque bateau peut prendre en moyenne deux mille morues, quand vient la nuit du samedi au dimanche, c'est à peu près six cent mille poissons qui ont été pris, nombre qui ne laisse pas que de faire un peu de vide dans les premiers parages. Aussi le capitaine profite-t-il de la relâche du dimanche pour rentrer ses barils de sel, qui sont à terre, et se diriger vers un havre mieux approvisionné, où il espère arriver longtemps avant le coucher du soleil. Si la journée est propice, les hommes peuvent se donner du bon temps durant la traversée, et le lundi on recommence comme de plus belle.

Je ne dois pas omettre de vous dire que, tandis qu'il faisait voile d'un port à l'autre, le vaisseau est passé tout près d'un rocher sur lequel des myriades de puffins ont fait leur nid. Là on s'est mis en panne, pour une heure ou deux; la plupart des hommes sont descendus à terre et ont recueilli d'immenses quantités d'œufs excellents pour remplacer la crème, comme aussi pour servir d'appât au poisson, quand le feu les a durcis. Je puis vous apprendre, en outre, comment nos aventuriers s'y prennent pour distinguer les œufs frais des autres: ils remplissent d'eau de larges tubes, y plongent les œufs qu'ils y laissent une ou deux minutes, puis rejettent comme mauvais ceux qu'ils voient surnager et même ceux qui manifestent la plus légère disposition à remonter à la surface. Quant aux autres qui restent au fond, je vous les garantis, cher lecteur : vous n'en avez jamais mangé de plus succulents, et vos peintades n'en pondent pas de meilleurs dans votre grange.

Le poisson précédemment pris et salé est mis à terre au premier port. On emploie à cette besogne ceux des hommes de l'équipage que le capitaine a reconnus les moins adroits à la pêche. Là, sur des rochers nus ou des échafaudages recouvrant un espace considérable, les morues sont étendues côte à côte pour sécher au soleil; on les tourne plusieurs fois par jour, et, dans les intervalles, les hommes donnent un coup de main à bord pour nettoyer et serrer les autres produits qu'apportent continuellement les bateaux. Vers le soir, ils reviennent à leurs sécheries pour mettre le poisson en piles qui ressemblent à autant de meules de foin. Ils ont soin d'en disposer le haut de manière à ce que la pluie glisse dessus, et de placer une grosse pierre au sommet pour les empêcher d'être renversées, en cas qu'il survienne quelque fort coup de vent pendant la nuit.

Cependant, le capelan s'est approché des rivages, et, par milliers entre dans chaque bassin, dans chaque ruisseau pour y déposer son frai, car juillet est arrivé. Les morues le suivent, comme le limier suit sa proie, et leurs masses compactes couvrent littéralement les bords. Maintenant, les pêcheurs vont adopter une autre méthode : ils ont apporté avec eux de vastes et profondes *seines* (1), dont un bout est fixé sur la rive à

(1) Grand filet qui présente souvent un sac dans son milieu.

l'aide d'une corde, tandis que l'autre, qu'on traîne au large pour balayer autant d'espace que possible, est enfin tiré à terre, au moyen d'un cabestan. Quelques hommes, dans des bateaux, soutiennent le haut du filet où sont attachés des morceaux de liége, et battent l'eau pour effrayer le poisson et le pousser vers le bord; d'autres entrent dans l'eau, armés de crocs, et n'ont que la peine de le harponner et de le jeter à terre, car le filet va se resserrant peu à peu, à mesure que diminue le nombre des poissons qu'il renferme.

Combien croyez-vous qu'en un seul coup on puisse ainsi prendre de morues...... cinquante..... ou cinquante mille? Vous aurez quelque idée de la chose quand je vous aurai dit que les jeunes gens de ma société, en se promenant le long du rivage, prenaient à la main des morues vivantes et même des truites de plusieurs livres, avec un simple bout de ficelle et un hameçon à maquereau pendu à la baguette de leur fusil. Deux d'entre eux n'avaient qu'à se mettre à l'eau seulement jusqu'aux genoux le long des rochers, en tenant par les coins leur mouchoir de poche, et bientôt ils le ramenaient plein de petits poissons..... Si vous ne voulez pas m'en croire, demandez-le aux pêcheurs eux-mêmes; ou plutôt allez au Labrador, et là vous en croirez le témoignage de vos propres yeux.

Cette manière de prendre la morue à la seine ne me paraît pas légale, car une grande partie des poissons qui sont finalement tirés à terre se trouvent si petits, qu'on peut les regarder comme n'étant d'aucun usage. Du moins, si on les rejetait à l'eau! mais on les laisse sur le rivage où, en dernier ressort, ils servent de pâture aux ours, aux loups et aux corbeaux. Les poissons qu'on prend le long de la côte, ou seulement à quelques milles dans les stations de pêche, sont de dimensions médiocres; et je ne crois pas me tromper en disant qu'il y en a peu qui pèsent plus de deux livres, après qu'ils sont complétement vidés, ou qui dépassent six livres au moment où on les tire de l'eau. — Ils sont sujets à plusieurs maladies et parfois tourmentés par des animaux parasites qui, en peu de temps, les rendent maigres et impropres à la consommation.

Il y a des individus qui, par négligence ou autre cause, ne pêchent qu'avec des hameçons nus et blessent ainsi fréquemment les morues sans les prendre, ce qui les effraye et les fait fuir en foule, au grand préjudice des autres pêcheurs. Quelques-uns emportent leur cargaison de station en station avant de les sécher, tandis que d'autres s'en défont sur-le-champ, en les vendant à des agents venus de pays éloignés. Certains pêcheurs n'ont qu'une pinasse de cinquante tonneaux; d'autres sont propriétaires de sept ou huit vaisseaux d'une contenance égale ou supérieure. Mais quels que soient leurs moyens, si la saison est favorable, ils se voient en général largement payés de leurs peines. Par exemple, j'ai connu des individus qui, engagés comme mousses à leur premier voyage, se trouvaient, au bout de dix ans, dans une position indépendante, et n'en continuaient pas moins leur métier de pêcheur. « Quelle existence pour nous, me disaient-ils, s'il nous fallait rester sans rien faire à la maison! » Je m'en rappelle un de cette classe qui, après avoir fait ce genre de trafic pendant plusieurs années, est maintenant à la tête d'une jolie flotte de schooners ; l'un de ces bâtiments possède une cabine aussi propre, aussi confortable que j'en aie jamais vu dans des vaisseaux de cette grandeur. Aussi, celui-ci ne recevait-il le poisson à son bord que quand il était entièrement vidé, ou bien il servait de pilote aux autres et rentrait, de temps en temps, au port avec une ample provision, soit de plies, soit de maquereaux de choix.

Je réserve pour une autre occasion les remarques que j'ai faites sur certaines améliorations qu'on pourrait, je crois, introduire dans nos pêcheries de la côte du Labrador.

LA GRANDE PIE-GRIÈCHE CENDRÉE.

Cette pie-grièche passe, il est vrai, la majeure partie de l'année dans les États les plus orientaux de l'Union et dans des régions encore plus reculées vers le nord; toutefois nombre d'individus restent dans les districts montagneux des États du centre et y font leur nid. Pendant les hivers rudes, elle émigre vers le sud, jusqu'au voisinage de la ville de Natchez, sur le Mississipi, où j'en ai vu beaucoup et même tué quelques-unes. Elle n'est pas rare au Kentucky et elle y reste aussi l'hiver; mais le long des côtes de nos États du sud, je n'en ai jamais rencontré, et je ne sache pas non plus qu'on y en ait aperçu.

Quand viennent le printemps et l'été, elle quitte les basses terres du milieu pour gagner les montagnes, où elle demeure généralement jusqu'à l'automne. Vers le 20 d'avril, on voit le mâle et la femelle occupés à bâtir leur nid dans les parties couvertes et reculées des forêts. J'ai trouvé plusieurs de ces nids sur des buissons, à dix pieds au plus de terre et sans aucune apparence de choix entre les diverses espèces d'arbres; néanmoins, il est ordinairement placé vers le haut et assis à la jonction de deux branches. Grand comme celui du robin, il se compose en dehors de grosses herbes, de feuilles et de mousse; intérieurement, de racines fibreuses sur lesquelles est étendu un lit de plumes de dindon et de faisan. Les œufs, au nombre de quatre à cinq, sont d'un cendré foncé, avec de nombreuses taches et des raies d'un brun clair au gros bout. L'incubation dure quinze jours.

Les petits paraissent d'abord d'un bleuâtre terne; mais quand ils sont recouverts de plumes, ils prennent, en dessus, une teinte d'un roux sombre, avec des barres en zigzag, de la gorge à l'abdomen. Ils conservent cette livrée jusque bien avant dans l'automne, et quelqu'un qui n'aurait pas l'habitude d'observer ces oiseaux, regarderait ceux-ci comme appartenant à une espèce différente. Ils demeurent tout ce temps avec eurs parents et souvent même pendant l'hiver. Leur première nourriture consiste en chenilles, araignées, insectes, et en baies de diverses sortes; mais à mesure qu'ils grandissent, les parents leur apportent de la chair d'oiseau, dont ils se repaissent avec avidité, même avant de quitter le nid.

Ce vaillant petit guerrier est doué de la faculté d'imiter les notes de ses frères des bois, spécialement celles qui indiquent la détresse. C'est ainsi qu'il contrefait le cri des moineaux et autres de cette taille, de manière à vous faire jurer que vous les entendez gémir sous la serre de l'épervier, et je soupçonne fort que ce n'est qu'une ruse de guerre pour attirer les voisins hors du bocage au secours de leur pauvre camarade. En maintes occasions, je l'ai surpris précisément lorsqu'il faisait entendre cette sorte de plainte, et bientôt, comme un trait, je le voyais s'élancer de sa branche dans un buisson d'où sortaient immédiatement les cris, cette fois trop réels, d'un oiseau qu'il avait pris. Sur les bords du Mississipi, j'en remarquai un qui, plusieurs jours de suite, vint régulièrement se poser tout au haut d'un grand arbre. De là, après avoir imité les cris de diverses espèces de passereaux, il piquait en bas, comme un faucon, les ailes ramenées près du corps, et rarement manquait-il d'atteindre l'objet de sa poursuite, après lequel il s'acharnait jusqu'au milieu des ronces et des broussailles. S'il revenait sans gibier, il remontait sur sa branche, et, d'une voix rauque et forte, exhalait son mécontentement en cris de colère. Chaque fois qu'il voulait frapper sa victime, il s'abattait sur son dos et l'attaquait à la tête, que je trouvais souvent fendue de part en part. — Quand elle n'est pas troublée, la pie-grièche déchire le corps par lambeaux, n'en laisse rien que les ailes et l'avale par gros quartiers, qu'elle n'a même qu'en partie plumés. Quelquefois elle poursuit à une distance considérable des oiseaux qui sont en plein vol : ainsi j'en vis une qui donnait la chasse à une tourterelle, et celle-ci, sur le point d'être prise, plongea vers le sol, où son crâne fut en un instant brisé. Mais aussi, l'instant d'après, l'une et l'autre étaient en ma possession.

Son courage, son activité et sa persévérance sont véritablement étonnants. J'ai su qu'en hiver, quand il y a pénurie d'insectes et que, dans les États de l'est, les oiseaux sont rares, elle entre dans les villes et attaque ceux qu'elle peut atteindre jusque dans leurs cages. Pendant mon séjour à Boston, on m'en apporta plusieurs qui avaient été prises dans des appartements où l'on gardait ainsi des canaris en cage, et chaque fois le petit favori avait été massacré. Près de la même ville, j'en observai une qui, pendant plusieurs minutes de suite, restait comme immobile sur ses ailes, à la manière d'un épervier; elle planait au-dessus d'herbes sèches et de joncs qui couvraient des marais salants, puis fondait subitement sur quelque petit oiseau qu'elle venait de voir y chercher un refuge.

Ses pieds sont petits et, en apparence, faibles ; mais elle est armée de griffes aiguës qui peuvent infliger de cruelles blessures au doigt ou à la main. Elle mord avec une grande opiniâtreté, et ordinairement ne lâche prise que lorsqu'on la serre à la gorge.

Son vol est vif, fort et soutenu; elle se meut, au travers des airs, en longues ondulations, de vingt à trente verges chacune, mais d'ordinaire ne s'élève pas très haut, si ce n'est pour gagner un bon point d'observation. Le plus souvent elle glisse au-dessus des broussailles, rapidement et en silence, par saccades de cinquante à cent verges; je n'en ai jamais vu marcher ni se promener par terre.

Elle est extrêmement friande de criquets, sauterelles et autres insectes, et elle mange de la chair d'oiseau chaque fois qu'elle peut s'en procurer. Les individus que j'ai tenus en cage me paraissaient beaucoup aimer les tranches de bœuf frais; mais ils restaient généralement tristes et taciturnes, et finissaient par mourir. Comme je n'en ai eu en captivité que l'hiver, alors qu'il n'y avait pas de coléoptères à leur donner, je n'ai pu m'assurer si, de même que les faucons, ils ont la faculté de dégorger les parties dures des animaux qu'ils ont avalés; mais je suis porté à croire qu'il en est ainsi. Quant à cette habitude qu'on leur prête d'empaler des insectes et des petits oiseaux sur des piquants d'arbre et des épines, j'avoue que c'est pour moi un vrai mystère, d'autant plus que je ne vois pas trop quelle en pourrait être l'utilité.

LA FÊTE DU 4 JUILLET

AU KENTUCKY.

Beargrass-Creek, l'un de ces délicieux cours d'eau qui arrosent les riches cultures du Kentucky, serpente sous les épais ombrages de superbes forêts de hêtres au milieu desquels sont dispersées diverses espèces de noyers, de chênes, d'ormes et de frênes qui le couvrent tout au long sur chacun de ses bords. C'est là, près de Louisville, que je fus témoin de la fête destinée à célébrer l'anniversaire de la glorieuse proclamation de notre indépendance. Au loin, dans l'ouest, les bois déployaient leur majestueux rideau de verdure, jusque vers les beaux rivages de l'Ohio; tandis que, vers l'est et le sud, leurs cimes ondoyaient par-dessus les campagnes aux pentes légèrement inclinées. Sur chaque lieu découvert apparaissait une plantation, souriant dans la pleine abondance d'une moisson d'été, et le fermier semblait rester en extase devant la magnificence d'un tel spectacle. Les arbres de ses vergers inclinaient leurs branches, comme impatients de rendre à leur mère, la terre, les fruits dont ils étaient chargés; nonchalamment étendus sur l'herbe, les troupeaux ruminaient à loisir, et la chaleur naturelle à la saison les invitait encore à s'abandonner plus complétement au repos.

Libre et franc de cœur, hardi, droit, et s'enorgueillissant de ses aïeux virginiens, le Kentuckyen a fait ses préparatifs pour célébrer, comme d'habitude, l'anniversaire de l'indépendance de son pays. On est sûr qu'aux environs ils sont tous d'un même accord : qu'est-il besoin d'invitation personnelle, là où chacun est toujours bien reçu de son voisin ; là où, depuis le gouverneur jusqu'au simple garçon de charrue, tout le monde se rencontre, l'allégresse dans l'âme et la joie sur le visage ?

C'était, en effet, un bien beau jour ! Le soleil étincelant montait dans le clair azur des cieux ; l'haleine caressante du zéphyr embaumait les alentours du parfum des fleurs ; les petits oiseaux modulaient leurs chants les plus doux sous l'ombrage, et des milliers d'insectes tourbillonnaient et dansaient dans les rayons du soleil ; fils et filles de la Colombie semblaient s'être réveillés plus jeunes ce matin-là. Depuis une semaine et plus, serviteurs et maîtres n'étaient occupés qu'à préparer une place convenable. On avait soigneusement coupé le taillis ; les basses branches des arbres avaient été élaguées, et l'on n'avait laissé que l'herbe, verdoyant et gai tapis pour le sylvestre pavillon. C'était à qui donnerait bœuf, jambon, venaison, poule d'Inde et autres volailles ; là se voyaient des bouteilles de toutes les boissons en usage dans la contrée ; la *belle rivière* (1) avait mis à contribution le peuple écaillé de ses ondes ; melons de toutes sortes, pêches, raisins et poires eussent

(1) C'est ce que signifie l'*Ohio*, en langage indien.

suffi pour approvisionner un marché; en un mot, le Kentucky, la terre de l'abondance, avait fait fête à ses enfants.

Un limpide ruisseau versait spontanément le tribut de ses eaux, et pour rafraîchir l'air on avait le souffle de la brise. Des colonnes de fumée montant des feux récemment allumés s'élevaient par-dessus les arbres; plus de cinquante cuisiniers allaient et venaient, vaquant à leurs importantes fonctions ; des garçons de toute espèce disposaient les plats, les verres et les bols à punch parmi les vases où petillait un vin généreux, et plus d'un baril, pour la foule, était rempli de la vieille liqueur du pays (1).

Cependant l'odeur des rôtis commence à parfumer l'air, et toutes les apparences annoncent l'attaque prochaine d'un de ces festins substantiels, tels qu'il en faut au vigoureux appétit de nos Américains des forêts. Chaque maître d'hôtel est à son poste, prêt à recevoir les joyeux groupes qui, dès ce moment, commencent à se montrer hors de l'enceinte obscure des bois.

Les belles jeunes filles, habillées tout en blanc, s'avancent, chacune sous la protection de son robuste amoureux, et les hennissements de leurs montures qui caracolent, indiquent combien elles sont fières de porter un si charmant fardeau. Le couple léger saute à terre, et l'on attache les chevaux en entortillant la bride autour d'une branche. Tandis que cette brillante jeunesse

(1) « *Old monongahela.* » Nom tout local pour indiquer quelque boisson propre à un canton, et très probablement d'origine indienne.

se dirige ainsi vers la fête, on dirait une procession de nymphes ou de divinités déguisées; les pères et les mères les couvrent d'un tendre regard, tout en suivant le joyeux cortége, et bientôt la pelouse n'est plus que vie et mouvement. — Attention! prenez garde à ce grand canon de bois relié de cercles de fer et bourré de poudre fabriquée à la maison; on y met le feu au moyen d'une longue traînée, il détone, et des milliers de hurrahs partant du cœur se mêlent à l'explosion retentissante. C'est maintenant au tour des savants : plus d'un noble et chaleureux discours vient chatouiller les oreilles de l'assemblée, qui accueille par d'unanimes applaudissements les bonnes intentions de l'orateur. Cela probablement ne vaut pas l'éloquence des Clay, des Everett, des Webster ou des Preston, mais sert du moins à rappeler au souvenir de tout Kentuckyen présent le nom glorieux, le patriotisme, le courage et la vertu de notre immortel Washington. Fifres et tambours sonnent la marche qui l'a toujours conduit à la gloire, et lorsqu'on entonne notre fameux « *Yankee-doodle* (1), » les mêmes acclamations recommencent.

Mais les maîtres d'hôtel ont prévenu l'assemblée que le festin est prêt. Les *belles* forment l'avant-garde et sont placées les premières autour des tables, qui gémissent sous de véritables monceaux des meilleures productions du pays. Près de chaque nymphe aux doux yeux se tient son *beau* aux petits soins qui, dans une

(1) Air national américain, mais très monotone à ce qu'il paraît, et peu fait pour exciter l'enthousiasme des Européens.

préférence, dans une œillade, épie la moindre occasion de lire son bonheur. Cependant les tas de viande diminuent, comme on peut le croire, sous l'action de tant d'agents de destruction; de nombreux toasts aux États-Unis sont portés et acceptés; de nouveaux *speechs* sont prononcés provoquant d'affectueux essais de réponse; les dames se retirent sous des tentes dressées non loin, et où elles sont conduites par leurs partners; puis ceux-ci reviennent à table, et le champ leur étant ainsi laissé libre, les cordiales santés reprennent à la ronde. Toutefois les Kentuckyens n'aiment guère à prolonger leurs repas, et quelques minutes suffisent pour les satisfaire. Après un petit nombre de visites au bol de punch, ils retournent joindre les dames, et la danse va commencer.

Cent jeunes beautés, sur double file, s'alignent autour de la pelouse, dans la partie ombragée des bois; çà et là de petits groupes attendent les bienheureux fredons de la ronde et du cotillon. Enfin la musique éclate! violons, cornets et clarinettes ont donné le signal, et toute cette foule, d'un mouvement gracieux, semble s'élancer dans les airs. Bientôt, au milieu des rangs, figure le costume pittoresque des chasseurs; leur tunique frangée saute en mesure avec les robes des dames, et les parents de l'un et de l'autre sexe tiennent le pas et se mêlent parmi leurs enfants. Pas un front où le contentement ne rayonne, pas un cœur qui ne tressaille de joie. Là ni orgueil, ni pompe, ni affectation; l'entrain gagne tout le monde, les esprits ne sont livrés qu'au plaisir; peines et soucis s'envolent avec le vent. Dans les intervalles de repos, on fait circuler toutes sortes de rafraîchissements, et pendant que les danseuses se contentent d'humecter leurs lèvres de l'agréable jus du melon, le chasseur du Kentucky étanche sa soif par d'amples rasades de punch convenablement tempéré.

Que n'étiez-vous avec moi, cher lecteur, pour prendre votre bonne part du champêtre spectacle de cette fête nationale! Avec quel plaisir n'eussiez-vous pas entendu, là, le babil ingénu des amoureux; ici, les graves dissertations des anciens sur les affaires de l'État; ailleurs, l'entretien de braves laboureurs s'occupant d'améliorations apportées aux instruments et ustensiles d'agriculture, et toutes les voix enfin, confondues dans un même vœu, ne demandant qu'une continuation de prospérité pour le pays en général et pour le Kentucky en particulier! Vous eussiez aimé à voir ceux que n'avait pas attirés la danse, s'essayant de loin au tir de leurs pesantes carabines; d'autres, fiers de montrer à la course la supériorité de leurs fameux chevaux de Virginie; ceux-ci, racontant des exploits de chasse et par moments faisant retentir les bois de leurs bruyants éclats de rire. Pour moi, le temps passait rapide comme une flèche dans son vol. Plus de vingt ans se sont écoulés depuis que j'assistais à cette fête, et maintenant encore, à chaque anniversaire du 4 juillet, le seul souvenir de ce jour de joie me rafraîchit l'âme.

Mais hélas! le soleil décline, l'obscurité du soir commence à ramper sur la scène; dans les bois, de larges feux sont allumés projetant au loin, sur la pelouse foulée, les grandes ombres des arbres, vivantes colonnes, et se reflétant jusque sur les heureux groupes forcés de se séparer. Là-haut, à la voûte toujours limpide des cieux, commencent à scintiller les innombrables flambeaux de la nuit; on dirait que la nature elle-même sourit au bonheur de ses enfants. Enfin, le souper est servi, chacun y fait honneur, et alors il faut bien songer au départ. L'amant s'empresse de faire avancer le coursier de sa belle, le chasseur serre la main d'un camarade, on se réunit par groupes de parents et d'amis, et chaque famille regagne en paix sa demeure.

L'AIGLE DORÉ.

Vers le commencement de février 1833, pendant mon séjour à Boston, dans le Massachusetts, j'eus besoin fort heureusement de passer chez M. Greenwood, propriétaire du musée de cette ville, qui me dit avoir acheté un très bel aigle dont il désirait bien savoir le nom. Il me le fit voir, et dès que mon regard se fut arrêté sur son œil profond, audacieux et dur, je le reconnus sans peine pour appartenir à l'espèce dont j'entreprends de décrire ici les mœurs, et je résolus d'en obtenir la possession. En conséquence, je demandai à M. Greenwood s'il consentirait à me céder le noble oiseau, et ce gentleman, avec une obligeance parfaite, s'empressa d'acquiescer à mon désir, s'en remettant même complétement à moi pour le prix, que je fixai à notre mutuelle satisfaction. Voici de quelle manière avait été fait ce royal prisonnier : L'homme de qui je l'ai acheté, me dit le savant M. Greenwood, l'avait apporté sur le haut de sa charrette, dans la même cage où il est encore, et pendant que je le marchandais, il me raconta qu'il avait été pris dans une chausse-trape à renards, sur les montagnes Blanches du New-Hampshire. Un matin, la trape avait disparu; mais en cherchant bien, on la retrouva à plus d'un mille du lieu où elle avait été tendue. L'aigle n'y tenait que par l'une de ses griffes. Il avait pu s'échapper encore, en l'entraînant, plus de cent pas au travers des bois. Cependant on finit, avec bien du mal, par s'en emparer; il y avait de cela déjà plusieurs jours.

L'aigle fut immédiatement transporté chez moi, et je l'affublai d'une couverture pour le sauver au moins, dans son malheur, des regards insultants de la foule. Je plaçai la cage de façon à ce que je pusse avoir une bonne vue du captif, et je dois confesser que, tandis que je considérais ses yeux remplis d'un superbe dédain, je ne me sentais peut-être pas pénétré, pour lui, de tous les sentiments généreux qu'il aurait dû m'inspirer. Cependant, j'avais presque envie parfois de le rendre à la liberté, pour qu'il pût revoler à ses montagnes natales. Que j'aurais eu de plaisir à le voir déployer ses vastes ailes et prendre son essor, là-haut, vers les rochers, sa sauvage retraite; mais alors, je ne sais quelle voix murmurait à mon oreille qu'il valait bien mieux profiter de l'occasion qui m'était donnée de faire le portrait du magnifique oiseau, et j'abandonnais mon premier désir, plus désintéressé, pour l'unique satisfaction, cher lecteur, de vous en offrir la ressemblance.

Le premier jour tout entier, je n'eus d'autre occupation que de l'observer dans ses mouvements; le suivant, je déterminai la position la plus favorable pour le représenter, et le troisième, je réfléchis aux moyens de lui ôter la vie avec le moins de souffrance possible. Je consultai là-dessus diverses personnes, et entre autres mon très digne et généreux ami George Parkman, esquire, qui avait l'obligeance de nous visiter chaque jour. Il proposa de l'asphyxier par la fumée de charbon de bois, de le tuer par une décharge électrique, etc., etc. Nous nous arrêtâmes au premier expédient, comme devant être probablement plus commode pour nous et moins douloureux pour le patient. Cette détermination prise, l'oiseau, toujours en cage, fut placé dans une toute petite pièce et hermétiquement enfermé sous des couvertures; puis, les portes et les fenêtres soigneusement bouchées, on apporta un réchaud plein de charbon allumé, et on retroussa les couvertures du bas de la cage. J'écoutais, m'attendant à tous moments à l'entendre tomber de sa perche; mais des heures s'écoulèrent, et rien n'annonçait le succès. J'ouvris la porte, enlevai les couvertures et plongeai mon regard au milieu d'une suffocante fumée : droit sur son bâton se tenait l'aigle, les yeux étincelants et fixés sur les miens, aussi vivant, aussi vigoureux que jamais! Sur-le-champ, je refermai toutes les ouvertures, me remis en sentinelle à la porte, et vers minuit, n'entendant pas le moindre bruit, je revins donner un coup d'œil à ma victime. Il semblait n'avoir pas plus de mal qu'auparavant, et cependant, mon fils et moi, nous ne pouvions déjà plus tenir dans le cabinet; et même, dans l'appartement voisin, la respiration commençait à devenir difficile. Je persévérai néanmoins et j'attendis en tout dix heures; enfin, voyant que la fumée de charbon ne produisait pas l'effet désiré, je me décidai à gagner mon lit, fatigué et très mécontent de moi.

Le lendemain, de bonne heure, j'essayai encore du charbon, auquel j'ajoutai quantité de soufre; mais, en quelques heures, nous étions tous chassés de la maison par des vapeurs étouffantes, tandis que lui, le noble oiseau, restait toujours debout, nous lançant des regards de défi, chaque fois que nous nous hasardions à approcher du lieu de son martyre. Quant aux applications internes, sa fière contenance nous les interdisait expressément. De guerre lasse, il me fallut en venir à un moyen auquel on n'a recours qu'à l'extrémité, mais qui est infaillible : je lui plongeai une longue pointe d'acier dans le cœur....., et il tomba, mon orgueilleux prisonnier, mort sur le coup, sans un mouvement, sans même qu'il se fût dérangé une seule de ses plumes.

J'employai presque la totalité d'un autre jour à l'esquisser, et je travaillai si assidument pour en achever le dessin, que cela faillit me coûter la vie : je fus subitement pris d'une affection spasmodique qui alarma beaucoup ma famille et m'abattit complétement pendant plusieurs jours. Mais, avec l'aide de Dieu et les soins continuels de mes excellents amis les docteurs Parkman, Shattuck et Warren, je fus bientôt rendu à la santé et remis en état de poursuivre mes travaux. Le dessin de cet aigle me prit quatorze jours ; jamais je n'avais travaillé de cette force, si ce n'est quand il s'était agi de représenter le dindon sauvage.

L'aigle doré ne quitte pas les États-Unis, mais on ne l'y rencontre que par hasard, et il est rare que la même personne en voie plus d'un couple ou deux par an, à moins qu'on n'habite soi-même les montagnes ou les vastes plaines qui s'étendent à leur base. J'en ai vu quelques-uns voler le long des rivages de l'Hudson, ou vers les plus hautes parties du Mississippi ; d'autres, sur les Alleghanys, et, une fois, deux ensemble dans l'État du Maine. Au Labrador, nous en aperçûmes un qui planait à quelques pieds seulement de la surface moussue d'affreux rochers.

Son aile est douée d'une grande puissance, sans avoir la rapidité de celle du faucon, ni même de l'aigle à tête blanche. Il ne peut pas, comme ce dernier, poursuivre et atteindre, à bout de vol, la proie qu'il convoite, et il est obligé de plonger d'une certaine hauteur à travers les airs, pour assurer le succès de son entreprise. Mais son œil perçant supplée bien à ce défaut, en lui permettant d'épier à une distance considérable les oiseaux dont il veut faire ses victimes ; et presque jamais il ne les manque, lorsqu'avec la rapidité de la foudre, il tombe sur le lieu où ils se croient si parfaitement cachés. Qu'il est beau à voir, quand il plane dans l'espace, se balançant lentement sur ses ailes, décrivant de larges cercles, superbe et majestueux, comme il convient au roi des oiseaux! Souvent il continue ainsi des heures entières, toujours avec la même grâce et sans la moindre apparence de lassitude.

Son nid est constamment placé sur le rebord inaccessible de quelque horrible précipice, et jamais, que je sache, sur un arbre. D'une grande étendue et tout plat, il se compose seulement de quelques branches sèches et d'épines, et parfois il est si peu garni, qu'on pourrait dire que les œufs reposent à nu sur le roc. Il y en a généralement deux, rarement trois, d'une longueur de trois pouces et demi, avec un diamètre de deux pouces et demi à l'endroit le plus large. La coquille est épaisse et lisse, comme irrégulièrement lavée de brun, surtout au gros bout. Ils sont pondus vers la fin de février ou le commencement de mars; je n'ai jamais vu de petits nouvellement éclos; mais je sais qu'ils ne quittent pas le nid avant d'être en état de se suffire à eux-mêmes. Et c'est alors que les parents les expulsent de leur demeure, et bientôt du canton qu'ils se sont assigné pour leur propre chasse. Un couple de ces oiseaux fit son nid, huit années de suite, sur les rochers des bords de l'Hudson, et toujours au penchant du même abîme.

Leur cri, dur et aigu, ressemble parfois à l'aboiement d'un chien; c'est ce qui se remarque surtout vers la saison des amours, où ils deviennent extrêmement querelleurs et turbulents; ils volent alors plus vite que d'habitude, se posent plus souvent et trahissent une humeur pétulante et acariâtre, qui s'apaise un peu lorsque les femelles ont pondu.

Ils peuvent résister plusieurs jours de suite sans prendre de nourriture, mais ils mangent goulument dès qu'ils en trouvent l'occasion. Jeunes faons, lièvres, dindons sauvages et autres gros oiseaux composent leur régime ordinaire. Ils ne dévorent la chair en putréfaction que lorsque la faim les presse, et jamais, sans cela, on n'en voit s'abattre sur la charogne. Ils ont bientôt fait de nettoyer la peau et d'arracher les plumes de leur victime, et ils avalent de gros morceaux souvent mêlés d'os et de poils qu'ensuite ils dégorgent. Musculeux, forts et hardis, ils sont capables de supporter, sans en souffrir, un froid extrême, et savent diriger leur vol au sein même des plus furieuses tempêtes. Une femelle complétement adulte pèse environ douze livres; le mâle, comme deux livres et demie de moins. Rarement ces oiseaux s'éloignent des lieux où ils ont établi leur domicile, et le mutuel attachement des deux individus d'un même couple semble durer pendant des années.

Ce n'est qu'à la quatrième saison qu'ils apparaissent dans toute la beauté de leur plumage; et je dois observer ici que l'aigle à queue rayée des auteurs n'est autre que le jeune de cette même espèce, sous la livrée de seconde et de troisième année. Les Indiens du nord-ouest recherchent avec passion les plumes de la queue de cet aigle, dont ils parent leur personne et leur attirail de guerre.

Je termine ce que j'avais à dire de ces oiseaux par une anecdote que raconte à leur sujet le docteur Rush, dans une de ses leçons traitant des effets de la peur sur l'homme. Durant la guerre de l'Indépendance, une compagnie de soldats se trouvait campée près des terrains montagneux de la rivière Hudson. Un aigle doré ayant placé son nid dans une crevasse, à moitié chemin entre le sommet des rochers et la rivière, un des soldats voulut s'y faire descendre par ses camarades, à l'aide d'une corde qu'ils lui avaient attachée autour du corps. Quand il fut en face du nid, il se vit soudainement attaqué par l'aigle, et alors, en légitime défense, il tira bravement le seul fer qu'il portât sur lui, je veux dire son couteau, et se mit à s'escrimer d'estoc et de taille contre l'assaillant. Mais en faisant ses passes, un coup mal dirigé trancha presque net la malheureuse corde qui commença à se détordre, à se détordre!... Si bien que ceux d'en haut n'eurent que le temps de le remonter, et l'arrachèrent à sa périlleuse situation juste au moment où il s'attendait à être précipité dans le gouffre. Mais, ajoute le docteur, l'effet de la peur avait été si grand sur ce soldat, que, moins de trois jours après, ses cheveux étaient devenus tout gris.

LA CHASSE AU DAIM.

Les différentes méthodes en usage pour détruire les daims ne sont que trop bien connues et pratiquées avec trop de succès aux États-Unis. Quelle que soit dans nos forêts et nos prairies l'abondance tout à fait extraordinaire de ces superbes animaux, on en fait un tel massacre, qu'avant une centaine d'années ils seront probablement aussi rares en Amérique, que la grande Outarde l'est maintenant en Angleterre.

Cette chasse se pratique de trois manières qui n'offrent que quelques légères différences, suivant les États et les districts : la première, que l'on peut appeler la *chasse au repos* (*still hunting*), est de beaucoup la plus destructive ; l'autre, la chasse à la *torche*, vient après celle-ci pour ses effets meurtriers ; la troisième, qui peut n'être considérée que comme un simple amusement, est connue sous le nom de la chasse à *courre*. Ce n'est pas qu'elle ne cause encore la ruine de beaucoup de gibier ; mais, à aucun égard, elle ne lui est aussi funeste que les deux autres. Je vais reprendre et décrire séparément chacune de ces trois méthodes.

La *chasse au repos* est considérée comme un métier par nombre d'hommes de nos frontières. Pour être pratiquée avec succès, elle réclame une grande activité, une adresse consommée dans l'usage de la carabine, et une connaissance approfondie de tous les réduits de la forêt. Ajoutons qu'il faut que le chasseur soit parfaitement au courant de chaque habitude du daim, non-seulement aux diverses saisons de l'année, mais encore à chaque heure du jour, pour savoir exactement quelles sont les différentes remises que le gibier préfère, et dans lesquelles, à tout moment, on a le plus de chance de le rencontrer. Ce serait ici le lieu de décrire avec détail les mœurs de ces animaux, si je n'avais l'intention d'en faire plus tard l'objet d'un travail spécial, traitant des observations que j'ai pu recueillir moi-même sur les nombreuses variétés de quadrupèdes qui peuplent notre immense territoire.

Toute scène pour frapper a besoin d'être présentée, s'il est possible, en pleine lumière ; je supposerai donc que nous sommes maintenant sur les pas de notre chasseur, du *vrai* chasseur, comme on l'appelle aussi, et que nous le suivons au plus fourré des bois, à travers les marécages, les précipices, et là partout où le gibier peut se rencontrer plus ou moins abondant, au risque quelquefois de n'y rien trouver du tout. Le chasseur, cela va sans dire, est doué de toute l'agilité, de toute la patience, de toute la vigilance enfin qu'exige sa délicate profession ; et nous, nous marchons à l'arrière-garde, épiant chacune de ses manœuvres, ne perdant aucun de ses mouvements.

Son équipement, comme vous pouvez le voir, consiste en une sorte de blouse de cuir, avec pantalon à l'avenant ; ses pieds sont chaussés de mocassins solides ; une ceinture lui relie les reins, sa pesante carabine repose sur sa large épaule; à l'un de ses côtés pend son sac à balles surmonté de la corne d'un vieux buffle, autrefois la terreur du troupeau et qui sert maintenant à mettre une livre de poudre de chasse superfine. C'est là aussi qu'il a fourré son grand couteau; il n'a pas même oublié son tomahawck, dont le manche est passé, derrière lui, dans sa ceinture; et il marche d'un tel pas, que peu d'hommes probablement, si ce n'est vous et moi, pourraient le suivre; mais nous avons résolu d'être témoins de ses sanglants exploits, et d'ailleurs le voilà qui s'arrête; il examine sa pierre à fusil, son amorce, la pièce de cuir qui recouvre sa platine; puis il regarde en haut, il s'oriente et cherche à reconnaître dans quelle direction il fera le meilleur pour le gibier.

Le ciel est clair, le vif éclat du soleil levant rayonne à travers les basses branches des arbres; les gouttes de rosée, perles liquides, scintillent à l'extrémité de chaque rameau. Déjà la couleur émeraude du feuillage a fait place aux teintes plus chaudes des mois d'automne; une légère couche de gelée blanche recouvre les barreaux qui enclosent le petit champ de blé du chasseur, et lui, tout en marchant, a les yeux sur les feuilles mortes qui jonchent à ses pieds la terre; il y cherche les traces bien connues du sabot de quelque daim. Maintenant, il se baisse vers le sol où quelque chose vient d'attirer son attention..... Regardez, il change d'allure, hâte le pas; bientôt il atteindra, là-bas, cette petite montagne. A présent, comme il marche avec précaution, faisant halte à chaque arbre, jetant les yeux en avant, comme s'il était déjà à portée du gibier. Il avance encore, mais lentement, lentement; enfin, le voilà sur le penchant de cette éminence qu'éclaire le soleil dans toute la pompe de son réveil.... Voyez, voyez, il prend son fusil, découvre la platine, nettoie avec sa langue le tranchant de la pierre; maintenant il se tient debout et fixe comme une statue; peut-être mesure-t-il la distance entre lui et le gibier qu'il couve de l'œil; puis sa carabine se relève tout doucement, le coup part, et le voilà qui court! courons aussi... Lui parlerai-je, pour lui demander comment a réussi son début? Certes oui, car c'est une de mes vieilles connaissances.

«Eh bien! l'ami, qu'avons-nous tué? (lui dire : qu'avons-nous tiré? ce serait supposer qu'il a pu manquer, et risquer de le mettre en colère) — Ah! pas grand'-chose, un daim. — Et où est-il? — Ah! il a voulu faire encore un ou deux sauts; mais il n'est pas loin, je l'ai trop bien touché; ma balle a dû lui traverser le cœur.»

Nous arrivons au lieu où l'animal s'était mollement couché parmi les herbes, sous un bosquet de vignes d'où pendent les grappes enlacées aux branches du sumac et des sapins touffus. C'est là que, dans un doux repos, il espérait passer le milieu du jour! La place est couverte de sang, ses sabots se sont profondément enfoncés dans le sol, lorsqu'il bondissait dans l'agonie de la douleur. Mais le sang qui lui dégoutte du flanc trahit le chemin qu'il a pris. Enfin le voilà, gisant sur la terre, la langue pendante, les yeux éteints, sans mouvement, sans souffle.... il est mort! Alors le chasseur tire son couteau, lui tranche la gorge presque d'un seul coup, et s'apprête à le dépouiller. Pour cela, il le suspend à la branche d'un arbre, et bientôt l'opération est terminée ; puis il coupe les jambons, abandonnant le reste au loups et aux vautours, recharge son fusil, enveloppe la venaison dans la peau qu'il jette sur son épaule où il l'attache avec une courroie, et se remet en quête d'un nouveau gibier ; car il sait qu'il n'ira pas loin, sans en retrouver pour le moins autant.

Si la saison eût été chaude, c'est du côté de la montagne où l'ombre donne, que le chasseur aurait cherché les traces du daim. Au printemps, il nous eût conduits au plus épais d'un marécage couvert de roseaux, sur les bords de quelque lac solitaire où vous eussiez vu le daim plongé jusqu'au cou, pour échapper aux insupportables piqûres des cousins. Si l'hiver, au contraire, eût recouvert la terre de neige, il se serait dirigé vers les bois bas et humides que tapissent la mousse et le lichen dont les daims se nourrissent en cette saison, et qui parfois encroûtent les arbres jusqu'à plusieurs pieds de hauteur. En d'autre temps, il eût remarqué les endroits où l'animal, frottant ses cornes contre les branches des arbrisseaux, les débarrasse de leur enveloppe veloutée ; ceux où il a coutume de creuser la terre de ses pieds de devant ; ou bien, il l'eût attendu aux lieux où abondent le pommier sauvage et le plaqueminier (1) sous lesquels il s'arrête de préférence,

(1) *Persimon* (*Diospyros Virginiana*), ou plaqueminier de Virginie. C'est un arbre d'environ 60 pieds ; le fruit est jaune, rond, de la grosseur d'une pomme et assez succulent.

parce qu'il aime à mâcher leurs fruits. Au printemps, dès les premiers beaux jours, notre chasseur, imitant le bramement de la daine, parvient souvent ainsi à s'emparer de la mère avec son faon. D'autres fois, comme cela se pratique dans quelques tribus d'Indiens, il plante au bout d'un bâton une tête de daim convenablement préparée, et la promène en rampant, au-dessus des grandes herbes des prairies, si bien que le vrai daim, trompé par l'apparence, se laisse approcher à portée de fusil. Mais, cher lecteur, en voilà sans doute assez pour ce genre de chasse. Permettez-moi seulement d'ajouter que, soit d'une façon, soit d'une autre, c'est par milliers que les daims succombent chaque année. Très souvent on ne les tue que pour la peau, et l'on ne se soucie pas même des meilleurs morceaux, à moins que la faim ou la proximité de quelque marché n'engage le chasseur, comme nous venons de le voir, à emporter les jambons.

La chasse à la torche, ou, comme on l'appelle dans certaines contrées, la *lumière des forêts*, ne manque jamais de produire une forte impression sur celui qui pour la première fois en est témoin. La scène, par moments, revêt quelque chose de redoutable et de grandiose; elle jette dans l'âme une véritable frayeur, capable de paralyser, jusqu'à un certain point, les facultés du corps. Suivez-donc en effet, sans une sorte de frisson, le chasseur qui galoppe à travers l'inextricable épaisseur des bois, obligé vous-même de lancer votre cheval par-dessus des centaines de troncs énormes, tantôt vous trouvant enlacé par des lianes vagabondes et des vignes sauvages, tantôt vous débattant entre deux jeunes arbres tenaces, dont les branches, forcées par le passage de votre compagnon, se referment sur vous, ou reviennent vous fouetter le visage; sans compter tant et tant d'autres occasions de vous rompre le cou, par exemple, en tombant la tête la première au fond de quelque précipice recouvert de mousse! Mais je veux mettre de l'ordre dans ma description, et vous laisser juger par vous-même si cet amusement serait ou non de votre goût.

Le chasseur est rentré au campement ou à la maison; il s'est reposé, a fait un bon repas de son gibier, et maintenant il attend avec impatience le retour de la nuit. Il s'est procuré quantité de pommes de pin remplies de matière résineuse; il possède une vieille poêle à frire qui, Dieu le sait, a peut-être servi à sa grand' grand'mère, et où l'on mettra les pommes de pin, une fois allumées; les chevaux se tiennent à la porte tout sellés; enfin, lui-même il paraît avec sa carabine en bandoulière, s'élance sur un cheval, tandis que l'autre est monté par son fils ou un domestique portant la poêle et les pommes de pin, et l'on part en se dirigeant vers l'intérieur de la forêt. Arrivés sur le terrain où doit commencer la chasse, on bat le briquet, le feu jaillit, et bientôt le bois résineux pétille. L'individu qui porte la torche s'avance dans la direction jugée la plus favorable. La flamme illumine les objets rapprochés; mais au loin tout reste plongé dans une obscurité d'autant plus profonde; à ce moment, le chasseur gagne le front de bataille, et ne tarde pas à apercevoir devant lui deux points faiblement lumineux : ce sont les yeux d'un daim ou d'un loup qui réfléchissent l'éclat de la torche. L'animal ne bouge point ; et pour quelqu'un qui n'aurait pas l'habitude de cette chasse étrange, le flamboiement de ces yeux ferait naître l'idée d'un fantôme ou d'un lutin égaré parmi les bois, loin des lieux qu'il a coutume de hanter. Mais le chasseur, que rien n'intimide, s'en approche, et souvent d'assez près pour distinguer les formes ; il épaule sa carabine, il tire, et l'animal roule par terre ! Alors il descend de cheval, prend la peau ou d'autres parties les plus à sa convenance ; puis continue sa chasse presque toute la nuit, sinon même jusqu'à la pointe du jour, tuant ainsi quelquefois une dizaine de daims, quand il y fait bon. Ce genre de chasse devient fatal, non-seulement aux daims, mais encore aux loups, et, par aventure, à un vieux cheval ou à une vache qui se trouve rôdant dans la profondeur des bois.

A présent, lecteur, il vous faut enfourcher un coursier de Virginie, généreux et plein de feu. Votre fusil n'est-ce pas, est en bon état ?... Écoutez : le son de la corne et des cors retentit et se mêle aux aboiements d'une meute de chiens courants ! Vos amis vous attendent à l'ombre du feuillage où nous devons mener ensemble la chasse du daim au pied léger. On ne sent pas la distance, quand on savoure d'avance la joie de l'arrivée ; au galop donc à travers les bois, jusqu'à ce que nous trouvions certaine place bien connue où, sous la balle du chasseur, plus d'un daim superbe a mordu la poussière. Les *traqueurs* se sont déjà mis en quête ;

on les entend exciter les chiens de la voix. Allons ! les éperons dans le ventre de nos chevaux, ou nous serons trop tard à notre poste, et nous manquerons la première occasion d'arrêter au passage le gibier qui fuit. Plus vite, plus vite, la chasse est lancée ; le son du cor se rapproche et résonne de plus en plus fort ; hurrah ! hurrah ! ou nous resterons honteusement en arrière.

Enfin nous y voilà ; descendez, attachez votre cheval à cet arbre, placez-vous là, derrière ce peuplier jaune, et surtout, attention à ne pas me tuer. Le gibier vient à nous grand train ; je cours moi-même à mon poste, et la palme à qui, le premier, l'étendra roide mort !

Malheureusement pour lui, son pied a fait craquer une branche de bois sec, je l'entends, et les chiens le serrent de si près qu'il va passer à l'instant même..... Le voici : qu'il est beau, bondissant ainsi sur le sol, quelle noble tête, quel magnifique bois, quelle grâce dans chacun de ses mouvements, et comme il semble plein de confiance, s'en remettre à sa seule légèreté pour son salut ! Hélas ! vain espoir : un coup part, l'animal se baisse ; il s'élance d'une vitesse incomparable, il vole ; mais en passant devant une autre embuscade, un second coup mieux ajusté le couche par terre. Chiens, domestiques et cavaliers se ruent sur le terrain ; on félicite le chasseur de son adresse ou de sa chance, et la chasse repart, pour recommencer dans quelque autre partie de la forêt.

LA GRIVE ROUSSE.

Lecteur, regardez avec attention la planche qui est là, devant vos yeux, et dites si la scène que j'ai essayé de reproduire n'est pas faite pour inspirer l'intérêt et la pitié? Peut-on se vanter d'être sensible à la mélodie de nos bois, sans éprouver de la sympathie pour le généreux courage de ce mâle qui défend si fièrement son nid, et déploie toutes ses forces pour arracher sa femelle bien-aimée des replis du hideux serpent qui bientôt déjà l'a privée de la vie? Voyez : un autre mâle de la même espèce, répondant aux cris de détresse de son camarade, descend en toute hâte au secours des deux infortunés; le bec ouvert, il est prêt à porter au reptile un coup vengeur; ses yeux étincelants lancent la haine à son ennemi; un troisième est aux prises avec le serpent et lui déchire la peau tant qu'il peut. Ah! si l'alliance de ces nobles cœurs parvient à triompher, ne sera-ce pas une preuve de plus que l'innocence, bien qu'assiégée de périls, finit, avec l'aide de l'amitié, par s'en tirer à son honneur.

Les deux oiseaux, dans le cas actuellement représenté, ont eu déjà grandement à souffrir : leur nid est sens dessus dessous, la couvée perdue et la vie de la femelle dans un danger imminent. Cependant le serpent succombe, il est vaincu, et sur son cadavre une volée de grives et d'autres oiseaux célèbrent un véritable jubilé et font retentir les bois de leurs chants de victoire. — Moi-même, présent à cette scène, je fus assez heureux pour contribuer, de ma part, à la joie générale : ayant tenu pendant quelques minutes, dans ma main, la pauvre femelle sur le point d'expirer, je la vis par degrés revenir à elle, et pus la rendre à la tendresse de son mâle désolé.

La grive rousse ou *batteuse*, nom sous lequel elle est aussi généralement connue, peut être considérée comme résidant constamment aux États-Unis; c'est ainsi que, toute l'année, on en trouve de répandues, en nombre immense, dans la Louisiane, les Florides, les Carolines et la Géorgie. Cependant, quelques-unes passent l'hiver dans la Virginie et le Maryland. Au printemps et en été, on les rencontre dans tous nos États de l'est; il en entre aussi dans les provinces anglaises, et quelques-unes même dans la Nouvelle-Écosse; mais je n'en ai jamais vu plus au nord. Si l'on en excepte le robin ou grive émigrante, c'est l'espèce la plus nombreuse dans l'Union. Celles qui nichent dans les districts du centre ou de l'est, retournent au sud vers le commencement d'octobre, et restent ainsi absentes, six mois entiers, des lieux qui les ont vues naître; tandis que plus de la moitié des autres y demeurent durant toutes les saisons. Elles émigrent de jour, isolément, et ne s'assemblent jamais, quel que soit leur nombre. Elles volent bas, en sautillant de buisson en buisson; leur plus long essor dépasse rarement la largeur d'un champ ou d'une rivière; elles semblent se mouvoir pesamment à cause de la brièveté de leurs ailes dont la concavité produit ordinairement un bruit sourd. Du reste, elles voyagent dans le plus grand silence.

L'oiseau n'a pas plutôt regagné le domicile de son choix, qu'au premier beau matin le voilà perché sur la branche la plus élevée d'un arbre détaché, d'où il fait éclater sa voix sonore, si richement variée, et d'une si haute mélodie. Il n'est pas naturellement doué pour l'imitation, mais c'est un exécuteur de premier ordre; et bien qu'il chante parfois des heures de suite, rarement, pour ne pas dire jamais, commet-il une erreur en répétant ces belles leçons qu'il a apprises de la nature, de la nature que seule il étudie, tant que durent le printemps et l'été. Ah! lecteur, que je voudrais vous répéter aussi ces cadences si pleines de charme et d'harmonie, dont chaque trille vient mourir à votre oreille, doux comme la chanson d'une mère qui berce son petit enfant; que ne puis-je imiter ces notes si hautes qui ne le cèdent qu'à celles de cet autre musicien des forêts, l'oiseau moqueur, dont le gosier n'a point de rival! Mais hélas! il m'est impossible de vous rendre la beauté de ce plain-chant; allez vous-même au milieu des bois, et là, écoutez-le. —Dans les districts du sud, de temps à autre, vous l'entendrez égayer les jours calmes de l'automne; mais, en général, il reste sans voix après la saison des œufs.

La manière d'être de cet oiseau, à l'époque où il prélude aux amours, est très curieuse. Souvent le mâle se pavane devant la femelle, en traînant sa queue sur la terre, et faisant le beau autour d'elle, à la manière de quelques pigeons. Quand il se pose et chante en sa présence, tout son corps s'agite avec passion. Dans la Louisiane, ils commencent l'un et l'autre à bâtir leur nid dès les premiers jours de mars; dans les districts du centre, rarement avant le milieu de mai; tandis que dans le Maine c'est à peine s'il est fini avant le mois de juin. Il est placé, sans beaucoup de soin, dans un buisson de ronces, un sumac ou la partie la plus fourrée de quelque arbrisseau; jamais dans l'intérieur de la forêt; mais le plus communément, sur ces coins de terre abandonnés et couverts d'épines qu'on rencontre partout le long des clôtures ou des vieux champs en friche. Quelquefois il est tout à plat par terre. Cette espèce est abondante dans les landes du Kentucky, lieux incultes au milieu desquels elle semble se plaire; néanmoins, on l'y voit rarement nicher. Dans les États du sud, le nid se trouve souvent tout près de la maison du planteur, côte à côte avec celui de l'oiseau moqueur. A l'est, où le grand nombre des habitants rend l'oiseau plus craintif, il le cache avec plus de précaution; mais dans tous les cas il est large, composé extérieurement de petites branches sèches, de ronces et autres matériaux semblables entrecroisés et matelassés de feuilles mortes et de grosses herbes, le tout doublé d'une épaisse couche de racines fibreuses, de crins et quelquefois de chiffons et de plumes. Il contient de quatre à six œufs, d'un blanc gris sale, piquetés de nombreuses taches de brun. Au sud, il y a d'ordinaire deux couvées par an, mais rarement plus d'une dans les États du centre et du nord.

Cette grive niche en volière et devient tout à fait traitable, même dans un état plus restreint de captivité. On l'élève de la même manière et avec la même nourriture que l'oiseau moqueur. Elle chante bien aussi en cage et a beaucoup des mouvements de ce dernier. Elle est active, pétulante et, dans sa rancune, ne se fait pas faute d'appliquer un bon coup de bec sur la main qui se hasarde à l'approcher. C'est en automne que les jeunes commencent leur éducation musicale, — Paganini lui-même ne fit jamais preuve de plus de patience ni de plus d'ardeur, — et le printemps suivant, le plein pouvoir de leur gorge est développé.

Mon ami Bachman ayant élevé plusieurs de ces oiseaux, a bien voulu me communiquer, à leur sujet, les détails suivants. Ils se montrent assez bien disposés envers la personne qui les nourrit, mais restent toujours sauvages vis-à-vis toute autre espèce d'oiseaux. Un soir, dit-il, je mis trois moineaux dans la cage d'une de ces grives, et le lendemain matin je les trouvai tués et, qui plus est, presque entièrement plumés. Cependant cette même grive était si douce et si gentille pour moi, que quand j'ouvrais sa cage, elle me suivait au travers du verger et du jardin. Dès qu'elle me voyait prendre une bêche ou une houe, elle s'attachait à mes talons, et, pendant que je retournais la terre, saisissait adroitement, de la pointe de son bec, les vers et les insectes que je mettais à découvert. Je la gardai trois ans, et c'est son affection pour moi qui finit par lui coûter la vie. Elle avait l'habitude de dormir sur le dos de ma chaise, dans mon cabinet. Une nuit que, par mégarde, la porte avait été laissée ouverte, un chat s'y introduisit et l'étrangla. — Autrefois, dans l'État de New-York, j'ai vu de ces oiseaux rester toute l'année, quand l'hiver n'était pas rigoureux.

Dans toute l'espèce des grives, il n'y a pas, aux États-Unis, d'oiseau plus fort que la grive rousse. Ni le robin, ni le moqueur ne peuvent lutter avec elle. Comme le premier, elle met en fuite le chat et le chien et harcelle le raton et le renard ; elle poursuit le faucon de Cooper, l'autour, et même les provoque ; et il est peu de serpents qui puissent attaquer son nid avec succès. Il est remarquable aussi que, bien que ces oiseaux aient entre eux de fréquentes et rudes batailles, cependant, au premier signal d'alarme donné par l'un d'eux, ils se précipitent tous pour l'aider à chasser l'ennemi commun. S'il arrive que deux nids se trouvent placés l'un auprès de l'autre, on voit les mâles se livrer de furieux combats auxquels prennent part les femelles. Dans de telles rencontres, les mâles s'approchent l'un de l'autre avec de grandes précautions; ils étalent, élèvent et soudain rabaissent leur longue queue en éventail; ils en fouettent l'air de côté et d'autre, puis s'aplatissent contre terre en poussant un petit cri de défi, jusqu'à ce que l'un des deux, profitant de quelque avantage de position ou de telle autre circonstance, s'élance le premier à la charge. La lutte, une fois franchement engagée, ne finit d'habitude que quand l'un a bien battu l'autre; après quoi, le vaincu essaie rarement d'une revanche et la paix est faite. Ils aiment beaucoup à se baigner et à faire la poudrette sur le sable des routes;

ils se plongent dans de petites flaques d'eau sous les rayons du soleil, puis gagnent les sentiers sablonneux où ils se roulent, sèchent leur plumage et se débarrassent des insectes qui les gênent. Quand on les trouble durant cette opération, ils se contentent de se cacher tout auprès, sous quelques broussailles, pour revenir aussitôt que l'on est passé.

Pendant que la femelle couve, vous entendez le mâle chanter, du haut d'un arbre voisin, des heures entières. Il monte jusqu'au sommet, en sautant de branche en branche, et choisit pour son théâtre quelque bosquet isolé qui ne s'élève pas à plus de cent pas du nid. Sa chanson finie, il plonge vers sa retraite favorite, sans se servir des branches pour descendre. Le mâle et la femelle couvent l'un après l'autre. Leur mutuel attachement, le courage qu'ils déploient pour la défense de leur nid, sont des faits bien connus des enfants de la campagne; ces oiseaux ne souffrent pas qu'on y porte la main; fût-ce même un homme, ils l'assaillent, en poussant un son guttural qui est très fort et imite la syllabe *tchai*, *tchai*, accompagnée d'un plaintif *weo weo*, qu'ils continuent jusqu'à ce que l'ennemi se retire. S'il emporte leur trésor, il est sûr d'être poursuivi bien loin, peut-être un demi-mille; les pauvres parents passent et repassent sans cesse devant lui et l'accablent de reproches qu'il a bien mérités.

La nourriture de cette grive, que l'on connaît aussi sous le nom de moqueur français (1), consiste en in-

(1) Buffon.

sectes, vers, baies et toutes sortes de fruits. Elle est friande de figues, et partout où il y a des poires, on est certain de la trouver. En hiver, elle se rabat sur les baies du cornouiller, du sumac et du houx, et monte jusqu'aux dernières branches des plus hauts arbres pour chercher du raisin. On en prend facilement aux trappes dans cette saison, et on en voit quantité sur les marchés du sud. Mais rarement les vieux oiseaux peuvent-ils vivre longtemps en captivité. Quelques planteurs se plaignent de l'habitude qu'ils ont de gratter la terre pour en arracher le blé nouvellement semé; quant à moi, je crois qu'ils n'en veulent qu'aux vers et aux larves du hanneton; du moins, leurs fortes jambes et leurs pieds semblent conformés pour cela. Disons qu'en général on les voit d'un bon œil, parce qu'ils commettent peu de dégât dans les moissons.

Ces grives, ainsi que le robin et quelques autres du même genre, souffrent beaucoup à la mue d'automne; et si alors elles sont en cage, elles perdent presque toutes leurs plumes qui ne sont entièrement poussées, chez les jeunes, que dans le courant du premier hiver.

L'AMATEUR DE PUTOIS.

Par un rude temps d'hiver, je me rendais de Louisville à Henderson dans le Kentucky, en compagnie d'un voyageur étranger à ces contrées, et que je désignerai par les initiales D. T. Tout en marchant, mon compagnon aperçut un joli petit animal marqué de noir et de jaune pâle, à queue longue et touffue. M. Audubon, me cria-t-il, n'est-ce pas un bel écureuil que je vois là-bas? Mais oui, lui répondis-je, et d'une espèce à se laisser approcher et mettre la main dessus... si vous l'avez bien gantée. — M. D. T. n'en demande pas davantage, descend de cheval, casse une baguette de bois sec, et pousse au joli petit animal, son large manteau flottant sur ses épaules au gré de la brise. Il me semble encore le voir s'approcher, et passer doucement son bâton en travers du corps de la bête, pour tâcher de l'amadouer et de la prendre. Non! jamais je ne rirai d'aussi bon cœur que lorsque je vis la complète déconfiture de mon pauvre camarade: le putois, car c'était bien un vrai putois, leva prestement sa belle queue touffue; et lui lacha une telle bordée de ce fluide dont la nature l'a pourvu pour sa défense, que mon ami, déconcerté et furieux, commença à malmener le pauvre animal. Heureusement pour celui-ci, son agilité sauva sa peau; mais tout en battant en retraite, il n'en continua pas moins d'envoyer, à chaque pas, des décharges dont l'efficacité et l'abondance achevèrent de convaincre son adversaire qu'à poursuivre des *écureuils* de cette espèce il ne pouvait y avoir ni agrément ni profit.

Ce n'était pas tout : quand il voulut revenir, ni moi ni mon cheval ne pûmes le souffrir auprès de nous; c'est à peine si son propre cheval l'endura sur son dos; de sorte qu'il nous fallut continuer notre route en deux bandes, et prendre grand soin de ne nous tenir jamais sous son vent. Mais l'aventure ne finit point encore là. Nous devions sous peu songer à un gîte, car déjà il s'en allait nuit, quand nous avions aperçu le putois, et maintenant la neige tombait en épais tourbillons et nous empêchait tout à fait d'avancer; force fut donc de nous contenter de la première cabane qui se rencontra. Ayant obtenu la permission d'y passer la nuit, nous mîmes pied à terre, et nous trouvâmes, en entrant, au beau milieu d'une troupe d'hommes et de femmes réunis pour ce que l'on appelle, dans nos contrées de l'ouest, l'opération du *corn-schucking* (1).

Mais tout le monde n'est pas tenu de savoir ce que c'est que l'opération du corn-schucking; un mot d'explication ne sera donc pas hors de propos.

Le blé, ou pour mieux dire le maïs, est recueilli dans son enveloppe; et pour cela, l'on se contente de détacher chaque gros épi de la tige. D'abord, et sur le ter-

(1) *Corn-schucking.* Effeuiller le maïs, comme on dit dans nos départements du Midi.

rain même où il est récolté, on fait des tas de ces épis; puis on les charrie dans la grange, à moins que, comme c'est en général le cas dans cette partie du Kentucky, on ne les mette simplement sous une espèce de hangar couvert de ces longues feuilles en forme de lance, qui pendent du chaume en courbes gracieuses et qui, lorsqu'elles sont arrachées et séchées, tiennent lieu de foin pour la nourriture des chevaux et du bétail. L'enveloppe consiste en quelques feuilles épaisses, plus longues que l'épi et qui le protégent. Maintenant, quand des mille boisseaux de blé sont ainsi ramassés en tas, on conçoit que ce n'est pas une petite besogne que d'éplucher l'épi. Aussi, et comme je l'ai dit, plus spécialement dans l'ouest, plusieurs familles de voisins conviennent-elles de se réunir alternativement sur les plantations les unes des autres, afin de s'entraider à le débarrasser de ces enveloppes, et à préparer le grain pour le marché ou les usages domestiques.

Les bonnes gens que nous rencontrâmes dans cette hospitalière demeure, partaient justement pour la grange (le fermier étant ici plutôt à son aise qu'autrement), afin d'y travailler jusque vers le milieu de la nuit. Lorsqu'on nous eut suffisamment considérés et examinés, sorte d'inspection qu'il faut que se résigne à subir tout nouveau venu, n'importe où, même dans un salon, nous pûmes enfin nous approcher du feu..... Pouah! quel régal pour les nez de l'honorable société : la fiente du putois que l'air froid du soir avait durcie et rendue inodore sur les habits de mon camarade, recouvra bientôt tout son parfum. Le manteau fut mis à la porte ; mais on n'en pouvait pas décemment faire autant de son infortuné propriétaire. Ce fut un sauve-qui-peut général ; il ne resta qu'un seul domestique blanc pour nous servir à souper.

Je me sentais moi-même un peu vexé en voyant la contrariété de mon honnête compagnon ; mais il avait trop d'esprit pour ne pas prendre bien la chose ; et il me dit simplement qu'il était très fâché d'être si ignorant en zoologie. Mais le brave bomme n'était pas novice seulement sous le rapport de la zoologie : tout frais débarqué d'Europe, il éprouvait plus que de la gêne dans cette mauvaise bicoque, à l'écart, loin de la grande route ; et si je l'en eusse cru, nous serions repartis, cette nuit même, pour ne nous arrêter que chez moi. Mais enfin, je parvins à le rassurer, en lui faisant comprendre qu'il n'avait réellement rien à craindre.

On nous montra notre lit. Ce fut encore une autre affaire ! Comme nous étions complétement étrangers l'un à l'autre, il eut d'abord bien du mal à se faire à l'idée qu'il lui fallait partager la même couverture avec moi. Mais après tout, finit-il par observer, cela n'en vaut que mieux ; et il me demanda la faveur de coucher au fond, comme devant, sans doute, y être moins en danger.

Debout à la pointe du jour, nous prîmes avec nous le manteau qui avait eu le temps de geler, et après une bonne nuit, passée cette fois chez moi, nous nous séparâmes.

Quelques années plus tard, dans de lointains pays, je revis mon camarade du Kentucky; et il m'assura que chaque fois que le soleil donnait sur son manteau, ou qu'on l'approchait du feu, l'odeur du putois revenait si insupportable qu'il avait été obligé de s'en défaire. Il l'avait donné à un pauvre moine en Italie.

L'animal connu vulgairement en Amérique sous le nom de putois est long environ d'un pied et demi, avec une queue touffue, bien fournie et presque aussi longue à elle seule que le reste du corps. Le pelage est généralement d'un brun noir, marqué d'une large tache blanche sur le derrière de la tête. Mais il y a de nombreuses variétés de couleur, et quelquefois les bandes blanches du derrière sont très apparentes. Le putois se creuse des trous, ou se fait une habitation sous terre, parmi les racines des arbres, quelquefois entre des rochers. Il se nourrit d'oiseaux, de jeunes lièvres, de rats, de souris et d'autres petits animaux, et commet d'affreux ravages au sein des poulaillers. Le caractère le plus singulier de cet animal est, comme nous l'avons remarqué, la faculté qu'il a de lancer pour sa défense, et cela à la distance de plusieurs mètres, un fluide d'une odeur exécrable contenu dans une poche sous la queue; mais il ne faut pas croire, comme on l'a prétendu, qu'il se serve de sa queue pour en asperger l'ennemi. Au moins ne le fait-il que lorsqu'il est par trop tourmenté et poussé à bout. On l'apprivoise facilement; et du reste, en lui enlevant les glandes, on prévient la sécrétion du malencontreux liquide. Grâce à cette précaution, il peut devenir très familier, et, pour la maison, remplacer parfaitement un chat.

L'OISEAU BLEU.

On rencontre ce charmant oiseau dans toutes les parties des États-Unis, que généralement il ne quitte en aucune saison. Il ajoute encore aux délices du printemps, et sa présence embellit même les jours de l'hiver. Plein d'une innocente gaieté, gazouillant sans cesse son doux ramage, aussi familier que puisse l'être un oiseau dans sa liberté native, il est sans contredit l'un des plus agréables parmi nos favoris des tribus emplumées. Le pur azur de son manteau, le magnifique éclat de sa gorge le font admirer tandis qu'il vole par les vergers et les jardins, qu'il traverse les champs et les prairies, ou qu'il s'en va sautillant le long des routes et des sentiers. Se rappelant la petite boîte qu'on a préparée pour lui, sur le toit de la maison, sur le faîte de la grange ou les pieux de la clôture, il y retourne continuellement, même pendant l'hiver, et ses visites sont toujours les bienvenues pour ceux qui ont appris à le connaître.

Quand revient le mois de mars, le mâle commence à faire sa cour, et témoigne, à l'objet de son choix, autant de tendresse et d'affection que la tourterelle même. Martinets et troglodytes (1), garde à vous! que l'on se

(1) *House wren* (*Troglodytes Aedon*, Vieill.). Dans l'Amérique du Nord, les habitants ont aussi coutume d'attirer cet oiseau au voisinage

tienne à une distance respectueuse, si l'on ne veut éprouver son courroux. Il n'est pas jusqu'au chat rusé qu'il ne harcelle de son cri plaintif, chaque fois qu'il le rencontre dans le sentier où il guette lui-même un insecte pour sa femelle.

Dans les Florides, l'oiseau bleu fait son nid dès le mois de janvier. A Charleston, il s'accouple dans le même mois, en Pensylvanie vers le milieu d'avril, et en juin seulement dans l'État du Maine. Il construit son nid dans la boîte qu'on lui a faite tout exprès, ou bien dans quelque creux à sa convenance. Quelquefois il prend possession des trous que les piverts ont abandonnés. Les œufs, au nombre de quatre à six, sont d'un bleu pâle; il y a souvent deux ou trois pontes par année. Tandis que la femelle couve sur les œufs de la seconde, le mâle a soin des petits de la première, et ainsi de suite.

La nourriture de ces oiseaux consiste en coléoptères, chenilles, araignées et insectes de différentes sortes qu'ils vont souvent chercher contre l'écorce des arbres. Ils aiment aussi les fruits mûrs, tels que figues, persimons (1) et raisins; et durant les mois d'automne, ils attrappent les sauterelles qui sont sur les tiges de la grande molène si commune dans les vieux terrains. Ils se plaisent particulièrement sur les champs nouvellement labourés, surtout en hiver ou au com-

de leur demeure, en lui élevant un abri qu'ils attachent au bout d'une perche.

(1) *Vide sup.*, p. 298.

mencement du printemps, et on les y voit en quête des insectes qui viennent d'être arrachés de leurs retraites par le tranchant de la charrue.

Le chant de l'oiseau bleu est un gazouillement doux et agréable qu'il répète souvent, tant que dure la saison des amours, l'accompagnant d'habitude d'un gracieux frémissement de ses ailes. Lorsque arrive l'époque des migrations, sa voix ne consiste plus qu'en quelques notes tendres et plaintives, qui indiquent peut-être la répugnance avec laquelle il contemple les approches de l'hiver. En novembre, la plupart des individus qui, pendant l'été, ont résidé dans les districts du nord et du centre, passent en volant haut dans les airs, et se dirigent vers le sud avec leurs familles, s'arrêtant de temps à autre pour chercher la nourriture et prendre quelque repos. Mais en hiver on en voit encore beaucoup, et ils ne quittent point les lieux où ils peuvent jouir, même en cette saison, de quelques beaux jours. C'est qu'ils ont toujours un vif attachement pour leurs anciennes demeures, et qu'avec la grande puissance de leur vol, il leur est facile de se transporter d'un canton à un autre, quand il leur plaît. Ils reviennent de bonne heure, dès février ou mars, et se montrent par troupes de huit à dix individus de l'un et de l'autre sexe. Alors, quand ils se posent, on entend les joyeuses chansons des mâles qui retentissent du haut des érables et des sassafras aux fleurs précoces.

En hiver, ils abondent dans tous les États du sud et spécialement dans les Florides, où j'en trouvais des centaines sur chaque plantation que je visitais. Ils deviennent plus rares dans le Maine, davantage encore dans la Nouvelle-Écosse. A Terre-Neuve et au Labrador, nous n'en vîmes aucun durant notre expédition.

Mon excellent et savant ami le docteur Richard Harlan, de Philadelphie, me dit qu'un jour, aux environs de cette ville, étant assis devant la maison d'un de ses amis, il s'amusait à observer un couple d'oiseaux bleus qui s'étaient installés dans un trou creusé spécialement pour eux, à l'extrémité de la corniche. Ils avaient des petits et déployaient la plus grande vigilance pour leur sûreté, à ce point qu'il n'était pas rare de les voir voler, et surtout le mâle, à la rencontre des personnes qui passaient dans le voisinage. Une poule, avec ses poussins, s'étant approchée trop près, la colère de l'oiseau bleu monta à un si haut degré que, nonobstant l'extrême disparité des forces, il se précipita sur elle, et continua de l'assaillir avec une telle violence, que la pauvre poule fut à la fin forcée de battre en retraite et de se réfugier sous un buisson assez éloigné. Quant au petit champion, il revint triomphant à son nid, où il chanta fièrement sa victoire. Les choses, cependant, prennent parfois une tout autre tournure ; et l'on se rappelle ce que j'ai dit précédemment des combats de l'oiseau bleu et du martinet pourpré.

Cette espèce m'a souvent remis en mémoire celle du robin rouge-gorge d'Europe qui, en effet, lui est assez semblable de forme et de mœurs. Comme l'oiseau bleu, le rouge-gorge a de grands yeux où se peint fréquemment et d'une manière très expressive le pouvoir de ses passions; comme lui aussi, il aime à descendre sur les dernières branches des arbres d'où, restant longtemps dans la même posture, il épie d'un œil furtif chaque objet au-dessous de lui. Puis, lorsqu'il a découvert un insecte ou un ver, il s'élance légèrement, le prend dans son bec, regarde encore aux environs, pour voir s'il n'en aperçoit pas d'autre, fait quelques petits sauts en inclinant son corps en bas, enfin s'arrête, se redresse, et se renvole sur sa branche, où de plus belle il entonne sa chanson. C'est peut-être après avoir remarqué quelques-uns des traits rappelant cette conformité d'habitudes dans les deux espèces, que les premiers colons du Massachusetts ont donné à notre oiseau le nom de robin bleu qu'il porte encore dans cet État.

Quant à moi, si j'étais maintenant pour établir une classification des oiseaux de notre pays, je ne serais pas éloigné d'assigner à l'oiseau bleu une place parmi les *Turdiens*.

MORT D'UN PIRATE.

Une nuit, par un délicieux clair de lune, j'étais en contemplation devant la beauté des cieux limpides et le puissant éclat de lumière que réfléchissait autour de moi la surface tremblante des eaux, lorsque je vis monter l'officier de quart, qui bientôt entra en conversation avec moi. Il avait fait autrefois une rude guerre aux tortues; de plus, il avait été un grand chasseur, et malgré son humble naissance et des prétentions modestes, l'énergie et le talent secondés par l'éducation l'avaient élevé à un poste plus convenable. Un tel homme ne pouvait manquer d'être un agréable compagnon. Nous parlâmes de divers sujets, et principalement, vous pouvez le croire, d'oiseaux et autres productions de la nature. Il me dit qu'une fois il avait eu une aventure très désagréable, en cherchant du gibier dans une certaine baie du golfe du Mexique. Je lui demandai de vouloir bien me la raconter, et sans se faire prier, il m'en rapporta les détails suivants. Je vous les transmets dans des termes qui ne seront peut-être pas exactement les siens; mais je tâcherai, du moins, qu'ils s'en rapprochent le plus possible.

« C'était vers le soir d'une paisible journée d'été; je me trouvais pagayant le long d'un rivage sablonneux qui me parut très convenable pour m'y reposer, au milieu des grandes herbes dont il était couvert; et comme le soleil n'était plus qu'à quelques degrés au-dessus de l'horizon, il me tardait de planter ma tente, ou plutôt mon filet contre les moustiques, et de passer la nuit dans ce désert. Les cris assourdissants de milliers de grenouilles mugissantes (1) que j'entendais

(1) *Bull-frog.* Grenouille mugissante (*Rana ocellata*, Lin.). La plus grande des espèces connues, puisqu'elle a souvent huit pouces de long. On compare son mugissement à celui du taureau ; d'où son nom. Ses sauts, sur un terrain uni, sont de six à huit pieds ; elle est si

dans un marais voisin, ne devaient que mieux y bercer mon sommeil; et des troupes de merles, que je voyais s'y rassembler, me promettaient des compagnons dont je n'avais rien à craindre, dans cette retraite, si loin de tous les regards.

Je remontais un petit ruisseau, pour mettre par précaution mon canot à couvert d'un grain subit, et j'avançais gaiement, lorsque tout à coup une belle yole s'offrit à ma vue. Surpris d'une telle rencontre dans ces parages à peine connus, je sentis comme un frisson me passer dans tous les membres; mon sang s'arrêta, la pagaie me tomba des mains, et ce ne fut pas sans une véritable épouvante, qu'en la ramassant je tournai la tête vers le bateau mystérieux. M'en étant lentement approché, il me sembla voir ses flancs marqués de taches de sang; oui, c'était bien du sang! Je jetai un regard plein d'anxiété par-dessus les plats-bords, et j'aperçus deux cadavres! Des pirates, j'en étais convaincu, ou des Indiens ennemis, avaient commis ce crime. Un sentiment d'horreur s'empara de moi, mon cœur battait, battait, puis restait comme glacé sous le poids d'une terreur inaccoutumée; et c'était avec consternation et désespoir que je regardais vers le soleil prêt à se coucher.

Combien de temps restai-je plongé dans mes sombres réflexions? Je ne puis le dire; seulement, ce que je me rappelle, c'est que j'en fus tiré par de sourds

vorace, qu'elle mange les jeunes canards, quoique défendus par leur mère.

gémissements qui, non loin de moi, annonçaient un homme à l'agonie. Une sueur froide me perçait de chaque pore; mais enfin je me dis que, quoique seul, j'étais bien armé, et qu'après tout je n'avais qu'à m'en remettre à la protection de la Providence.

L'humanité aussi, de sa douce voix, murmurait à mon oreille, que si je n'étais pas surpris et mis hors d'état de m'employer, je pourrais porter secours à quelque être souffrant, peut-être même contribuer à sauver une précieuse vie. Fort de cette pensée, je poussai mon canot sur le rivage, et le saisissant par la proue, d'un seul élan je le tirai bien haut parmi les herbes.

Les gémissements continuaient à me poursuivre, comme un glas funèbre, pendant que j'apprêtais et armais mon fusil. J'étais bien décidé à tuer le premier individu qui se lèverait d'entre les roseaux. En avançant avec précaution, je vis sortir au-dessus des touffes sauvages une main qui s'agitait d'une façon suppliante. J'ajustai environ un pied au-dessous; mais au même instant parurent, en se dressant convulsivement, la tête et la poitrine d'un homme tout ensanglanté, et j'entendis une voix rauque, mais défaillante, qui me demandait assistance et merci; puis le malheureux retomba sur la terre, et il y eut un silence de mort. Moi, je surveillais d'un œil attentif chaque objet aux alentours, et mes oreilles étaient ouvertes au moindre bruit; car ma situation, dans ce moment, me paraissait l'une des plus critiques de ma vie. Cependant les grenouilles coassaient toujours dans le marais, les derniers merles se perchaient sur les arbres, et je marchais, plein d'angoisse, vers l'objet inconnu de mes alarmes non moins que de ma pitié.

Hélas ! le pauvre être qui gisait à mes pieds était si affaibli par la perte de son sang, que je n'avais rien à redouter de lui. Mon premier mouvement fut de courir chercher de l'eau, et j'en rapportai mon chapeau rempli jusqu'aux bords. Je mis la main sur son cœur, baignai sa figure et sa poitrine, et lui frottai les tempes du contenu d'une fiole que j'avais sur moi comme un préservatif contre la morsure des serpents. Ses traits sillonnés par les ravages du temps étaient faits pour inspirer la crainte et le dégoût ; mais il avait dû être un puissant homme, à en juger par sa forte charpente et ses larges épaules. Il râlait affreusement, sa respiration restant embarrassée à travers la masse de sang qui lui encombrait la gorge. — Son équipement n'indiquait que trop son métier : il portait, caché dans son sein, un énorme pistolet; un grand couteau nu était près de lui par terre ; autour de sa tête, et sans couvrir ses gros sourcils, s'enroulait un foulard de soie rouge, et pardessus sa culotte lâche, il avait des bottes de pêcheur... en un mot, c'était un pirate !

Mes peines ne furent pas perdues ; car à force de baigner ses tempes, je le ranimai, son pouls reprit quelque vigueur, et je commençais à espérer que peut-être il pourrait survivre aux cruelles blessures qu'il avait reçues. Des ténèbres, de profondes ténèbres nous enveloppaient; je parlai de faire du feu. — Oh ! non, non, par grâce, s'écria-t-il. — Convaincu pourtant que dans les circonstances actuelles il m'était important d'en avoir, je le laissai, courus à son bateau et en rapportai le gouvernail, le banc et les rames, que j'eus bientôt mis en pièces avec ma hachette. Puis je donnai un coup de briquet, et nous nous trouvâmes éclairés par la lumière d'un feu brillant. Le pirate semblait combattu entre la terreur et sa reconnaissance pour mes bons soins. Plusieurs fois, dans un jargon moitié anglais, moitié espagnol, il me pria d'éteindre le feu; mais après que je lui eus fait avaler une gorgée d'un fort cordial, il finit par devenir plus tranquille. J'essayai d'étancher le sang qui coulait des larges plaies béantes à ses épaules et à son flanc, lui exprimant le regret de n'avoir rien pour lui donner à manger; mais au mot de nourriture, il branla la tête.

Ma position, je le répète, était l'une des plus extraordinaires où je me fusse jamais trouvé. Naturellement mes paroles se tournèrent vers des sujets religieux; mais hélas! le mourant croyait à peine à l'existence d'un Dieu. — Ami, me dit-il, car tu me sembles ami, je n'ai jamais étudié les voies de *celui* dont tu me parles; je suis un Out-Law (1); peut-être diras-tu bientôt un misérable; et depuis longues années je n'ai eu d'autre métier que celui de pirate. Les instructions de mes parents furent perdues pour moi; j'étais né, je l'ai toujours cru, pour faire un homme féroce. Me voilà maintenant gisant et près d'expirer sur ce tas de mau-

(1) *Out-law*. Hors la loi.

vaises herbes, pour avoir dans ma jeunesse méprisé leurs nombreuses réprimandes. — Tu vas frémir..... Vois-tu ces mains, à présent sans force? Eh bien! elles ont assassiné la mère qu'elles avaient tenue embrassée! Oui, je le sens, j'ai mérité les tortures de l'affreuse mort qui me menace; une chose me console, c'est qu'un seul être de mon espèce soit témoin de mes dernières convulsions.

Une douce mais faible espérance de pouvoir encore le sauver et lui aider à obtenir son pardon m'engagea à le presser sur le même sujet. — Non! tout cela est inutile; je ne cherche pas à lutter contre la mort.... du moins, les scélérats qui m'ont blessé ne se vanteront pas de m'avoir vaincu... Je n'ai besoin du pardon de *qui que ce soit*..., donnez-moi un peu d'eau, et laissez-moi mourir seul.

Dans l'intention d'apprendre de lui quelque chose qui pût mettre sur la voie pour arriver à la capture de ses coupables associés, je retournai chercher de l'eau à la crique, et en rapportai une seconde fois plein mon chapeau. Étant parvenu à l'introduire presque toute dans sa bouche desséchée, je le suppliai, au nom de sa paix future, de me raconter son histoire. C'est impossible, me répondit-il, je n'aurais pas le temps. Les battements de mon cœur me le disent : quand le jour reviendra, il y aura longtemps que ces jambes nerveuses seront sans mouvement; à peine me restera-t-il une goutte de sang dans le corps, et ce sang, à quoi va-t-il servir? tout bonnement à faire pousser l'herbe! Mes blessures sont mortelles; je mourrai, je veux mourir, sans ce que, vous autres, vous appelez confession.

La lune se levait dans l'est; sa beauté calme et majestueuse me pénétrait d'un saint respect. Je la montrai du doigt au pirate, lui demandant s'il ne reconnaissait pas là l'œuvre et l'image d'un Dieu? — Ah! je vois où tu veux en venir; toi, comme le reste de nos ennemis, tu n'as qu'un désir, c'est de nous exterminer jusqu'au dernier... Eh bien! soit; mourir, après tout, n'est pas si grand'chose; et je crois bien que, si ce n'était la souffrance, on n'y songerait même pas. Mais, en réalité, tu t'es montré mon ami, et je veux t'en dire tout ce qu'il est convenable que tu saches.

Espérant toujours que ses pensées pourraient prendre un tour salutaire, je baignai de nouveau ses tempes, et arrosai ses lèvres de spiritueux. Ses yeux enfoncés semblèrent darder du feu vers les miens; un lourd et profond soupir gonfla sa poitrine et s'efforça de se frayer un passage à travers sa gorge étouffée de sang. Il me pria de l'aider à se soulever un peu; ce que je fis, et alors il me raconta quelque chose comme ce qui suit; car, je vous l'ai déjà dit, son langage mêlé de français, d'anglais et d'espagnol, formait un jargon tel que je n'en avais jamais entendu, et que je suis tout à fait incapable d'imiter; mais au moins je puis vous donner la substance de sa déclaration.

—Dis-moi d'abord combien de cadavres tu as trouvés dans le bateau, et comment ils étaient vêtus. —Deux, lui répondis-je; et je lui décrivis leur habillement. — Très-bien! ce sont les corps des gueux qui me suivaient dans cette infernale barque de yankee (1). C'étaient tout de même d'audacieux coquins; car, voyant que pour leur bateau l'eau devenait trop basse, ils se sont lancés dedans à mes trousses. Tous mes camarades avaient été tués, et pour alléger mon propre bateau, je les jetais par-dessus le bord. Mais pendant que je perdais mon temps à cette maudite besogne, les deux brigands m'ont mis le grapin dessus; et m'ont frappé sur la tête et sur le corps de telle façon, qu'après que je les ai eu moi-même désemparés et tués dans le bateau, je me suis trouvé presque incapable de me mouvoir. Les autres scélérats de la bande avaient emmené notre schooner avec un de nos bateaux, et peut-être à cette heure ont-ils pendu tous ceux de mes compagnons qu'ils n'avaient pas d'abord massacrés... Bien des années, je l'ai commandé mon beau navire; j'ai pris bien des vaisseaux, et envoyé pas mal de coquins au diable... Toute ma vie je les ai haïs ces yankees, et mon seul regret est de n'en avoir pas tué davantage!... Je revenais de Mantanzas (2)...... en ai-je eu de ces aventures... et de l'or donc! sans compter; mais il est enfoui où personne ne le trouvera, et ça ne servirait à rien de te le dire. — Sa gorge se remplit de sang, sa parole faiblit, la main froide de la mort s'étendit

(1) *Yankee*, sorte de nom de mépris qu'on donne aux colons anglais de l'Amérique du Nord. C'est une imitation de la manière dont les noirs de la Virginie et quelques peuplades indiennes articulent le mot *english*, qu'ils prononcent *ianki*.

(2) Mantanzas, ou matanzas, est un port au nord-ouest de l'île de Cuba.

sur son front, et d'une voix éteinte et saccadée il murmura : Je suis un homme mort... bonsoir.

Hélas ! il est triste de voir la mort, sous quelque forme qu'elle se présente; mais ici c'était horrible, car ici c'était sans espoir. J'entendais le râle suprême de l'agonie, et déjà le corps retombait dans mes bras, si lourd, que je ne pouvais le supporter. Je l'étendis sur la terre; un flot de sang noir jaillit de sa bouche; puis ce fut un sourd et terrible gémissement, dernier soupir de cette âme coupable. Et maintenant, qu'avais-je là, gisant ainsi à mes pieds, dans le désert sauvage? Un cadavre déchiré, une inerte masse d'argile!

Vous vous imaginez facilement quelle nuit je dus passer. A l'aurore, je creusai un trou avec la pagaie de mon canot, j'y roulai le corps, et rejetai le sable par-dessus. En retournant au bateau, j'y trouvai des busards dévorant déjà les autres cadavres que j'essayai en vain de traîner sur le rivage. Tout ce que je pus faire, ce fut de les recouvrir de boue et d'herbes; puis, m'étant remis à flot, je m'éloignai de la baie, joyeux, au fond du cœur, d'avoir pu m'en échapper, mais l'âme encore oppressée d'un sentiment d'épouvante et d'horreur.

LE VAUTOUR NOIR.

Les mœurs de ce vautour se rapprochent tellement de celles du busard des dindons (*catharthes aura*), que je ne puis mieux faire que de consacrer cet article à la description de l'un et de l'autre. Et ici, cher lecteur, permettez-moi de vous présenter la copie d'un mémoire qu'il y a quelques années je publiai sur ce sujet, et qui fut lu, en ma présence, devant une nombreuse assemblée de membres de la Société wernérienne (1) d'histoire naturelle, à Édimbourg. Ai-je besoin de m'excuser pour avoir introduit ici des observations déjà anciennes, sur un point de discussion si intéressant et qui, depuis, a été plusieurs fois repris? Voici, du reste, en quoi elles consistaient.

Quand vous aurez vu, comme moi, le busard des dindons suivant de près et avec un soin pénible la lisière des forêts, explorant les sinuosités des criques et des rivières, planant au-dessus des vastes plaines, plongeant son œil perçant dans toutes les directions, aussi attentif que le fut jamais le plus noble faucon, pour découvrir où se cache, là-bas, la proie qui lui convient;

(1) Du nom de Werner, savant minéralogiste et géologue du dernier siècle.

lorsqu'ainsi que moi, vous l'aurez vu mainte et mainte fois passer au-dessus d'objets bien propres à exciter son vorace appétit, sans en avoir aucune connaissance, *parce qu'il ne les voit pas;* lorsqu'enfin vous aurez observé l'avide vautour, poussé par la faim ou plutôt par la famine, se précipitant comme le vent et descendant en cercles rapides, dès qu'une charogne a frappé ses regards: alors vous renoncerez à cette vieille croyance, si profondément enracinée, à savoir que cet oiseau possède la faculté de découvrir la proie, à une immense distance, par le moyen *de l'odorat.*

Cette puissance, cette finesse de l'odorat chez le vautour, je l'acceptai comme un fait dès ma jeunesse; j'avais lu cela, étant enfant, et bon nombre de théoriciens auxquels j'en parlai dans la suite, me répétèrent la même chose avec enthousiasme, d'autant plus qu'ils regardaient cette faculté comme un don extraordinaire de la nature. Mais j'avais déjà remarqué que la nature, quelque étonnante que fût sa bonté, n'avait pourtant point accordé à chacun plus qu'il ne lui était nécessaire, et que jamais le même individu n'était doué, à la fois, de deux sens portés à un très haut degré de perfection; en sorte que si ce vautour possédait un odorat si excellent, il ne devait pas avoir besoin d'une vue si perçante, et *vice versa.*

Après avoir vécu plusieurs années parmi ces vautours, du temps de mes courses à travers les États-Unis; après m'être assuré, par mille et mille observations, qu'ils ne me sentaient nullement quand j'approchais d'eux, caché par un arbre, même à quelques pas, tandis qu'au contraire, dès que, de cette distance ou de bien plus loin, je me montrais à eux, ils s'envolaient avec tous les signes de la plus vive frayeur, je dus enfin abandonner entièrement ma première idée, et je m'engageai dans une série d'expériences, ayant pour but de me démontrer, *à moi* du moins, jusqu'à quel point existait cette finesse d'odorat, et si même il était vrai qu'elle existât du tout. J'en consigne ici le résultat pour vous le communiquer; vous pourrez ainsi conclure vous-même, et juger combien de temps le monde a été abusé par les assertions d'hommes qui, avec leur air d'assurance, n'avaient jamais rien vu, en fait de vautour, que des peaux; ou qui s'étaient contentés des récits d'individus se souciant eux-mêmes fort peu d'observer la nature de près.

Première expérience. — Je me procurai une peau de daim entière jusqu'aux sabots, et je la bourrai consciencieusement d'herbe sèche, de façon à la remplir même plus que dans l'état naturel. Je laissai le tout sécher et devenir aussi dur que du vieux cuir; puis, je la fis porter dans le milieu d'un vaste champ, où on l'étendit sur le flanc, les jambes déjetées deçà et delà, comme si l'animal était mort et déjà en putréfaction. Alors je me retirai à environ cent mètres, et quelques minutes s'étaient à peine écoulées, qu'un vautour qui chassait autour du champ, à une assez grande distance, ayant aperçu la peau, vola directement vers elle et s'abattit à quelques pas. De suite je m'avançai, toujours caché par un gros arbre, jusqu'à une cinquantaine de mètres, d'où je pouvais parfaitement observer l'oiseau.

Il s'approcha de la peau, jeta sur elle un regard de méfiance, puis sauta dessus, leva la queue et se vida librement (ce que tous les oiseaux de proie, à l'état sauvage, font généralement avant de manger). D'abord, il s'en prit aux yeux qui étaient ici deux globes d'argile séchés, durcis et peints, et les attaqua l'un après l'autre, sans pourtant rien y faire que de les déranger un peu. Enfin, cette partie ayant été abandonnée, l'oiseau se porta sur l'autre extrémité du prétendu animal, et là, se donnant encore plus de mouvement, il parvint à déchirer les coutures et à tirer quelques poignées de fourrage et de foin. Mais, pour de la chair, il n'avait garde d'en trouver ni d'en sentir; et cependant il s'opiniâtrait à en découvrir, là où il n'y en avait pas la moindre trace. Après des efforts réitérés, tous sans profit, il se renvola, et s'étant remis à chasser aux environs du champ, je le vis soudain tournoyer, puis descendre et tuer un petit serpent *jarretière* (1) qu'à l'instant il avala. Après quoi, il se renleva encore, recommença à planer, passa et repassa plusieurs fois très bas, au-dessus de la peau bourrée, comme au désespoir d'abandonner un morceau de si bonne mine.

Ainsi, voilà un vautour qui, par le moyen de son sens si *extraordinaire* de l'odorat, n'est pas capable de découvrir qu'il n'y a, sous cette peau, ni chair fraîche, ni chair corrompue, et qui cependant, du premier coup d'œil et d'une distance considérable, peut apercevoir un serpent à peine gros comme le doigt, vivant

(1) *Garter snake* (*Coluber saurita*, Lin.).

et sans aucune odeur! Cela me donnait à réfléchir, et j'en conclus qu'à tout événement les facultés visuelles étaient chez lui bien supérieures à celles de l'odorat.

Deuxième expérience. — Je fis traîner, à quelque distance de ma maison, un porc qui venait de périr, et que l'on jeta dans un ravin profond d'une vingtaine de pieds, où le vent soufflait très fort, et qui était obscur, rempli de broussailles et de grands roseaux. C'est là que j'ordonnai à mes gens de cacher l'animal, en recourbant les roseaux par-dessus, et je l'y laissai deux jours, pensant bien que cela intriguerait busards, vautours noirs ou autres, et qu'ils viendraient voir ce que ce pouvait être.

On était alors au commencement de juillet, c'est-à-dire à une époque où, sous ces latitudes, un cadavre se corrompt et devient extrêmement fétide en très peu de temps. D'un moment à l'autre, je voyais des vautours cherchant la proie, passer par-dessus le champ et le ravin dans toutes les directions; mais aucun ne découvrit celle qui y était cachée, bien que, sur ces entrefaites, plusieurs chiens lui eussent rendu visite, et s'en fussent copieusement repus. Je voulus moi-même m'en approcher, mais l'odeur en était si insupportable à vingt pas à la ronde, que j'y renonçai; et les restes, tombant d'eux-mêmes en putréfaction, finirent par être entièrement détruits.

Alors je pris un jeune porc, et d'un coup de couteau dans la gorge le saignai sur la terre et l'herbe, à peu près à la même place; puis, l'ayant soigneusement recouvert de feuilles, j'attendis le résultat. Les vautours aperçurent la trace du sang frais, et, s'y étant abattus, la suivirent jusque dans le ravin où, par ce moyen, ils découvrirent l'animal qu'ils dévorèrent sous mes yeux, quoiqu'il n'eût point encore d'odeur.

Ce n'était pas assez, pour moi, de ces expériences cependant si décisives.

Ayant trouvé deux jeunes vautours de la taille de petits poulets, que le duvet recouvrait encore, et qui avaient plutôt l'air de quadrupèdes que d'oiseaux, je les emportai chez moi, les mis dans une grande cage, en vue de tout le monde, dans la cour, et me chargeai moi-même de leur donner à manger. Je les fournis abondamment de pics à tête rouge et de perroquets que je tuais en aussi grand nombre que je voulais, sur des mûriers où ils cherchaient leur nourriture, dans le voisinage immédiat de mes deux orphelins.

Ceux-ci les déchiraient par lambeaux, à grands coups de bec, et en les tenant sous leurs pieds. Au bout de quelques jours, ils étaient si bien habitués à mes visites, que lorsque j'approchais de leur cage, les mains pleines du gibier que je leur destinais, ils commençaient aussitôt à siffler et à gesticuler, presque à la manière des jeunes pigeons, et se présentaient mutuellement le bec, comme s'ils s'attendaient à recevoir la nourriture l'un de l'autre, ainsi qu'ils l'avaient reçue de leurs parents.

Deux semaines s'écoulèrent; les plumes noires paraissaient et le duvet diminuait. Je remarquais un accroissement extraordinaire des pattes et du bec; et es trouvant propres pour mes expériences, je fermai, avec des planches, trois des côtés de la cage, ne laissant que le devant garni de barreaux, pour qu'ils pussent voir au travers. Je nettoyai, lavai, sablai la cage afin d'enlever toute mauvaise odeur résultant de la chair corrompue qu'auparavant elle contenait; et sur-le-champ je cessai de me présenter par devant, comme j'avais coutume, lorsque je voulais leur donner à manger.

Je m'en approchais souvent nu-pieds; et je reconnus bientôt que quand je ne faisais pas de bruit, les jeunes oiseaux continuaient à rester droits, sans bouger et silencieux, jusqu'à ce que je me fusse montré par le devant de leur prison. Plusieurs fois il m'arriva de prendre un écureuil ou un lapin, de lui ouvrir le ventre, de l'attacher à une longue gaule, avec les entrailles pendant librement, et, dans cet état, de le placer par derrière leur cage; mais c'était en vain: ils ne sifflaient ni ne remuaient; tandis que quand je présentais le bout de la gaule au-devant de la cage, à peine avait-il paru par le coin, que mes oiseaux affamés sautaient contre les barreaux, sifflaient d'une furieuse manière et faisaient tous leurs efforts pour atteindre le morceau. Cela fut souvent répété avec de la viande soit fraîche, soit corrompue, mais toujours appropriée à leur goût.

Complétement satisfait, pour mon compte, je cessai ces expériences, et néanmoins continuai à nourrir les deux vautours jusqu'à leur entier développement. Alors je les lâchai à travers la cour de la cuisine, pour qu'ils pussent y ramasser tout ce qu'on leur jetterait; mais bientôt leur voracité causa leur mort: les petits cochons ne leur échappaient pas lorsqu'ils se trouvaient à leur portée; jeunes canards, dindons et poulets étaient pour eux une tentation si continuelle, que le cuisinier, ne pouvant veiller sur eux, les tua l'un et l'autre, pour mettre un terme à leurs déprédations.

Pendant que je tenais mes deux jeunes vautours en captivité, il se présenta, relativement à un vieil oiseau de la même espèce, un cas assez intéressant, et que je désire vous faire connaître.

Ce dernier, planant par hasard au-dessus de la cour, au moment où j'expérimentais avec ma perche et mes écureuils, aperçut la proie et s'abattit sur le toit d'un hangar, près de la maison; de là il descendit par terre, se dirigea tout droit vers la cage et s'efforça d'attraper la viande qu'il voyait dedans. Je m'approchai avec précaution, il recula un peu; mais quand je me retirai, il revint; et à chaque fois mes deux captifs manifestaient le plus vif empressement envers le nouveau venu. Je donnai l'ordre à quelques nègres de le pousser doucement vers l'étable et de tâcher de l'y faire entrer, mais il ne voulut pas. Enfin, après plusieurs tentatives, je parvins à l'enfermer dans cette partie de la *genièvrerie* (1) où l'on dépose les graines de coton; et là je le pris. Comme je le reconnus bientôt, le pauvre oiseau était devenu si maigre, que c'était uniquement à son état de misère que j'avais dû de pouvoir m'en emparer. Je le mis en cage avec les jeunes, qui, tous deux, commencèrent à sauter autour de lui et à lui faire accueil, en gesticulant de la façon la plus grotesque; mais le

(1) *Gin-house.*

vieux, tout déconcerté de se voir en prison, leur répondit à chacun par de grands coups de bec. Craignant qu'il ne les tuât, je les retirai d'avec lui et le rassasiai complétement. A force de jeûner, il avait pris un tel appétit, qu'il mangea trop et mourut étouffé.

J'aurais encore à citer beaucoup d'autres faits indiquant que le pouvoir olfactif dans ces oiseaux a été singulièrement exagéré, et que s'ils peuvent sentir à une certaine distance, ils peuvent aussi voir, et de beaucoup plus loin. Je demanderais à toute personne ayant observé les mœurs des oiseaux pourquoi, si les vautours sentent leur proie d'une telle distance, ils perdent tant de temps à la chercher, eux qui naturellement sont si paresseux que, lorsqu'ils ont trouvé de la nourriture dans quelque endroit, ils ne le quittent jamais, ne se déplaçant juste que de ce qu'il faut pour la prendre? Mais je vais entrer maintenant dans le détail de leurs mœurs, et vous découvrirez facilement d'où provient cette faculté si vantée qu'on leur attribue.

Les vautours vont par troupes et s'associent quelquefois au nombre de vingt, quarante et plus. Ainsi chassant de compagnie, ils volent en vue l'un de l'autre et couvrent une immense étendue de pays. Une troupe de vingt peut, sans peine, explorer une surface de deux milles; d'autant plus qu'ils s'en vont tournoyant en larges cercles, s'entrecoupant souvent l'un l'autre dans leurs lignes, et comme formant une longue chaîne dont les replis s'enroulent sur eux-mêmes. Les uns se tiennent haut, les autres bas; aucun recoin ne leur échappe, et dès que l'un d'eux, plus favorisé, découvre une proie, il se met à voler autour, et par l'impétuosité de ses mouvements en donne avis à son plus proche compagnon, qui le suit immédiatement et se voit lui-même successivement suivi par tous les autres. De cette manière, le plus éloigné du premier se précipite, comme le reste, en droite ligne, vers le lieu indiqué par la direction des autres ; et tous ils arrivent, sans s'écarter, par la même voie, en paraissant obéir à ce pouvoir extraordinaire de l'odorat qu'on leur accorde si faussement. Quand l'objet ainsi découvert est gros, récemment mort et revêtu d'une peau trop coriace pour pouvoir être entamé et dévoré, et lorsqu'il leur promet ample ripaille, ils vont s'établir autour et dans le voisinage. Perchés sur des rochers, sur de hauts sommets dénudés, ils sont facilement aperçus par d'autres vautours, lesquels, par habitude, connaissant ce que cela veut dire, se joignent à la première troupe, en se dirigeant aussi en droite ligne, et fournissent une nouvelle cause d'erreur aux personnes qui se contentent seulement des apparences. C'est ainsi que j'ai vu, près du cadavre d'un bœuf, des centaines de vautours assemblés, à la tombée de la nuit, quand au matin il n'y en avait que deux ou trois. Plusieurs des derniers venus, très probablement, avaient parcouru des centaines de milles en cherchant la nourriture pour eux-mêmes, et sans doute ils eussent dû chercher bien plus longtemps encore, s'ils n'avaient aperçu ce rassemblement.

Vautours noirs et busards des dindons restent également autour de la riche proie; quelques-uns viennent de temps en temps l'examiner, l'attaquent aux endroits les plus accessibles et attendent que la corruption l'ait entièrement envahie. Alors toute la bande se met à l'œuvre, offrant le dégoûtant tableau d'une horde affamée de cannibales; les plus forts chassent les plus faibles, et ceux-ci, à leur tour, harassent les autres avec toute la rancune et l'animosité d'un estomac contraint de demeurer à vide. On les voit sauter de dessus la carcasse, l'assaillir de nouveau, entrer dedans, s'y disputer des lambeaux déjà en partie engloutis par deux ou trois camarades, puis siffler avec fureur, et à chaque instant vider leurs narines des matières qui les encombrent et les empêchent de respirer; c'est pour cela seul, sans aucun doute, qu'ils les ont si grandes à l'extérieur.

Bientôt l'animal n'est plus qu'un squelette. Aucune partie ne semble trop dure; tout est déchiré, avalé, et il ne reste rien que des os bien nettoyés. Enfin, tous ces voraces restent là, gorgés et à peine capables de remuer les ailes. A ce moment, l'observateur peut approcher de la troupe sanguinaire, et voir les vautours mêlés à des chiens, qui eux ont réellement trouvé la proie par l'*odorat*. Mais les oiseaux ne se laissent pas facilement renvoyer; tout au plus les chiens, en grognant ou leur montrant les dents, peuvent-ils les faire s'enlever à quelques pieds. J'ai vu des busards travailler à un bout de la carcasse, tandis que les chiens déchiquetaient l'autre bout. Mais qu'il survienne un loup, ou mieux encore un couple d'aigles à tête blanche pourvus d'un suffisant appétit, et sur-le-champ place leur est faite, jusqu'à ce que leurs besoins soient satisfaits.

Le repas fini, les vautours gagnent graduellement les plus hautes branches des arbres voisins, et y restent jusqu'à complète digestion de tout ce qu'ils ont englouti. Seulement, de temps en temps ils ouvrent les ailes, soit à la brise, soit au soleil, pour se rafraîchir ou se réchauffer. Le voyageur peut passer au-dessous d'eux sans qu'ils y prennent garde ; ou, s'ils le remarquent, ils ne font que semblant de s'envoler, et l'instant d'après replient doucement leurs ailes, vous regardent passer, et ne se mettent en mouvement que lorsque de nouveau la faim les pousse. Cela dure souvent plus d'un jour ; ensuite on les voit partir les uns après les autres, et d'ordinaire seul à seul.

Alors ils montent à une immense hauteur, traçant avec autant de grâce que d'élégance des cercles variés, au travers des airs; parfois, ramenant légèrement leurs ailes, ils s'élancent obliquement avec une grande force, parcourent ainsi des centaines de verges, s'arrêtent, puis reprennent leur majestueux essor, s'élevant jusqu'à ne paraître plus que des points dans l'espace ; et on les voit s'éloigner définitivement, pour chercher ailleurs leurs moyens ordinaires de subsistance.

J'ai entendu dire, pour prouver que les busards sentent leur proie, que ces oiseaux ordinairement volent contre le vent ; quant à moi, je regarde comme certain qu'ils n'en agissent ainsi que parce qu'il leur est plus aisé de se soutenir au vent, quand ils en rencontrent un courant modéré, que lorsqu'ils volent devant lui. Mais j'ai vu si souvent ces oiseaux prendre chasse sous l'effort d'une violente brise, comme s'ils se jouaient avec elle, que l'un et l'autre cas n'est pour moi qu'un simple incident, déterminé par leurs plaisirs ou leurs besoins.

Ici je veux vous rapporter un de ces faits, curieux en soi, qu'ordinairement on attribue à l'*instinct*, mais que moi je ne puis considérer comme appartenant à un semblable mobile, parce qu'il me paraît toucher de trop près à la *raison;* et s'il me plaisait de lui donner ce dernier nom, vous ne me condamneriez pas, j'espère, avant d'avoir vous-même considéré le sujet sous un point de vue plus général.

Pendant une de ces fortes rafales qui, au commencement de l'été, se déchaînent si fréquemment dans la Louisiane, je vis une troupe de vautours accomplir une singulière manœuvre : assurément ils avaient deviné que le courant qui déchirait tout au-dessus d'eux, ne consistait qu'en une simple nappe d'air ; car ils s'élevèrent obliquement à l'encontre, avec une grande puissance, et glissant à travers l'impétueux tourbillon, parvinrent à le surmonter, pour reprendre, au-dessus de lui, leur course paisible et élégante.

On doit également remarquer, dans ces oiseaux, la faculté que leur a donnée la nature de discerner le moment où un animal blessé va mourir. Dès qu'ils en aperçoivent quelqu'un assailli par le malheur, ils s'attachent à lui, le suivent sans relâche, jusqu'à ce que, la vie l'ayant tout à fait abandonné, ils n'aient plus qu'à fondre sur leur proie. Un vieux cheval accablé de misère, un bœuf, un daim embourbé au bord du lac où le timide animal s'est enfoncé, pour échapper aux mouches et aux cousins si insupportables dans les chaleurs, sont un spectacle délicieux pour les busards qui déjà spéculent sur leur détresse. Ils descendent immédiatement, et si l'infortuné ne peut se remettre sur ses jambes, ils s'établissent autour de lui et se gorgent à loisir de sa chair. Ils font plus : ils guettent souvent le petit chevreau, l'agneau, le jeune cochon, au moment où il sort du ventre de la mère, et se jettent lâchement dessus avec une affreuse voracité. Eh bien ! ces mêmes oiseaux passeront souvent au-dessus d'un cheval bien portant, d'un porc ou d'un autre animal couché par terre, et se réchauffant immobile au soleil, comme s'il était mort, sans qu'ils changent pour cela leur vol le moins du monde ! Jugez, après cela, comme il faut qu'ils y voient bien !

Ils ont si souvent occasion de dévorer de jeunes animaux vivants, dans les environs des grandes plantations, que prétendre qu'ils n'en mangent jamais, ce serait absurde ; et cependant des écrivains européens n'ont pas craint, à ce qu'on m'a dit, de l'affirmer. Durant les terribles inondations du Mississipi, le courant charrie des corps d'animaux de toute espèce, noyés dans les basses terres, et qui flottent à la surface des eaux ; sur ces cadavres, on voit fréquemment des vautours se gorgeant aux dépens du colon, qui dans ces occasions perd souvent la majeure partie de son bétail errant. Mais, du reste, ils sont si poltrons et si couards, que le moindre de nos éperviers les chasse devant lui; et le petit roitelet se montre véritablement pour eux un tyran, lorsqu'il les rencontre, ces grands maraudeurs, flânant aux environs du nid dans lequel sa chère femelle est tout entière au soin de ses œufs. — L'aigle, s'il a faim, les poursuit et les a bientôt contraints de dégorger leur nourriture qu'ils abandonnent à sa disposition.

Nombre de ces oiseaux, accoutumés par les priviléges qu'on leur accorde, à demeurer aux environs des villes et des villages, dans nos États du Sud, les quittent rarement et pourraient être considérés comme formant une espèce à part, essentiellement différente, quant aux mœurs, de ceux qui résident continuellement loin des habitations. Habitués à ce qu'on les nourrisse, ils sont encore plus paresseux. Leur air de nonchalance rappelle celui du soldat en garnison à demi-solde. Tout mouvement leur est une fatigue, et rien qu'une extrême faim peut les faire descendre du toit de la cuisine dans la rue, ou suivre les tombereaux qu'on emploie à débarrasser les rues d'immondices; si ce n'est pourtant dans les lieux où, comme à Natchez, le nombre de ces parasites est si grand, que tous les rebuts de la ville qui se trouvent à leur portée ne peuvent leur suffire. Alors on les voit accompagner les charrettes des vidangeurs, sautillant, voletant, s'abattant autour tous à la fois, parmi des cochons qui grognent et des chiens hargneux, jusqu'à ce que le contenu ayant été déposé à destination, hors la ville, ils se jettent dessus et s'en régalent.

Je ne crois pas que les vautours ainsi attachés aux villes soient autant portés à se multiplier que ceux qui résident plus constamment dans les forêts; si j'en juge du moins par la diminution de leur nombre durant la saison des œufs, et par cette autre observation, que plusieurs individus bien connus de moi, à raison d'une *certaine tournure qui leur était particulière*, pour être positivement des *citadins*, ne quittaient en effet la ville en aucun temps, et ne nichaient jamais non plus. — Le vautour *aura* est beaucoup moins abondant que le vautour noir. Rarement en ai-je vu plus de vingt-cinq à trente ensemble, tandis que ceux-ci s'associent fréquemment par troupes de cent individus.

Le vautour *aura* vit plus retiré, et est plus enclin à se nourrir de gibier mort, serpents, lézards, grenouilles, comme aussi du poisson qu'on trouve rejeté sur les bancs de sable des rivières et des bords de la mer. Il est plus coquet dans sa tenue, plus propre et mieux fait que l'autre. Son vol est plus vif, plus élégant; quelques battements de ses larges ailes lui suffisent pour s'enlever de terre, et alors on le voit planer des milles entiers, en faisant un simple mouvement, tantôt d'un côté, tantôt de l'autre ; et c'est avec une telle lenteur qu'il incline et ramène sa queue pour changer de direction, qu'en le suivant longtemps des yeux, on serait tenté de le prendre pour une machine destinée à n'accomplir qu'un certain genre déterminé d'évolutions.

Le bruit que font ces vautours, en glissant obliquement du haut des airs vers la terre, rappelle celui de nos plus grands faucons, lorsqu'ils tombent sur leur proie. Mais quand ils approchent du sol, et n'en sont plus qu'à une centaine de mètres, ils ne manquent jamais de ralentir leur vol, pour passer et repasser en tournoyant, et bien examiner le lieu où ils vont descendre. — Le vautour *aura* supporte mal le froid; pendant les chaleurs de l'été, quelques-uns seulement poussent leurs excursions jusque dans les États du nord et du centre, et ils reviennent généralement à l'approche de l'hiver. Ils conservent un grand attachement pour certains arbres qu'ils ont choisis comme perchoirs; je crois même qu'ils franchissent des distances considérables pour y revenir tous les soirs. En se posant, chaque individu cherche à se faire une bonne place, et occasionne un trouble général; et souvent quand il fait nuit, on entend leurs sifflements, ce qui indique qu'ils se disputent à qui aura le dessus.

Ces arbres qu'ils préfèrent, situés généralement au milieu des marais profonds, sont principalement de grands cyprès morts. Cependant ils perchent fréquemment avec les vautours noirs, et alors c'est sur les plus gros tas de bois de charpente qu'on trouve amoncelé dans nos champs, et assez souvent non loin des maisons. Quelquefois aussi le vautour *aura* se perche tout près du tronc de quelque arbre bien garni de feuilles; et dans cette position, j'en ai tué plus d'un, en chassant au clair de lune, et les ayant pris pour des dindons.

Dans le Mississipi, la Louisiane, la Géorgie et la Caroline, ils se préparent à nicher dès le commencement de février; ce qui leur est commun avec la plupart des oiseaux du genre faucon. Maintenant va commencer l'acte le plus remarquable de toute leur existence. Ils s'assemblent par troupes de huit ou dix, mâles et femelles, se posent sur de grosses souches et manifestent le plus vif désir de se plaire mutuellement. Les mâles s'occupent à se choisir une compagne, et quand leur goût est fixé, chacun d'eux s'envole et enlève sa femelle loin des autres, pour ne plus se mêler ni s'associer avec le reste de la bande, du moins tant que leur future couvée ne sera pas en état de les suivre au milieu des airs. Depuis lors, et jusqu'au moment de l'incubation (environ deux semaines), on les voit constamment planer côte à côte.

Ces oiseaux ne bâtissent pas de nid, et cependant ils sont très attentifs à bien placer leurs *deux œufs :* au milieu des marais profonds, mais toujours au-dessus de la ligne des plus grandes eaux, ils cherchent quelque gros arbre creux, soit debout, soit à terre, et les œufs sont déposés sur la poussière qui provient, au dedans, de la destruction du bois, quelquefois immédiatement à l'entrée du trou, d'autres fois à plus de vingt pieds dans l'intérieur. Le père et la mère couvent à tour de rôle et se nourrissent l'un l'autre, ce que chacun d'eux fait en dégorgeant immédiatement devant celui qui est sur le nid, tout ou partie du contenu de son estomac. L'éclosion des petits demande trente-deux jours. Un épais duvet les recouvre complétement; à cette première période et pendant près de deux semaines, les parents les nourrissent en leur dégorgeant aussi, mais dans le bec, les aliments presque digérés, à la manière du pigeon commun. Cependant le duvet s'allonge, devient plus rare et d'une teinte plus foncée, à mesure que l'oiseau grandit. Au bout de trois semaines, les jeunes vautours paraissent gros pour leur âge, et pèsent plus d'une livre, mais ils sont extrêmement gauches et engourdis. Ils peuvent alors lever leurs ailes encore en partie recouvertes de gros tuyaux ; ils les traînent presque toujours par terre, et toute leur force se porte sur leurs longues jambes et sur leurs pieds.

Qu'un étranger ou un ennemi s'approche d'eux à ce moment, ils se mettent à siffler, et font comme un renard ou un chat qui s'étrangle ; puis ils se gonflent et sautent de côté et d'autre, aussi lestement qu'ils le peuvent. C'est également ce que font les parents, si on les inquiète tandis qu'ils couvent ; ils s'envolent seulement à quelques pas, et attendent le départ de celui qui les trouble, pour se remettre à leur devoir. Quand les jeunes sont devenus plus forts, le père et la mère se contentent de jeter la nourriture devant eux ; mais, malgré tout le mouvement qu'ils se donnent, ils parviennent rarement à pousser aux champs leur stupide progéniture.

Le nid devient si fétide avant que ceux-ci l'aient définitivement abandonné, que si l'on était contraint de demeurer auprès seulement une demi-heure, on courrait risque d'être suffoqué.

J'ai souvent entendu dire que le même couple n'abandonne jamais son premier nid, à moins qu'il n'ait été mis en pièces durant l'incubation. Mais ce fait, s'il était vrai, prouverait chez le vautour une constance d'affection dont je ne le crois pas capable. De même, je ne crois pas que l'appariage, tel que je l'ai décrit, se prolonge chaque saison plus longtemps qu'il n'est nécessaire à l'accomplissement du vœu de la nature. Autrement, on ne les verrait point s'attrouper comme ils font; mais ils iraient couple à couple, toute leur vie, ainsi que les aigles.

Les vautours n'ont pas, comme les faucons, le pouvoir d'enlever leur proie tout d'une pièce; ils n'emportent que les entrailles, et encore par lambeaux qui leur pendent du bec. S'il leur arrive alors d'être pourchassés par d'autres oiseaux, ce simple fardeau rend leur vol très lourd, et les force de reprendre terre presque immédiatement.

On pense assez généralement en Europe que les busards préférent la chair corrompue à toute autre; c'est une erreur : quelque viande que ce soit, pourvu qu'ils puissent la mettre en morceaux à l'aide de leur bec puissant, ils l'avalent aussitôt, fraîche ou non. Ce que j'ai dit de leur habitude de tuer et dévorer de jeunes animaux, le prouve suffisamment. Mais il arrive souvent que ces oiseaux sont forcés d'attendre jusqu'à ce que l'*enveloppe* de la proie puisse céder à l'effort de leurs mandibules. Je vis un jour le cadavre d'un grand alligator entouré de vautours, et la chair du monstre était presque entièrement décomposée, avant que les oiseaux eussent pu parvenir à entamer sa rude peau; de sorte que, quand l'attaque devint possible, ils restèrent tout désappointés, et furent obligés de renoncer à la curée, car le corps était presque complétement réduit à un état fluide.

LE MARCHAND DE SAVANNAH.

Je partis du petit port de Saint-Augustin dans la Floride orientale, le 5 mars 1832, sur le paquebot-schooner l'*Agnès*, à destination de Charleston. Le temps était beau et le vent favorable. Mais dans l'après-midi du second jour, des nuages sombres obscurcirent les cieux, et bientôt nos voiles, que ne gonflait plus aucun souffle, pendirent immobiles et retombèrent contre les mâts. On eût dit que la nature, à l'aspect menaçant, voulait prendre haleine et recueillir ses forces, pour infliger quelqu'un de ses terribles châtiments à l'homme coupable. Notre capitaine était un vieux marin plein d'expérience, et moi, je fixais alternativement ses yeux et les nuages encore distants : les uns, non moins que les autres, étaient noirs, fermes et déterminés. Ne conservant dès lors aucune crainte pour notre sûreté (le vaisseau était parfaitement solide, l'équipage jeune et actif), je résolus de rester sur le pont, pour être témoin de la scène qui se préparait. Les autres passagers s'étaient retirés dès que les nuages avaient paru s'approcher du vaisseau. Le capitaine parla au timonier ; en un clin d'œil, toutes les voiles furent ferlées, moins une dans laquelle on prit un ris (1) de si près, qu'elle n'avait plus

(1) *Prendre un ris*, c'est, en termes de marine, raccourcir la voile quand le vent est trop fort.

rien de sa première forme. Il était temps, car déjà la tempête fondait sur nous, balayant le vaisseau qu'elle couvrait d'écume et nous emportant avec furie. D'un instant à l'autre, elle redoublait de violence; et tout à bord était silencieux, tandis qu'en avant, svelte et intacte, glissait l'*Agnès* sur le blanc sommet des vagues. Je ne sais de quel train nous filions sous l'effort de l'ouragan, mais toujours est-il qu'au bout de quelques heures le ciel bleu avait reparu, et que nous jetions l'ancre à l'embouchure de la rivière Savannah.

En prenant terre, je présentai mes lettres de recommandation à un officier du génie qui était occupé à diriger la construction d'un fort. Il me reçut très civilement, m'invita à passer la nuit à son quartier et me promit que, dès le petit matin, sa barque serait à ma disposition, pour me conduire moi et ma société à Savannah. Mais nous ne voulûmes accepter que l'offre obligeante de sa barque, et nous retournâmes passer la nuit à bord de l'*Agnès*.

Le lendemain, la matinée était délicieuse, et en remontant le cours de la rivière sur le bateau de l'officier, nous nous sentions légers et le cœur joyeux. Des milliers de canards nageaient gracieusement et par couples sur la vaste surface des eaux; des rizières voisines, partaient des multitudes d'étourneaux, de rouges-ailes (1) et d'ortolans effrayés, chaque fois que nous approchions du rivage; çà et là, le grand héron ouvrait

(1) C'est le carouge commandeur, au plumage tout noir, sauf les tectrices alaires, qu'il a rouges ou fauves.

ses larges ailes et, poussant un cri rauque, s'élevait lentement dans les airs. Nous venions de passer près d'un vaisseau à l'ancre, quand s'offrit à nos yeux la ville de Savannah, où nous ne tardâmes pas à aborder.

Je me rendis à un hôtel, et j'arrêtai de suite ma place à la malle, pour gagner directement Charleston. Cependant j'étais porteur d'une lettre d'introduction, de la part des Rathbones de Liverpool, auprès d'un marchand de la ville, chez lequel je ne pouvais me dispenser de passer, pour lui faire mes remercîments. Je lui avais en effet précédemment écrit, et plusieurs fois il avait eu la bonté de se charger du soin de mes caisses et de mon bagage. En compagnie d'un gentleman qui s'offrit complaisamment pour me servir de guide, je me mis en route et fus assez heureux pour le rencontrer lui-même dans la rue. Ce brave marchand prit mon bras sous le sien, et, tout en cheminant, me parla des nombreuses demandes d'argent qui lui étaient adressées pour des œuvres charitables, du haut prix de mes *Oiseaux d'Amérique*, de l'impossibité où il se voyait de souscrire à cet ouvrage, et finit par me dire qu'il serait bien étonné si je parvenais à trouver un seul amateur dans toute la ville.

J'avais déjà l'esprit dans un grand abattement; mon voyage aux Florides avait été coûteux et sans profit, parce que je ne l'avais pas entrepris dans un moment favorable; et je l'avoue, pendant que ce gentleman me parlait, ce qui m'attristait bien plus encore que ce qu'il pouvait me dire, c'était la pensée de ma famille. Cependant, nous arrivâmes à son comptoir où je rencontrai le major Leconte, de l'armée des États-Unis, que j'avais précédemment connu. La conversation tomba naturellement sur la difficulté qu'éprouvaient les auteurs à se produire même dans leur propre pays, et j'observai que le marchand devenait tout attention, et même, à la fin, semblait mal à son aise. Il se leva de sa chaise, parla à son commis et vint se rasseoir. Le major nous quitta, et moi j'allais le suivre, lorsque le marchand s'adressant à moi, me dit qu'il ne voyait pas pourquoi les arts et les sciences ne seraient pas encouragés par les gens riches dans notre pays. Sur ces entrefaites, le commis revint et lui mit dans la main quelques papiers qu'il me passa en disant : « Je souscris à votre ouvrage; voici le prix du premier volume. Venez avec moi; je vous connais maintenant, et je veux vous procurer d'autres souscripteurs. Chacun de nous vous est redevable pour la connaissance que vous nous donnez de choses qui, sans votre zèle et vos travaux, ne seraient probablement jamais parvenues jusqu'à nous. Je fais dorénavant mon affaire de vous servir, et je veux être votre agent dans notre ville... Allons! »

Pauvre Audubon, voilà comme on te fait passer successivement du froid au chaud; tantôt haut, tantôt bas; ce matin, au désespoir, et maintenant transporté par les promesses de ce généreux marchand! Telles étaient les réflexions qui me trottaient par la tête, en compagnie de beaucoup d'autres; car je pensais aussi à vous, cher lecteur, et à mes ouvrages qui avançaient, en Angleterre, sous la surveillance de mon excellent ami J. G. Childrenn, du musée britannique. Le marchand m'accompagna jusqu'à mon hôtel où il manifesta le désir de voir les quelques dessins que j'avais avec moi et que j'étalai devant lui, comme je fais d'habitude, sur le plancher. Après les avoir examinés, il partit pour se mettre en quête de souscripteurs. Depuis, je reçus trois visites de ce digne homme; à chacune, il était accompagné d'un gentleman, dont deux souscrivirent, et pour lesquels il eut la bonté de me payer lui-même le prix de mon premier volume. D'autres qui, selon lui, se seraient montrés tout aussi favorablement disposés pour moi, étaient malheureusement absents de la ville. Quand le moment de mon départ fut arrivé, il voulut me conduire jusqu'au bac, où je lui dis adieu avec des sentiments de gratitude que j'étais alors tout à fait incapable de lui exprimer.

Je pris ma route à travers les bois, respirant avec délices l'odeur embaumée des jasmins jaunes qui bordaient le chemin en épais berceaux, et j'arrivai à Charleston où j'eus la joie de retrouver tous mes amis en bonne santé. La première poste m'apporta une lettre de change de Savannah et un nom de plus pour ma liste de souscripteurs; la semaine n'était pas finie, que je recevais deux effets sur la banque succursale des États-Unis avec deux nouveaux noms.

Je quittai Charleston quelque temps après, retournai dans les Florides, et traversant toute l'Union, poussai jusqu'au Labrador. Revenu, en octobre 1833, à mon point de départ, j'écrivis à mon généreux ami de Savannah, lui annonçant mon intention de faire voile pour l'Europe. Poste pour poste, je reçus la réponse suivante : « Maintenant, hélas ! trois de vos souscripteurs sont morts ; mais j'ai pris mes mesures pour vous assurer la continuation de leurs souscriptions ; je me suis adressé à leurs exécuteurs testamentaires qui, en une seule fois, se sont acquittés entre mes mains du montant de leurs engagements, pour le second volume des oiseaux d'Amérique ; et c'est avec un grand plaisir que je vous envoie, ci-inclus, un billet du tout, y ajoutant le mien, pour le même volume, payable à Londres, au pair. »

Quelques semaines après, j'avais à mon tour le plaisir d'expédier à Savannah les volumes en question, qui, j'espère, y sont arrivés à bon port. Et qu'on me permette de manifester ici toute ma reconnaissance pour le marchand généreux qui, instruit des obstacles que rencontrent des hommes dont le succès n'est propre qu'à exciter la jalousie de leurs rivaux, se sentit animé du noble désir de venir de sa personne en aide à la science. Je le prie de me pardonner ; mais je ne puis résister au besoin de vous dire, en terminant, que si vous demandez, à Savannah, William Gaston, esquire, c'est lui-même que vous ne tarderez pas à trouver.

LE PEWEE

OU GOBE-MOUCHE BRUN (1).

Les détails dont se compose la biographie de ce gobe-mouche sont, pour la plupart, si intimement unis avec les particularités de ma propre histoire, que s'il m'était permis de m'écarter de mon sujet, ce volume serait consacré bien moins à la description et aux mœurs des oiseaux qu'aux impressions de jeunesse d'un homme qui a vécu, longues années, de la vie des bois, en Amérique. Quand j'étais jeune, en effet, je possédais une plantation sur les bords inclinés d'une crique, le *perkioming.* — Je crois avoir déjà dit son nom ; mais, plus que jamais cher à mon cœur, j'aime à le répéter encore. — Quel plaisir pour moi de m'égarer le long de ses rivages sinueux et couverts de rochers ! J'étais toujours sûr d'y voir quelque douce et belle fleur s'épanouir au soleil, et d'y rencontrer le vigilant roi-pêcheur en sentinelle à la pointe d'une pierre dont l'ombre se projetait au-dessus du limpide cristal des ondes. De temps en temps aussi passait l'orfraie, suivie d'un aigle à tête blanche ; et leurs mouvements gracieux, au sein des airs, emportaient ma pensée bien loin au-dessus d'eux, dans les régions du ciel les plus sereines, et me conduisaient ainsi délicieusement et en silence jusqu'au sublime auteur de toutes choses. Ces profondes et

(1) *Muscicapa fusca*, Bonap.

douces rêveries accompagnaient souvent mes pas à l'entrée d'une petite caverne creusée dans le roc solide par les mains de la nature. Elle était, du moins je la trouvais alors, suffisamment grande pour mes études : mon papier, mes crayons et parfois un volume des contes si naturels et si charmants d'Edgeworth ou des fables de La Fontaine m'y procuraient d'amples jouissances. C'est dans ce lieu que, pour la première fois, je vis, sous son vrai jour, toute la force de la tendresse paternelle chez les oiseaux ; c'est là que j'étudiai les mœurs du pewee ; c'est là que j'appris, de manière à ne plus l'oublier, que détruire le nid d'un oiseau ou lui arracher ses œufs et ses petits, c'est un acte d'une grande cruauté.

J'avais trouvé un nid de ce gobe-mouche à couleur terne, accroché contre le mur, immédiatement au-dessus de l'espèce d'arche qui servait d'entrée à cette paisible retraite. Je regardai dedans : il était vide, mais propre et en bon état, comme si les propriétaires absents comptaient y revenir avec le printemps. — Déjà sur chaque tige les bourgeons étaient gonflés ; quelques arbres même se paraient de fleurs ; mais la terre était encore couverte de neige, et dans l'air, on sentait toujours le souffle glacial de l'hiver. Un matin, de bonne heure, je vins à ma grotte : les rayons brillants du soleil coloraient de riches teintes chaque objet autour de moi. Quand j'entrai, un bruit sourd au-dessus de ma tête me fit me retourner, et je vis s'envoler deux oiseaux qui furent se reposer tout près de là. — Les pewees étaient arrivés ! — J'en ressentis une vive joie; et craignant que ma présence ne troublât le joli couple, je sortis, non sans jeter souvent un regard en arrière. Ils étaient sans doute arrivés tout nouvellement, car ils paraissaient bien fatigués. On n'entendait point leur note plaintive; leur huppe n'était pas redressée et les vibrations de leur queue, si remarquables dans cette espèce, semblaient faibles et languissantes. Il n'y avait encore que peu d'insectes, et je jugeais que l'affection qu'ils portaient à ce lieu avait dû, bien plus qu'aucun autre motif, déterminer leur prompt retour. A peine m'étais-je éloigné de quelques pas, que tous deux, d'un même accord (1), ils glissaient de leur branche pour entrer dans la caverne. Je n'y revins plus de tout le jour, et comme je ne les aperçus ni l'un ni l'autre aux environs, je supposai qu'ils devaient avoir passé la journée entière dans l'intérieur. Je conclus aussi qu'ils avaient gagné ce bienheureux port, soit de nuit, soit tout à fait à la pointe du jour. Des centaines d'observations m'ont prouvé, depuis, que cette espèce émigre toujours pendant la nuit.

Ne pensant plus qu'à mes petits pèlerins, le lendemain, de grand matin, j'étais à leur retraite, mais pas encore assez tôt pour les y surprendre. Longtemps avant d'arriver, mes oreilles furent agréablement sa-

(1) « *With one accord* », comme dans ces vers si frais et si touchants de Dante :

Quali colombe dal disio chiamate,
Con l'ali aperte et ferme al dolce nido
Volan'per l'aer, dal' voler portate.
(*Infern.*, V.)

luées par leurs cris joyeux, et je les vis qui traversaient les airs de côté et d'autre, donnant la chasse à quelques insectes, à ras de la surface de l'eau. Ils étaient pleins d'entrain, volaient fréquemment dans la caverne, en ressortaient, et se posant parfois à l'entrée, sur un arbre favori, semblaient engagés dans l'entretien le plus intéressant. Le léger frémissement de leurs ailes, les battements de leur queue, leur crête redressée, leur air propret, tout indiquait que la fatigue était oubliée, et qu'ils étaient reposés et heureux. Quand je parus dans la grotte, le mâle se précipita violemment à l'entrée, fit claquer plusieurs fois son bec avec un bruit strident, accompagnant cette action d'une note prolongée et tremblante dont je ne tardai pas à deviner le sens. Puis il vola dans l'intérieur et en ressortit avec une rapidité incroyable : on eût dit le passage d'une ombre.

Plusieurs jours de suite, je revins à la caverne, et je vis avec plaisir qu'à mesure que ces visites se multipliaient, les oiseaux, de leur côté, devenaient plus familiers. Une semaine ne s'était pas écoulée, qu'eux et moi nous étions sur un pied d'intimité complète. On était alors au 10 d'avril; il n'y avait plus de neige et le printemps se trouvait avancé pour la saison. Ailes-rouges et étourneaux commençaient à paraître. Je m'aperçus que les pewees se mettaient à travailler à leur vieux nid. Désireux d'examiner les choses par moi-même, et de jouir de la société de cet aimable couple, je me déterminai à passer auprès d'eux la plus grande partie de mes journées. Ma présence ne les alarmait plus du tout ; ils apportèrent de nouveaux matériaux pour garnir leur nid, et le rendirent plus chaud en y ajoutant quelques moelleuses plumes d'oie qu'ils ramassaient le long de la crique. Leur chant alors, quand ils se rencontraient sur le bord du nid, se faisait remarquer par un petit gazouillement et des accents de joie que je n'ai jamais entendus dans aucune autre occasion : c'était, je m'imagine, la douce, la tendre expression du plaisir qu'ils se promettaient, et dont ils semblaient jouir par anticipation sur l'avenir. Leurs mutuelles caresses, si simples peut-être pour tout autre que moi, la manière délicate dont le mâle savait s'y prendre pour plaire à sa femelle, m'empêchaient d'en détacher mes yeux, et mon cœur en recevait des impressions que je ne puis oublier.

Un jour, la femelle demeura très longtemps dans le nid; elle changeait fréquemment de position, et le mâle manifestait beaucoup d'inquiétude. Il descendait par moments auprès d'elle, se plaçait un instant à ses côtés, puis soudain se renvolait, pour revenir bientôt avec un insecte qu'elle prenait de son bec avec un air de reconnaissance. Environ vers trois heures de l'après-midi, le malaise de la femelle parut augmenter; le mâle aussi témoignait d'une agitation qui n'était pas ordinaire, lorsque tout à coup la femelle se haussa sur ses pieds, regarda de côté sous elle, puis s'envola suivie de son époux attentif, et prit son essor haut dans les airs, en accomplissant des évolutions bien plus curieuses encore que toutes celles que j'avais observées. Ils passaient et repassaient au-dessus de l'eau, la femelle conduisant toujours le mâle qui reproduisait, après elle, toutes les capricieuses sinuosités de son vol. Je laissai les pewees à leurs ébats, et regardant dans le nid, j'y aperçus leur premier œuf, si blanc et d'une telle transparence (transparence qu'il perd, je crois, bientôt après être pondu), que cette vue me fit plus de plaisir que si j'eusse trouvé un diamant d'une égale grosseur. Ainsi, sous cette frêle enveloppe existait déjà la vie ; et dans quelques semaines, une créature faible, délicate et sans défense, mais parfaite en chacune de ses parties, allait briser la coquille et réclamer les plus doux soins et toute l'attention de ses parents qui n'existeraient que pour elle ! Cette pensée remplissait mon âme d'un suprême étonnement. De même, regardant vers les cieux, j'y cherchais, hélas ! en vain, l'explication d'un spectacle bien autrement grandiose, mais non plus merveilleux.

En six jours, six œufs furent pondus ; mais j'observai qu'à mesure que leur nombre augmentait, la femelle restait moins longtemps sur le nid. Le dernier fut déposé en quelques minutes. Serait-ce, me disais-je, une prévoyance, une loi de la nature, pour conserver les œufs frais jusqu'à la fin ? Et vous, cher lecteur, qu'en pensez-vous? Il y avait une heure environ que la femelle avait quitté son dernier œuf, lorsqu'elle revint, se mit sur son nid, et après avoir, à plusieurs reprises, arrangé ses œufs sous sa plume, étendit un peu les ailes et commença doucement la tâche pénible de l'incubation.

Les jours passèrent l'un après l'autre. Je donnai des ordres formels pour que personne n'entrât dans la caverne, ni même n'en approchât, et pour qu'on ne détruisît aucun nid d'oiseau sur la plantation. Chaque fois que j'allais voir mes pewees, j'en trouvais toujours un sur le nid; tandis que l'autre était à chercher de la nourriture, ou bien, perché dans le voisinage, remplissait l'air de notes bruyantes. Quelquefois j'étendais ma main presque jusque sur l'oiseau qui couvait; et ils étaient devenus si gentils tous les deux, ou plutôt si bien apprivoisés avec moi, que, quoique je les touchasse pour ainsi dire, ni l'un ni l'autre ne bougeait; pourtant la femelle faisait mine parfois de s'enfoncer un peu dans son nid; mais le mâle me becquetait les doigts. Un jour, il s'élança du nid, comme bien en colère, voltigea plusieurs fois autour de la caverne en poussant ses notes plaintives et gémissantes, puis il revint prendre son poste.

En ce même temps, un second nid de pewee était accroché contre les solives de mon moulin, et un autre, sous un hangar dans ma cour aux bestiaux. Chaque couple, on n'en pouvait douter, avait marqué les limites de son propre domaine, et c'était bien rarement que l'un d'eux passait sur le territoire de son voisin. Ceux de la grotte cherchaient généralement leur nourriture, ou faisaient leurs évolutions si haut au-dessus du moulin, ou de la crique, que ceux du moulin ne les rencontraient jamais. Ceux de la cour se confinaient dans le verger, et ne troublaient pas davantage les autres. Cependant, quelquefois j'entendais distinctement les cris de tous les trois retentir au même moment; alors, l'idée me vint qu'ils sortaient originairement du même nid. Je ne sais si je me trompais à cet égard; mais du moins j'ai pu m'assurer depuis que les jeunes pewees élevés dans la grotte étaient revenus, le printemps suivant, s'établir un peu plus haut, sur la crique et les dépendances de ma plantation.

Dans une autre occasion, je vous donnerai de telles preuves de cette disposition qu'ont les oiseaux à revenir, avec leur progéniture, au lieu de leur naissance, que peut-être vous serez convaincu, comme je le suis en ce moment, que c'est précisément à cette tendance que chaque contrée doit l'augmentation qu'on remarque souvent parmi ses espèces, soit d'oiseaux, soit de quadrupèdes. Ils arrivent attirés par les nombreux avantages qu'ils y trouvent, à mesure que le pays devient plus ouvert et mieux cultivé. Mais reprenons l'histoire de nos pewees.

Au troisième jour, les petits étaient éclos. Un seul œuf n'avait rien produit, et la femelle, deux jours après la naissance de sa couvée, le poussa résolûment hors du nid. Je l'examinai et reconnus qu'il contenait un embryon d'oiseau en partie desséché, et dont les vertèbres adhéraient entièrement à la coquille, ce qui avait dû causer sa mort. Jamais je n'ai vu d'oiseaux témoigner autant de sollicitude pour leur famille. Ils rentraient si souvent au nid avec des insectes, qu'il me semblait que les petits croissaient à vue d'œil. Les parents ne me regardaient plus comme un ennemi, et venaient souvent se poser tout près de moi, comme si j'eusse été l'un des rochers de la caverne. Fréquemment je m'enhardissais jusqu'à prendre les jeunes dans ma main; plusieurs fois même, j'ôtai du nid toute la famille, pour le nettoyer des débris de plumes qui les gênaient. Je leur attachai de petits cordons aux pattes, mais ils ne manquaient pas de s'en débarrasser avec leur bec ou l'assistance de leurs parents. J'en remis d'autres, jusqu'a ce qu'ils s'y fussent entièrement habitués; et à la fin, quand arriva le moment où ils allaient quitter le nid, je fixai à la patte de chacun d'eux un léger fil d'argent, assez lâche pour ne pas les blesser, mais cependant arrangé de façon qu'aucun de leurs mouvements ne pût le défaire.

Seize jours s'étaient écoulés, lorsque la couvée prit l'essor. Les vieux oiseaux mettant le temps à profit, commencèrent aussitôt à préparer de nouveau le nid. Bientôt il reçut une deuxième ponte; et au commencement d'août, une seconde couvée faisait son apparition.

Les jeunes se retiraient de préférence dans les bois, comme s'y sentant plus en sûreté que dans les champs. Mais avant leur départ, ils paraissaient convenablement forts, et n'oublièrent pas de faire de longues sorties en plein air, sur toute l'étendue de la crique et des campagnes environnantes. Le 8 octobre, il ne restait plus un seul pewee sur la plantation; mes petits compagnons étaient tous partis pour leur grand voyage. Cependant, quelques semaines plus tard, j'en vis arriver du nord, et qui s'arrêtèrent un moment, comme pour se reposer; puis, ils continuèrent aussi dans la direction du sud. A l'époque qui ramène ces oiseaux en Pensylvanie, j'eus la satisfaction de revoir ceux de l'année précédente, dans ma caverne et aux environs; et là, toujours dans le même nid, deux nouvelles couvées s'élevèrent. Plus haut, à quelque distance sur la crique, je trouvai, sous un pont, d'autres nids de pewees, et plusieurs dans les prairies adjacentes, étaient attachés à la partie intérieure de quelques hangars qu'on y avait construits pour serrer le foin. Ayant pris un certain nombre de ces oiseaux sur le nid, je reconnus avec plaisir deux de ceux qui portaient à la patte le petit fil d'argent.

Je fus, sur ces entrefaites, obligé de me rendre en France où je demeurai deux ans. A mon retour, dans le commencement du mois d'août, je trouvai trois jeunes pewees dans la caverne; mais ce n'était plus le nid que j'y avais laissé lors de mon départ. Il avait été arraché de la voûte, et le nouveau était fixé un peu audessus de la place qu'occupait l'ancien. J'observai aussi que l'un des parents était très sauvage, tandis que l'autre me laissait approcher à quelques pas. C'était le mâle; je soupçonnai alors que la première femelle avait payé sa dette à la nature. M'étant informé au fils du fermier, j'appris qu'effectivement il l'avait tuée avec quatre de ses petits, pour servir d'appât à ses hameçons. Le mâle alors avait amené une autre femelle dans la grotte. Aussi longtemps que la plantation de *mill-grove* m'appartint, il y eut toujours un nid de pewee dans ma retraite; mais quand je l'eus vendue, la caverne fut détruite, et l'on démolit les rochers majestueux des bords de la crique. Leurs débris servirent à élever un nouveau barrage dans le perkioming.

Ces pewees aiment si particulièrement à accrocher leurs nids contre la paroi des roches caverneuses, que le nom qui leur conviendrait le mieux serait celui de gobe-mouches des rochers. Partout où ces sortes de rochers existent, j'ai vu ou entendu de ces oiseaux durant la saison des œufs. Je me rappelle qu'une fois en Virginie, je voyageais avec un ami qui m'engagea à me détourner un peu de notre route pour visiter le fameux pont, ouvrage de la nature, que l'on remarque dans cet État. Mon compagnon, qui déjà plusieurs fois avait passé dessus, s'offrit à parier qu'il me conduirait jusqu'au beau milieu, sans même que je me fusse douté de son existence. On était au commencement d'avril, et d'après la description du lieu, telle que je l'avais vue dans les livres, j'étais certain qu'il devait être fréquenté par des pewees. Je tins la gageure, et nous voilà partis au trot de nos chevaux, moi désirant beaucoup me prouver ici encore, qu'à force d'appliquer son esprit à un sujet, on peut finir tôt ou tard par le bien connaître. Je prêtais l'oreille aux chants des différents oiseaux; enfin, j'eus la satisfaction de distinguer le cri du pewee. J'arrêtai mon cheval pour juger de la distance à laquelle l'oiseau pouvait être; puis, après un moment de réflexion, je dis à mon ami que le pont n'était pas à plus de cent pas de nous, bien qu'il nous fût tout à fait impossible de l'apercevoir. Mon ami resta stupéfait : comment avez-vous pu le savoir, me demanda-t-il? car vous ne vous trompez pas. Simplement, lui répondis-je, parce que j'ai entendu le chant du pewee, et que cela m'annonce que non loin, il doit y avoir une caverne ou quelque crique aux roches profondes. Nous avançâmes; les pewees s'élevèrent en troupe de dessous le pont; je le lui montrai du doigt, et de cette manière gagnai mon pari.

Cette règle d'observation, je l'ai toujours reconnue à la preuve, pour être réciproquement vraie, comme on dit en arithmétique : qu'on me donne la nature d'un terrain quelconque, boisé ou découvert, haut ou bas, sec ou mouillé, en pente vers le nord ou vers le sud, et quelle qu'en soit la végétation, grands arbres, essences spéciales ou simples broussailles; et d'après ces seules indications, je me fais fort de vous dire, presque à coup sûr, quelle est la nature de ses habitants.

Le vol de ce gobe-mouche est une succession de courtes saccades interrompues cependant par quelques mouvements plus soutenus. Lent, quand l'oiseau le prolonge à une certaine distance, il devient assez rapide lorsqu'il poursuit la proie. Parfois il monte perpendiculairement du lieu où il est perché pour attraper un insecte, puis revient se poser sur quelque branche sèche d'où il peut inspecter les environs. Il avale sa proie d'un seul morceau, à moins qu'elle ne se trouve trop grosse; quelquefois il lui donne la chasse très longtemps, mais rarement sans l'atteindre. Quand il s'arrête sur la branche, c'est d'un air fier et résolu; il se redresse à la manière des faucons, jette un regard autour de lui, se secoue les ailes en frémissant, et fouette de la queue qui se meut comme par un ressort. Sa crête touffue est généralement relevée, et son apparence propre, sinon élégante. — Le pewee a ses stations préférées et dont il s'écarte rarement : souvent il choisit le haut d'un pieu servant de clôture au bord de la route; de là, il glisse dans toutes les directions, ensuite regagne son poste d'observation qu'il garde durant de longues heures, au soir et au matin. Le coin du toit, dans la grange, lui convient également bien; et si le temps est beau, on le verra perché sur la dernière petite branche sèche de quelque grand arbre. Pendant la chaleur du jour, il repose sous l'ombrage des bois; en automne, il recherche la tige de la molène, et quelquefois l'angle aigu d'un rocher se projetant sur un ruisseau. De temps à autre, il descend par terre pour n'y rester qu'un moment; c'est ce qu'il fait surtout en hiver, dans nos États du Sud, où il passe généralement cette saison; ou bien encore au printemps, lorsqu'il est occupé à ramasser les matériaux dont se compose son nid.

J'ai trouvé ce gobe-mouche en hiver, dans les Florides, aussi vivant, aussi gai et chantant aussi bien qu'en aucun temps; de même, dans la Louisiane et les Carolines, principalement sur les champs de coton. Cependant, à ma connaissance, il ne niche jamais au midi de Charleston, dans la Caroline du Sud, et par exception seulement dans les parties basses de cet État. Ceux qui s'en vont, quittent la Louisiane en février, pour y revenir en octobre. Durant l'hiver, ils se nourrissent, en attendant mieux, de baies de différentes sortes; très adroits à découvrir les insectes empalés sur les épines par la pie-grièche de la Caroline (1), ils les dévorent avec avidité. Je trouvai quelques-uns de

(1) Ceci semble en contradiction avec ce que l'auteur dit, page 279, des mœurs de la pie-grièche.

ces pewees sur les îles de la Madeleine, et les côtes du Labrador et de Terre-Neuve.

Le nid a quelque ressemblance avec celui de l'hirondelle de fenêtre : l'extérieur consiste en terre gâchée, au milieu de laquelle sont solidement enchevêtrées des herbes ou mousses de diverses espèces, déposées par couches régulières. Il est garni de radicules fibreuses, ou de petites hachures d'écorce de vigne, de laine, de crins, et parfois d'un peu de plume. Le plus grand diamètre, à l'entrée, est de cinq à six pouces, sur quatre à cinq de profondeur. Les deux oiseaux travaillent alternativement à apporter des pelotes de boue ou de terre humide mêlée avec de la mousse dont ils disposent la plus grande partie au dehors, et quelquefois tout l'extérieur semble en être entièrement formé. La construction est fortement attachée contre un mur, un rocher, les poutres d'une maison, etc. Dans les landes du Kentucky, j'ai vu des nids fixés à la paroi de ces trous singuliers qu'on appelle *sink-holes*, et qui s'enfoncent jusqu'à vingt pieds au-dessous de la surface du sol. J'ai remarqué que, lorsque les pewees reviennent au printemps, ils consolident leur ancienne habitation par des additions aux parties extérieures adhérentes au roc; c'est pour l'empêcher de tomber, ce qui lui arrive cependant quelquefois, lorsqu'elle date de plusieurs années. On en a vu, dans l'État du Maine, prendre possession du nid de l'hirondelle républicaine (*hirundo fulva*). Ils pondent de quatre à six œufs, d'une forme ovale, et d'un blanc pur, avec quelques points rougeâtres près du gros bout.

Ces oiseaux roulent en petites pelotes les parties dures des ailes, des jambes et de l'abdomen des insectes, et les rejettent, ainsi que font les hiboux, les engoulevents et les hirondelles.

SCIPION ET L'OURS.

L'ours noir (*ursus americanus*), tout lourd et gauche qu'il paraisse, n'en est pas moins un animal actif, vigilant, persévérant, doué d'une grande force, plein de courage et d'adresse, et qui, pour échapper aux atteintes du chasseur, peut supporter, sans presque en souffrir, d'incroyables fatigues et les plus dures privations. Comme les daims, les cerfs et les chevreuils, il change de canton suivant les saisons, pour se procurer ainsi qu'eux une abondante nourriture, ou se retirer dans les endroits les plus inaccessibles, et qui lui offrent un asile sûr, loin des poursuites de l'homme, le plus dangereux de tous ses ennemis. Durant les mois du printemps, on le voit d'ordinaire, soit dans les bas et riches terrains d'alluvion qui s'étendent au long des rivières, soit au bord de ces lacs de l'intérieur qu'à cause de leur peu d'étendue on appelle des étangs. Là, il trouve quantité de succulentes racines et des tiges de plantes tendres et gonflées de séve, qui font à ce moment sa principale ressource. Avec les chaleurs de l'été, il s'enfonce dans les sombres marécages, et passe la plus grande partie de son temps à se vautrer dans la vase, comme le porc, se contentant alors d'écrevisses, d'orties, de racines, et par-ci par-là, quand la faim le presse, se jetant sur un jeune cochon, sur une truie, et quelquefois même sur un veau. Aussitôt que les différentes sortes de baies qui viennent sur les montagnes commencent à mûrir, les ours suivis de leurs oursons, gagnent les hauteurs. Dans les parties retirées du pays où il n'y a pas de terrains montagneux, ils rendent visite aux champs de maïs, et s'amusent quelques jours à y faire le dégât ; après cela, ils donnent leur attention aux différentes espèces de noix, de faînes, de fruits en grappes, et autres productions des forêts. C'est à ce moment qu'on rencontre l'ours errant solitaire à travers les bois, pour faire sa récolte, n'oubliant pas de piller, sur son chemin, chaque essaim d'abeilles sauvages qu'il peut trouver ; car c'est, comme on sait, un animal très expert dans ce genre d'opération. Vous savez aussi sans doute, du moins je vais vous l'apprendre, que l'ours noir *demeure* des semaines entières dans le creux des plus gros arbres, où l'on dit qu'il se *suce* les pattes ; habitude à laquelle il paraît prendre un singulier plaisir, et dont probablement vous ne vous êtes jamais guère inquiété, bien qu'elle soit très curieuse et réellement digne de votre intérêt.

A une autre époque de l'année, vous pourrez le voir examinant pendant plusieurs minutes, et avec une grande attention, le bas de quelque arbre au large tronc, puis promenant ses regards tout autour de lui pour s'assurer qu'il n'y a pas là d'ennemis. Quand il a pris ainsi toutes ses précautions, il se dresse sur ses jambes de derrière, s'approche du tronc, l'embrasse de ses jambes de devant, et avec ses dents et ses griffes commence à racler l'écorce. Ses mâchoires claquent fortement l'une contre l'autre, bientôt de gros flocons d'écume lui coulent de chaque côté de la gueule, et au bout de quelques minutes il se remet à rôder, comme auparavant.

Sur plusieurs points du pays, des habitants des bois et des chasseurs qui l'ont surpris occupé à cette singulière manœuvre, s'imaginent qu'il n'a en cela d'autre but que de laisser après lui des traces manifestes de sa grandeur et de sa force : ils mesurent la hauteur à laquelle portent les coups de griffes, et peuvent, en effet de cette manière, se rendre compte de la taille de l'animal. Mais mon opinion, à moi, est différente : il me semble que, si l'ours s'attaque ainsi aux arbres, ce n'est pas pour faire montre de sa puissance, mais simplement pour s'aiguiser les dents et les griffes, et se mettre en état de rencontrer un rival de sa propre espèce, quand viendra la saison des amours. N'est-ce donc pas pour cela que le sanglier d'Europe fait aussi claquer à grand bruit ses défenses et creuse la terre du pied, et que le daim et le cerf frottent leurs andouillers contre la tige des jeunes arbres et des arbrisseaux ?

Une nuit, je dormais sous le toit d'un de mes amis, lorsque je fus subitement réveillé par un esclave nègre qui portait une lumière et me remit un billet que son maître, disait-il, venait de recevoir. Je jetai les yeux sur le papier. C'était un message de la part d'un voisin, nous requérant mon ami et moi de nous réunir à lui le plus vite possible, pour lui aider à tuer plusieurs ours qui, en ce moment, étaient en train de ravager ses moissons. Je fus promptement debout, comme vous pouvez le croire; et en entrant dans le parloir, je trouvai mon ami équipé de pied en cap, et n'attendant plus que quelques balles qu'un nègre était occupé à couler. On entendait la corne du surveillant qui appelait les esclaves hors de leurs cabines; quelques-uns déjà s'étaient mis à seller nos chevaux, tandis que d'autres s'employaient à ramasser tout ce qu'il y avait de mauvais chiens sur la plantation. C'était un tumulte à ne plus s'y reconnaître. En moins d'une demi-heure, quatre vigoureux nègres armés de haches et de couteaux, et montés sur de forts bidets à eux appartenant (vous saurez, lecteur, que beaucoup de nos esclaves élèvent des chevaux, du bétail, des porcs et des volailles, qui sont, s'il vous plaît, leur propriété), nous suivaient au plein galop à travers les bois; car nous avions pris au plus court, vers la plantation du voisin, qui n'était guère qu'à cinq milles de là.

Malheureusement la nuit n'était pas des plus favorables; il tombait une pluie fine et épaisse qui rendait l'air lourd, ou plutôt étouffant. Mais comme nous connaissions parfaitement le chemin, nous eûmes bientôt atteint l'habitation dont le propriétaire attendait notre arrivée. Nous étions trois armés de fusils; plus une demi-douzaine de domestiques, avec une bande de chiens de toute espèce ; et c'est dans cet équipage que nous nous mîmes en marche pour le champ isolé au milieu duquel les ours étaient bravement à la besogne. Chemin faisant, le propriétaire nous dit que, depuis plusieurs jours déjà, quelques-uns de ces animaux rendaient visite à son blé ; un nègre qu'il envoyait chaque après-midi, pour voir de quel côté ils entraient, l'avait assuré que, cette même nuit, il y en avait au moins cinq dans l'enclos. On convint d'un plan d'attaque : les barreaux à la brèche ordinaire, devaient être mis tout doucement par terre ; et de là, hommes et chiens, après s'être partagés, s'avanceraient pour cerner les ours ; enfin, au son de nos cornes, on chargerait de toutes parts, vers le centre du champ, en criant et faisant le plus de tapage possible ; ce qui ne pouvait manquer d'effrayer tellement les animaux, qu'ils s'empresseraient de chercher un refuge sur les arbres morts dont le champ était en partie couvert.

Notre plan réussit : les cornes sonnèrent, nos chevaux partirent au galop, les hommes se mirent à crier, les chiens à aboyer et à hurler. Les nègres à eux seuls faisaient assez de vacarme pour épouvanter une légion d'ours. Aussi ceux qui étaient dans le champ commencèrent-ils à détaler ; et quand nous nous rencontrâmes au milieu, nous les entendîmes qui grimpaient en tumulte vers la cime des arbres. On fit immédiatement allumer de grands feux par les nègres ; la pluie avait cessé, le ciel s'était éclairci, et l'éclat de ces flammes petillantes nous fut d'un grand secours. Les ours avaient été pris d'une telle panique, que nous pûmes en apercevoir quelques-uns qui s'étaient blottis entre les plus grosses branches et le tronc. On en abattit deux sur le coup: c'étaient des oursons de petite taille ; et comme ils étaient déjà plus d'à demi morts, on les abandonna aux chiens, qui les eurent promptement dépêchés.

Nous ne cherchions qu'à nous amuser le plus possible. Ayant remarqué l'un des ours qu'à l'apparence nous jugeâmes être la mère, nous ordonnâmes aux nègres de couper par le pied l'arbre sur lequel elle était perchée. Il avait été préalablement convenu que les chiens auraient à s'escrimer avec elle, et que nous, nous les appuyerions et viendrions à leur aide, en blessant l'animal à l'une des jambes de derrière, pour l'empêcher de s'échapper. Et déjà retentissait dans les bois le bruit de la hache répété par les échos d'alentour; mais l'arbre était gros, d'un bois très dur, et l'opération menaçait d'être longue et fatigante. A la fin pourtant, on le vit qui tremblait à chaque coup; il ne tenait plus que par quelques pouces de bois; et bientôt, avec un effroyable craquement, il tomba sur la terre d'une telle violence, que sans doute commère l'ourse dut en ressentir un choc aussi terrible que le serait pour nous la secousse de notre globe produite par la collision subite d'une comète.

Les chiens s'élancèrent à la charge, harassant à l'envi la pauvre bête; et nous, étant remontés à cheval, nous la tenions enfermée de tous côtés. Comme sa vie dépendait de son courage et de sa vigueur, elle déploya l'un et l'autre avec toute l'énergie du désespoir ; tantôt, saisissant l'un des chiens, qu'elle étranglait à la première étreinte; tantôt, d'un coup bien appliqué d'une de ses pattes de devant, vous en envoyant un autre brailler au loin d'une façon si piteuse, qu'on pouvait dès lors le regarder comme hors de combat. L'un des assaillants, plus rude que les autres, avait sauté au nez de l'ourse et y restait bravement pendu; tandis qu'une douzaine de ses camarades faisaient rage à son derrière. L'animal, rendu furieux, roulait autour de lui des regards altérés de vengeance; et nous, de peur d'accident, nous songions à en finir lorsque, tout à coup et avant que nous pussions tirer, d'un seul bond il se débarrasse de tous les chiens et charge contre l'un des nègres qui était monté sur un cheval pie. L'ourse saisit le cheval avec ses dents et ses griffes, et se colle contre son poitrail; le cheval, épouvanté, se met à renifler bruyamment et s'abat. Le nègre, jeune homme d'une force athlétique et excellent cavalier, avait gardé la selle qui ne consistait pourtant qu'en une simple peau de mouton, mais heureusement bien sanglée, et il priait son maître de ne pas faire feu. Nonobstant tout son sang-froid et son courage, nous frémissions pour lui, et notre anxiété redoubla quand nous vîmes homme et cheval rouler ensemble sur la poussière. Mais ce ne fut que l'affaire d'un instant; Scipion s'y était pris en maître avec son redoutable adversaire : d'un seul coup de sa hache, bien assené, il lui avait fendu le crâne! Un sourd et profond grognement annonça la mort de l'ourse; et déjà le vaillant nègre était sur ses pieds, triomphant et sain et sauf.

L'aurore commençait à poindre; nous continuâmes

nos recherches. Les deux ours qui restaient furent bientôt découverts : ils étaient juchés sur un arbre, à environ cent pas de l'endroit où le dernier venait de succomber. Quand nous les eûmes cernés, nous reconnûmes sans peine qu'ils n'étaient pas d'humeur à descendre. En conséquence, on résolut de les enfumer. Un tas de broussailles et de grosses branches fut apporté au pied de l'arbre qui, sec comme il l'était, ne tarda pas à présenter l'apparence d'une colonne de feu. Les ours grimpèrent à l'extrémité des branches. Quand ils furent tout à fait au bout, on les vit un moment hésiter et chanceler; puis les branches craquant et enfin ayant éclaté, ils dégringolèrent, en entraînant avec eux une masse de menu bois. Ce n'étaient non plus que des oursons; les chiens les eurent promptement mis à mort.

L'expédition rentra à la maison au bruit des fanfares. Cependant le cheval de Scipion avait reçu une profonde blessure, et on le laissa en liberté pour se refaire au beau milieu du blé. Le lendemain, une charrette fut envoyée pour rapporter le gibier; mais avant que nous eussions quitté le champ, chevaux, chiens et chasseurs, sans compter les flammes, avaient, en quelques heures, détruit plus de grain que la pauvre ourse et ses oursons n'avaient pu faire durant tout le cours de leurs visites (1).

(1) Même morale absolument que dans la fable *le Jardinier et son Seigneur* de notre bon La Fontaine :

. . . . . . « Les chiens et les gens
Firent plus de dégât, en une heure de temps,
Que n'en auraient fait en cent ans
Tous les lièvres de la province. »

L'ALOUETTE DES PRÉS.

OU SANSONNET AMÉRICAIN.

Comment pourrais-je écrire l'histoire de ce bel oiseau, sans me reporter aux lieux où il abonde, et où l'on a le plus d'occasions pour l'observer? C'est donc parmi les riches prairies fréquentées par l'alouette, qu'il nous faut, lecteur, égarer nos pas. Nous ne sommes pas bien loin des rivages sablonneux de Jersey; toutes les beautés d'une aurore printanière sont répandues à profusion autour de nous : le glorieux soleil illumine la création des flots de sa lumière d'or; et cependant il n'est point encore sorti de l'abîme. L'industrieuse abeille repose en l'attendant, et les oiseaux dorment dans les buissons et sur les arbres; la mer, à la surface unie, vient briser mollement sur le rivage; le firmament est d'un si beau bleu, qu'en le regardant on se croirait véritablement tout près du ciel; la lune va bientôt disparaître dans l'occident lointain, et la rosée distillant de chaque feuille, de chaque bouton et de chaque fleur, fait s'incliner sous son poids les lames effilées des herbes. Mais c'est la nature dans toute sa splendeur que je veux contempler, et moi aussi j'attends avec transport le moment qui s'approche..... Il est venu! de toutes parts éclatent la vie et la force; l'abeille, l'oiseau, le quadrupède, la nature enfin, s'éveillent pour renaître, et chaque être semble se mouvoir dans les rayons de la face divine. Qu'avec ferveur alors je rends grâce au Tout-Puissant, qui m'a appelé à l'existence; avec quelle nouvelle ardeur je poursuis la mission qu'il m'a confiée! Marchant d'un pied léger sur l'herbe tendre, j'arrive à un siége préparé par la nature; je m'y arrête; et de là je surveille, j'admire et j'essaye de prendre possession de tout, oui, de tout ce qui est sous mes yeux. Bienheureux jours de ma jeunesse, où, plein de vigueur, de santé et de joie, je pouvais goûter si souvent le spectacle enchanteur et béni des beautés de la création, qu'êtes-vous devenus? Partis, partis pour toujours! mais je garde précieusement en moi les pensées que vous m'inspiriez, et tant que durera ma vie, votre souvenir me sera toujours doux.

Voici l'alouette arrivée d'hier au soir! Pleinement remis des fatigues du voyage, et le cœur débordant d'amour pour celle dont le désir l'amène de si loin, le mâle se lève de sa couche verdoyante, et sur ses ailes qu'agite un léger frémissement, il monte en tournoyant dans les airs où l'emporte l'heureux espoir d'entendre bientôt retentir le chant de sa bien-aimée. D'habitude, en effet, les femelles se font entendre à cette première époque de l'année; je ne prétends pas vous dire pourquoi, mais le fait est tel: j'ai pu m'en assurer, dès le moment où j'ai remarqué l'importance du rôle auquel elles sont destinées. Cependant le mâle est toujours sur ses ailes; son appel résonne haut et clair, tandis qu'il explore avec impatience la plaine herbeuse au-dessous de lui. Sa compagne n'y est point encore; le cœur lui défaille, et cruellement déçu, il s'envole sur un noyer noir, à l'ombre duquel, pendant les chaudes journées de l'été, plus d'une fois les faucheurs se sont étendus, pour prendre leur repas et s'abandonner au sommeil de midi. Je l'aperçois maintenant, non pas désespéré, comme vous pourriez le croire, mais vexé et presque furieux. Voyez de quel air il étale sa queue, comme il se redresse et s'agite, comme il exprime bruyamment sa surprise et appelle sans cesse celle que, de toutes les choses au monde, il aime la mieux. Ah! enfin la voilà! ses notes craintives et tendres annoncent son arrivée. Celui qu'entre tous aussi elle préfère, son mâle a ressenti le charme de sa voix. Ses ailes sont étendues, il nage dans l'ivresse, il vole au-devant d'elle pour l'accueillir et savourer d'avance tout le bonheur qu'elle lui prépare. Que ne puis-je interpréter les assurances répétées d'amitié, de constance et d'attachement qu'ils se prodiguent en ces précieux instants, se becquetant l'un l'autre et gazouillant leurs mutuelles amours! Comme le mâle a de doux reproches pour exprimer ce qu'il souffrit de son retard, et comme elle sait trouver de tendres accents pour calmer son ardeur! Cet ineffable entretien, je l'ai écouté; cette scène de bonheur, j'en ai été témoin; mais je me sens incapable de vous les rendre, et je vous dirai comme toujours:

Cher lecteur, allez vous-même les épier, les contempler et les entendre, si vous voulez comprendre leur langage. Autrement, il faudra bien que j'essaye de vous donner au moins une idée de ce que, volontiers, j'entreprendrais de vous décrire, si je n'étais pas trop au-dessous de la tâche, et que je continue de vous rapporter ce que j'ai pu observer de leurs mœurs et de leurs amours.

Quand l'alouette des prés commence à s'élever de terre, ce qu'elle fait par un petit saut, elle voltige comme un jeune oiseau, part, et reprime son élan, le reprend bientôt; mais d'une manière incertaine et trompeuse, vole, en général, droit devant elle, puis regarde en arrière comme pour s'assurer du danger qu'elle peut courir, offrant ainsi un but facile au tireur le moins expérimenté. Quand on la poursuit quelque temps, elle se meut avec plus de rapidité, planant et battant des ailes alternativement, jusqu'à ce qu'elle soit hors d'atteinte. Elle ne tient qu'un moment devant le chien d'arrêt, et encore faut-il qu'elle soit surprise parmi des roseaux ou des herbes épaisses. Durant les migrations qui s'accomplissent habituellement de jour, elles s'élèvent au-dessus des plus grands arbres des forêts, et font route en compagnies peu serrées, qui assez souvent comprennent de cinquante à cent individus. Leurs mouvements alors sont continus, et elles ne planent que par intervalles, pour respirer et se mettre en état de renouveler leurs efforts. De temps en temps, on en voit quelqu'une se détacher de la troupe; elle pousse droit à une autre, la chasse en bas ou horizontalement hors du groupe, la poursuit sans cesse d'un cri aigu et querelleur, et continue à la harceler, jusqu'à ce qu'au bout d'une centaine de verges, elle l'abandonne tout à coup; et les deux oiseaux rejoignènt leurs camarades qui toutes ensemble poursuivent leur voyage en bonne amitié. Lorsqu'en passant ainsi elles ont découvert suffisamment de nourriture dans quelque endroit, elles descendent petit à petit, et viennent se poser sur quelque arbre détaché ; puis, comme s'étant donné le mot, chacune se met à fouetter de la queue, à sautiller en faisant entendre une note d'appel retentissante et douce. Alors elles volent à terre, l'une après l'autre, et commencent à se rassasier. Mais de place en place, on aperçoit un vieux mâle qui dresse la tête, jetant autour de lui un regard inquiet et scrutateur; et s'il soupçonne le moindre danger, il donne immédiatement l'alarme par un cri de ralliement fort et prolongé. A ce signal, toute la troupe est sur le qui-vive et se tient prête au départ.

C'est de cette manière qu'en automne l'alouette des prés se dirige, des parties septentrionales du Maine, vers la Louisiane, les Florides ou les Carolines, où elle abonde pendant l'hiver. A cette époque, dans les Florides, les landes couvertes de pins en sont remplies; et quand le feu a été mis à la surface du sol par les pâtres du pays, la couleur de ces oiseaux paraît aussi enfumée que celle des moineaux qui habitent Londres. Il y en a que les tiques infestent au point de leur faire perdre presque toutes leurs plumes; et en général, elles paraissent beaucoup plus petites que celles des États de l'Atlantique, probablement à raison même de cette rareté de leur plumage. Dans les prairies d'Opelousas (1), et dans celles qui bordent la rivière Arkansas, elles sont encore plus nombreuses. Beaucoup cependant se retirent jusque dans le Mexique, à l'approche d'un très rude hiver. Alors elles dorment par terre, au milieu des grandes herbes, mais éloignées l'une de l'autre de plusieurs verges, ainsi que fait la tourterelle de la Caroline.

Quand s'annonce le printemps, les troupes se dispersent, et les femelles sont les premières à se séparer. Les mâles alors commencent leur migration, volant par petits corps ou même isolément. Mais leur plumage à cette époque est devenu abondant et beau. Leur manière de voler, tous leurs mouvements par terre, trahissent la force de la passion qui bouillonne au dedans d'eux. On voit chaque mâle s'avancer d'un pas imposant et mesuré, fouettant de la queue, l'étendant de toute sa largeur, puis la refermant ainsi qu'un éventail aux mains d'une brillante demoiselle. Leurs notes éclatantes sont plus mélodieuses que jamais; ils les répètent plus souvent, tandis qu'ils se tiennent sur la branche ou au sommet de quelque grand roseau de la prairie.

Malheur au rival qui ose entrer en lice! ou plutôt, qu'un mâle s'offre simplement à la vue d'un autre mâle en ce moment de véritable délire, il est attaqué soudain, et s'il est le moins fort, chassé par delà les limites du territoire que revendique le premier occupant. On en voit quelquefois plusieurs engagés dans

(1) Comté et ville de l'État de Louisiane.

ces rudes combats; mais rarement cela dure-t-il plus de deux ou trois minutes : l'apparition d'une seule femelle suffit pour terminer à l'instant leur querelle, et tous ils partent après elle comme des fous. La femelle fait preuve de la réserve naturelle à son sexe, de cette réserve sans laquelle, même parmi les alouettes, toute femelle resterait probablement sans trouver de mâle. Lorsque celui-ci vole vers elle en soupirant ses plus douces notes, elle s'éloigne de son ardent admirateur de manière à le faire douter si elle le repousse ou l'encourage. A la fin, pourtant, on lui permet d'approcher pour exprimer, par ses chants et ses galantes démonstrations, la constance et la force de sa passion; on consent à l'accepter pour maître; et au bout de quelques jours, vous pouvez les voir tous les deux ne s'occupant plus qu'à chercher un lieu convenable pour y élever leurs petits.

Au pied de quelque touffe épaisse de grandes herbes, vous trouvez le nid : un creux est fait en terre, dans lequel sont placés en abondance herbes, racines fibreuses et autres matériaux arrangés circulairement; et tout autour, les feuilles et les tiges des herbes environnantes sont entre-croisées pour le couvrir et le cacher. L'entrée ne permet qu'à l'un des oiseaux à la fois d'y pénétrer; mais les deux couvent alternativement. Les œufs sont au nombre de quatre ou cinq, d'un blanc pur, émaillés et tachetés de rouge-brun, surtout vers le gros bout. Les jeunes éclosent à la fin de juin et n'ont besoin que de quelques semaines pour être en état de suivre leurs parents. Ces oiseaux se prodiguent l'un à l'autre des soins continuels et assidus, et ne se montrent pas moins attentifs pour leur couvée. Pendant que la femelle est sur le nid, le mâle non-seulement ne la laisse manquer de rien, mais l'égaye constamment par ses chansons, en même temps qu'il la rassure par la surveillance qu'il déploie autour d'elle. Si quelqu'un approche, il s'élance immédiatement, passe et repasse au-dessus du lieu où il la croit parfaitement cachée, voltige aux alentours, et souvent, hélas! révèle ainsi lui-même la présence de son trésor.

Excepté les faucons et les serpents, l'alouette des prés n'a que peu d'ennemis en cette saison. Le fermier prudent et éclairé se rappelle le bien qu'elle fait à ses prairies en détruisant des milliers de larves, et il se garde de la troubler. Même, s'il trouve son nid en fauchant, il laisse debout la touffée d'herbe qui le contient; et il n'est pas jusqu'aux enfants qui ne respectent d'ordinaire les parents et la jeune couvée.

Cependant je ne veux pas dire que cette alouette ne fasse absolument aucun mal. Dans les Carolines, nombre de cultivateurs expérimentés s'accordent à dénoncer ses ravages, et l'accusent d'arracher, au printemps, les avoines nouvellement semées, comme aussi d'aimer à déterrer le jeune blé, le froment, le seigle et le riz. Elle a, en captivité, un autre défaut que je n'aurais pas soupçonné avant mon dernier voyage à Charleston: en février 1834, le docteur Samuel Wilson m'apprit que l'une des alouettes des prés qu'il avait achetées au marché parmi beaucoup d'autres oiseaux, ne s'était pas gênée pour manger, sous ses yeux, un pauvre bruant qu'elle avait tué ou trouvé mort dans la volière. Il ajouta qu'après avoir guetté cette alouette plus de vingt minutes, il l'avait parfaitement vue le bec plongé dans le corps jusqu'aux yeux, et qu'elle paraissait l'ouvrir et le fermer alternativement, comme pour aspirer les sucs de la chair. Deux jours après, la même alouette tua deux pinsons qui avaient les ailes rognées, et les mangea avec non moins de plaisir.

Dans la dernière partie de l'automne, aussi bien qu'en hiver, ces alouettes sont une source d'amusement, surtout pour les chasseurs novices. On les vante même comme un excellent gibier : je ne dis pas non pour les jeunes; mais l'apparence huileuse et jaunâtre de la chair des vieilles, sa dureté et la forte odeur d'insectes qu'elle exhale, empêchent qu'elle ne soit réellement un mets agréable. On en vend néanmoins sur presque tous nos marchés. Durant les mois d'hiver, elles s'associent fréquemment avec la tourterelle de la Caroline, diverses espèces d'étourneaux et même des perdrix. Elles aiment à passer leur temps dans les champs de blé, après que le grain a été ramassé, et souvent font leur apparition chez les planteurs, jusque dans la cour aux bestiaux. En Virginie, on les connaît sous le nom de *vieilles alouettes des champs*.

Posées à terre, elles marchent bien et rappellent beaucoup la manière de l'étourneau, auquel jusqu'à un certain point on peut les dire alliées. En l'air, on les voit rarement voler assez près l'une de l'autre, pour qu'il soit facile d'en tuer plusieurs à la fois. Si elles sont blessées, elles fuient avec vitesse et se cachent si bien qu'on a peine à les trouver. Elles s'abattent non moins vivement, soit sur les branches des arbres, où elles se meuvent avec facilité, soit sur les clôtures et même sur le toit des hangars aux environs des fermes. Leur nourriture consiste en graines d'herbes ou d'autres plantes, et aussi en toutes sortes de baies et d'insectes. Bien que vivant en troupes, elles ne se rassemblent pas d'ordinaire quand elles se promènent sur le sol; et au bruit d'un coup de fusil, des centaines quelquefois s'enlèvent des diverses parties d'un champ. Jamais on n'en trouve dans l'épaisseur des bois. Tant que dure l'hiver, elles abondent sur les grandes prairies découvertes; il n'est pas un champ de blé, dans le Kentucky, où l'on ne soit certain d'en rencontrer en compagnie de perdrix et de tourterelles. De temps en temps, il en vient sur les routes pour faire la poudrette, et l'on en voit marcher au bord de l'eau cherchant à se baigner.

DIVERTISSEMENTS DU KENTUCKY.

Je voudrais essayer, cher lecteur, de vous représenter quelques-uns des divertissements à la mode parmi les chasseurs du Kentucky; mais peut-être ne sera-t-il pas inutile de faire précéder mon sujet d'une rapide description de cet État.

Autrefois, le Kentucky dépendait de la Virginie; mais, dans ce temps-là, les Indiens regardaient cette partie des solitudes de l'ouest comme leur propriété, et n'abandonnèrent le pays que lorsqu'ils y furent forcés, pour s'enfoncer, la mort dans l'âme, jusqu'au plus profond des forêts inexplorées. Sans aucun doute, la richesse du sol, la magnificence de ces rivages, au long d'une des plus belles rivières du monde, ne contribuèrent pas moins à attirer les premiers Virginiens, que le désir, si général en Amérique, de se répandre sur les contrées incultes et d'amener à une abondance plus en rapport avec les besoins de l'homme ces terres qui, depuis les âges inconnus, n'ont rien produit encore que sous l'influence de la sauvage et luxuriante fécondité d'une nature indomptée. La conquête du Kentucky ne s'accomplit pas cependant sans de grandes difficultés; la guerre, entre les envahisseurs et les peaux-rouges, fut sanglante et dura longtemps. Mais les premiers finirent par s'établir solidement sur le sol, et les autres durent lâcher pied, avec leurs bandes décimées, et accablés par le sentiment de la supériorité morale et du courage à toute épreuve des hommes blancs.

Cette contrée, si je ne me trompe, fut découverte par un déterminé chasseur, le fameux Daniel Boon. La fertilité du sol, ses superbes forêts, le nombre de ses rivières propres à la navigation, ses sources salées, ses cavernes à salpêtre, ses mines de charbon, les vastes troupeaux de buffles et de daims paissant sur ses montagnes et dans ses riantes vallées, étaient un attrait bien suffisant pour les nouveaux venus qui poussèrent en avant, avec une ardeur que certes ne connurent jamais les plus farouches tribus qui les premières furent en possession de cette terre.

Les Virginiens se précipitèrent en foule vers l'Ohio : une hache, un couple de chevaux, une bonne carabine et force munitions, que fallait-il de plus à l'équipement d'un homme qui, suivi de sa famille, partait pour le nouvel État? Ne savait-il pas que l'exubérante richesse du pays devait fournir amplement à tout ce qui lui manquerait?

Celui qui une fois a été témoin de l'industrie et de la persévérance de ces émigrants, a pu juger, en même temps, de quelle façon leur âme était trempée : insouciants de la fatigue qui les attendait à chaque pas, ils pénétraient résolûment à travers une région inexplorée, couverte d'inextricables forêts, se guidant uniquement sur le soleil, et la nuit couchant sur la dure. Tantôt c'étaient d'innombrables cours d'eau qu'il leur fallait passer à l'aide de radeaux, avec femme, enfants, bestiaux et le reste du bagage; obligés souvent de se laisser aller pendant des heures à la dérive, avant de pouvoir débarquer sur l'autre bord; tantôt c'étaient leurs troupeaux qui se dispersaient parmi les rizières du rivage et les y retenaient des jours entiers. A ces causes de trouble, ajoutez le danger sans cesse menaçant d'être assassinés, pendant leur sommeil, par des Indiens sans pitié qui rôdaient autour de leurs campements; enfin la perspective de plusieurs centaines de milles à parcourir, avant d'atteindre les lieux de rendez-vous, appelés *stations;* et certes, vous avouerez qu'affronter des difficultés comme celles-là, c'était faire preuve d'une énergie peu commune, et vous ne pourrez vous empêcher de reconnaître que la récompense dont jouirent ces colons vétérans avait été bien méritée.

Il y en avait cependant qui abandonnaient les rivages de l'Atlantique, pour ceux de l'Ohio, avec plus de confort et de sécurité : ils emmenaient leurs charrettes, leurs nègres et leur famille. Un jour à l'avance, des hommes armés de haches frayaient le passage au travers des bois ; et quand la nuit était venue, les chasseurs attachés à l'expédition se dirigeaient vers le lieu que l'on avait désigné pour le campement, ployant sous le gibier que la forêt leur procurait en abondance. L'éclat d'un grand feu guidait leurs pas, et à mesure qu'ils approchaient, un bruit de vie et de gaieté, saluant leurs oreilles, leur annonçait que tout allait bien. Bientôt la chair du buffle, de l'ours et du chevreuil était suspendue devant la braise, en larges et délicieuses grillades ; les gâteaux préparés étaient mis en place et cuisaient à point sous le rôti succulent dont ils recevaient le riche jus, et chacun alors ne songeait qu'à se réjouir, après les fatigues de la journée. Les charrettes portaient les lits, on dételait les chevaux qu'ensuite on lâchait pour qu'ils pussent se refaire au milieu du taillis; à quelques-uns peut-être on attachait les jambes; mais la plupart n'avaient qu'une clochette au cou, pour permettre au maître de les retrouver au matin.

Ainsi s'avançaient joyeusement ces bandes d'émigrants qui vivaient dans une cordiale union, n'ayant point à craindre de plus grands obstacles, tandis qu'au sein de ces forêts, où ne se voyait encore aucune trace d'homme, ils s'ouvraient un passage vers la terre d'abondance. De temps à autre une escarmouche éclatait entre eux et les Indiens qui, quelquefois sans être aperçus, pénétraient en rampant jusque dans l'intérieur du camp; mais les Virginiens n'en continuaient pas moins résolûment leur voyage vers les horizons de l'ouest. Enfin les divers groupes arrivaient en vue de l'Ohio. Là, frappés de la beauté de ces sites incomparables, ils se mettaient tous ensemble à déblayer le terrain, dans l'intention d'y fonder un établissement qu'ils ne quitteraient plus.

D'autres, surchargés de bagages, préférèrent descendre le cours même de la rivière. Ils s'étaient construit des arches percées de sabords, et se laissèrent doucement glisser au gré des ondes, plus exposés cependant que ceux qui marchaient par terre aux attaques des Indiens, qui épiaient tous leurs mouvements.

On ne manque pas de voyageurs qui vous donnent la description de ces bateaux appelés anciennement *arches* et connus maintenant sous le nom de *prames* (1). Mais vous ont-ils dit, cher lecteur, que dans ce temps un bateau long de trente ou quarante pieds, sur dix ou douze de large, était considéré comme une construction gigantesque; que ce bateau contenait hommes, femmes et enfants, tous pêle-mêle, avec les chevaux, le bétail, les cochons, les volailles, les tas de légumes, les sacs de grain, etc.; le toit, ou plutôt le pont ne

(1) *Flat-boat*, bateau plat.

ressemblant pas mal à une cour de ferme encombrée de foin, de charrues, de charrettes, enfin de tous les ustensiles du labourage, avec beaucoup d'autres encore parmi lesquels figurait dignement le rouet des matrones; vous ont-ils dit que ces masses flottantes jusqu'aux flancs desquelles on avait accroché les roues des différents véhicules épars sur le pont, portaient tout le petit avoir de chaque famille, et que les pauvres émigrants n'osaient les mettre en mouvement que la nuit, dans les plus noires ténèbres, en cherchant à tâtons leur route, et se refusant les douceurs du feu et de la lumière, de peur que l'ennemi qui les guettait du rivage ne se précipitât sur eux pour les détruire; vous ont-ils dit qu'à la fin d'un aussi long et périlleux voyage, les nouveaux colons n'avaient d'abord d'autre habitation que ces bateaux sombres et humides? Non sans doute, ce n'était pas la peine de vous entretenir de pareils détails; les voyageurs qui visitent notre pays ont bien d'autres choses en tête!

Quant à moi, mon intention n'est pas de vous faire assister aux affreuses scènes de carnage où ne se signalèrent que trop souvent les différents partis des blancs et des peaux-rouges, tandis que les premiers descendaient l'Ohio. D'abord, je ne me suis toujours senti qu'un très médiocre goût pour les batailles; et en vérité, je souhaiterais, de tout mon cœur, que le monde eût des inclinations un peu plus pacifiques. Je n'ajouterai qu'un seul mot : c'est que, d'une manière ou d'une autre, les anciens possesseurs de la terre se virent contraints de quitter le Kentucky.

Maintenant, ne pensons plus qu'à parler des divertissements encore aujourd'hui en vogue dans cette heureuse partie des États-Unis.

Il y a, dans le Kentucky, des individus que, même chez nous, on considère comme étant d'une habileté vraiment extraordinaire au tir de la carabine : *enfoncer* un clou n'est qu'une bagatelle pour mes adroits concitoyens, ainsi qu'abattre la tête d'un dindon sauvage, à la distance de cent pas. Mais ce qui est plus fort, il y en a qui *enlèvent l'écorce sous un écureuil*, et cela autant de fois de suite qu'il leur plaît; d'autres qui, moins acharnés après le gibier, mouchent, dans les ténèbres, une chandelle à cinquante pas, du premier coup, et sans l'éteindre; je me suis laissé dire qu'il s'en était trouvé plusieurs, si sûrs d'eux-mêmes et d'un tel sang-froid, qu'à une distance étonnante, ils avaient pu d'avance désigner celui des deux yeux de leur ennemi auquel ils destinaient leur balle; et qu'en effet, après examen de la tête, on avait reconnu qu'elle avait frappé juste.

J'ai résidé plusieurs années dans le Kentucky, et témoin très souvent de ces exercices à la carabine, je veux vous présenter le résultat de mes observations; vous laissant juger vous-même jusqu'à quel point les tireurs de cet État méritent leur réputation.

Il arrive fréquemment que plusieurs individus qui se savent experts dans ce genre d'amusement, se réunissent pour faire montre de leur adresse. On engage une petite somme, et l'on plante un bouclier au centre duquel est enfoncé, jusqu'aux deux tiers environ, un clou de grosseur moyenne. Les tireurs marquent la distance, par exemple, à cinquante pas; chacun d'eux essuie l'intérieur de son canon, ce qu'on appelle le *nettoyage*, met une balle dans la paume de sa main, y verse de sa corne autant de poudre qu'il en faut pour la recouvrir; cette quantité étant regardée comme suffisante pour toute distance de moins de cent pas. Le coup qui porte tout près du clou est jugé très ordinaire; *fausser* le clou, c'est sans doute un peu mieux; mais il ne faut rien moins que le frapper droit sur la tête, pour faire coup qui vaille. Eh bien! un tireur, sur trois, frappe généralement le clou de cette manière: de façon que, pour une demi-douzaine de tireurs, c'est très souvent deux clous qu'il faut, avant que chacun ait eu son coup. Ensuite, ceux qui ont frappé sur la tête ont entre eux une nouvelle épreuve; et enfin, c'est entre les deux meilleurs que se termine l'affaire. Après quoi, tous les champions se rendent soit dans une taverne, soit chez l'un d'eux, où ils passent quelques heures agréables; ayant soin, avant de se séparer, de convenir d'un jour pour un second essai. Voilà ce qu'en termes techniques on appelle *enfoncer le clou.*

Enlever l'écorce sous l'écureuil est un délicieux passetemps, et dans mon opinion, réclame beaucoup plus d'adresse qu'aucun autre exercice. C'est non loin de la ville de Francfort que je vis mettre en usage ce singulier moyen de se procurer des écureuils. L'acteur n'était autre que le célèbre Daniel Boon. Nous faisions route de compagnie et côtoyions les rochers qui bordent la rivière Kentucky, lorsqu'au bout d'un certain temps nous atteignîmes un terrain plat que couvrait une forêt de noyers et de chênes. Comme la glandée en général avait donné cette année-là, on voyait des écureuils gambadant sur chaque arbre autour de nous. Mon compagnon, homme grand, robuste, aux formes athlétiques, n'ayant qu'une grossière blouse de chasseur, mais chaussé de forts mocassins, portait une longue et pesante carabine qui, disait-il tout en la chargeant, n'avait jamais manqué, dans aucun de ses essais précédents, et qui certainement ne se conduirait pas plus mal dans la présente occasion, où il se faisait gloire de me montrer ce dont il était capable. Le canon fut nettoyé, la poudre mesurée, la balle dûment empaquetée dans un morceau de toile, et la charge chassée en place à l'aide d'une baguette de noyer blanc. Les écureuils étaient si nombreux, qu'il n'était nullement besoin de courir après. Sans bouger de place, Boon ajusta l'un de ces animaux qui, nous ayant aperçus, s'était blotti contre une branche, à environ cinquante pas de nous, et me recommanda de bien remarquer l'endroit où frapperait la balle. Il releva lentement son arme jusqu'à ce que le petit grain qui est au bout du canon (c'est ainsi que les Kentuckyens appellent la *mire*) fût de niveau avec le point où il voulait porter. Alors retentit comme un fort coup de fouet, répété dans la profondeur des bois et le long des montagnes. Jugez de ma surprise : juste sous l'écureuil, la balle avait frappé l'écorce qui, volant en éclats, venait par contre-coup de tuer l'animal, en l'envoyant pirouetter dans les airs, comme s'il y eût été lancé par l'explosion d'une mine. Boon entretint son feu, et en quelques heures nous avions autant d'écureuils que nous pouvions en désirer. Vous saurez, en effet, que recharger sa carabine n'est que l'affaire d'un instant; et pourvu qu'on ait soin de l'essuyer après chaque coup, elle peut continuer son service des heures entières. Depuis cette première rencontre avec notre vétéran Boon, j'ai vu nombre d'autres individus accomplir le même exploit.

Quant à ce troisième exercice qui consiste à *moucher* la chandelle avec une balle, j'en fus pour la première fois témoin près des bords de la Grande Rivière, et dans le voisinage d'une remise à pigeons à laquelle j'avais préalablement rendu visite. Durant les premières heures d'une nuit noire, ayant entendu retentir de nombreux coups de carabine, je me dirigeai vers le lieu d'où ils partaient, pour en connaître la cause. En arrivant sur le terrain, je fus chaudement accueilli par une douzaine de grands gaillards qui s'apprenaient à tirer, dans les ténèbres, à la lumière réfléchie par les yeux d'un daim ou d'un loup. C'est ce qu'on appelle la chasse à la torche, dont je vous ai précédemment rendu compte (1). Auprès d'eux brillait un grand feu dont la fumée s'élevait en tournoyant parmi le feuillage épais des arbres. A une distance qui permettait à peine de la distinguer, quoiqu'en réalité il n'y eût pas plus de cinquante pas, brûlait une chandelle qu'on aurait dit placée là pour quelque offrande à la divinité de la nuit; enfin, à une dizaine de pas seulement du but, se tenait un individu

(1) Voy. la chasse au daim.

chargé de constater le résultat des coups, de rallumer la chandelle, si par hasard elle était éteinte, ou de la remplacer, au cas qu'elle fût coupée en deux. Chacun tirait à son tour; il y en avait qui ne frappaient jamais ni mèche ni chandelle: ceux-là étaient salués par un grand éclat de rire; tandis que d'autres la mouchaient parfaitement sans l'éteindre, et voyaient leur adresse récompensée par de nombreux hurrahs. L'un d'eux était particulièrement habile et très heureux : sur six coups, il mouchait trois fois la chandelle, et du reste, ou l'éteignait, ou la coupait immédiatement au-dessous de la flamme.

J'en aurais bien d'autres à raconter, de ces prouesses accomplies par les Kentuckyens avec la carabine. Dans chaque partie de cet État, quelque rares qu'y soient les habitants, tout homme qu'on rencontre est porteur de cette arme, aussi bien que d'un tomahawk. Souvent, par manière de récréation, ils détachent d'un arbre un quartier d'écorce dont ils font comme un bouclier au milieu duquel ils collent un peu de poudre mouillée avec de l'eau ou de la salive, pour figurer l'œil d'un buffle; puis ils tirent à ce but jusqu'à leur dernière balle.

Imaginez, après cela, quelle fête c'est pour un Kentuckyen, quand il s'agit d'abattre du gibier ou de tuer un ennemi! Je le répète, il n'est pas un homme dans ce pays qui n'ait la carabine à la main, depuis le jour où il est en état de la porter à son épaule, jusqu'à la fin, pour ainsi dire, de sa carrière. Cet instrument meurtrier est pour eux le moyen de se procurer la subsistance, au milieu de leurs excursions lointaines; et durant tout le cours d'une vie vagabonde et presque sauvage, c'est aussi la principale source de leurs divertissements et de leurs plaisirs.

LE PIC A BEC D'IVOIRE.

Dans le ton et la distribution des couleurs qui rendent le plumage de ce pic si remarquable, j'ai toujours trouvé quelque chose rappelant de très près la manière du grand Van-Dyck. L'ample étendue de son corps et de sa queue d'un noir lustré, les larges plaques de blanc qui tranchent si bien sur ses ailes, son cou et son bec, rehaussées par le riche carmin de la crête qui, chez le mâle, pend gracieusement derrière la tête; enfin le jaune éclatant de ses yeux, n'ont jamais manqué de me remettre en mémoire quelqu'une des plus hardies et des plus nobles productions de cet inimitable artiste. Et cette idée s'est si fortement gravée dans mon esprit, à mesure que j'ai fait plus ample connaissance avec cet oiseau, que chaque fois que j'en voyais un s'envoler d'un arbre à l'autre, je ne pouvais m'empêcher de m'écrier: Ah! voilà un Van-Dyck! C'est étrange, puéril si vous voulez, mais c'est un fait; et après tout, l'essentiel est que vous puissiez avoir sous les yeux la planche où j'ai représenté ce grand pic, incontestablement le premier de sa tribu.

Le pic à bec d'ivoire confine ses excursions dans une portion comparativement très restreinte des États-Unis. De mémoire d'homme, on n'en a jamais vu fréquenter les États du centre; c'est qu'aussi, dans aucune partie de ces districts, la nature des bois ne paraît convenir à ses singulières habitudes.

Quand on descend l'Ohio, il ne commence à se montrer que près du confluent de cette rivière avec le Mississipi; puis, en suivant ce dernier fleuve, soit par en bas, vers la mer, soit en remontant dans la direction du Missouri, le splendide oiseau se rencontre déjà plus fréquemment. Sur les côtes de l'Atlantique, il ne dépasse pas la Caroline du Nord, bien qu'on puisse encore en voir quelques-uns dans le Maryland. Mais à l'ouest du Mississipi, et même depuis la pente des montagnes Rocheuses, il se trouve dans toutes les épaisses forêts, au bord des rivières qui déchargent leurs eaux dans ce fleuve majestueux. Les parties basses des Carolines, de la Géorgie, de l'Alabama, de la Louisiane et du Mississipi, sont ses retraites favorites. Il réside constamment dans ces États, y élève sa famille et passe sa vie tranquille et heureux, trouvant de la nourriture à profusion, au milieu de ces marais sombres et profonds dont le pays est entrecoupé.

Il faudrait, cher lecteur, que je pusse figurer à votre esprit ces lieux redoutables, séjour préféré du pic à bec d'ivoire; il faudrait vous décrire l'immense étendue de ces marécages que recouvre l'ombre funèbre de milliers de gigantesques cyprès, allongeant leurs bras noueux et moussus, comme pour avertir l'imprudent chasseur prêt à s'y aventurer que là-bas, là-bas, dans leurs inaccessibles profondeurs, ses pas ne rencontreront plus qu'énormes branches qui se projettent à la traverse, troncs massifs tombés et pourrissants, parmi d'innombrables espèces de plantes qui rampent, grimpent et s'enchevêtrent en tous les sens; il faudrait vous faire bien comprendre les dangers de ce terrain perfide, la nature spongieuse de ces bourbiers que cachent traîtreusement de magnifiques tapis de verdure, des riches mousses, des glaïeuls et des lis d'eau, et qui, dès qu'on y pose le pied, s'enfoncent et mettent en danger la vie du voyageur. Çà et là le malheureux croit apercevoir une clairière; mais ce n'est qu'un lac d'eau noire et croupissante, et son oreille est assaillie par l'affreux coassement d'une légion de grenouilles, par le sifflement des serpents et le mugissement des crocodiles. Il faudrait enfin vous faire respirer ces exhalaisons pestilentielles et suffocantes, alors que, dans les jours caniculaires, un soleil de midi échauffe ces horribles marais! Mais ce n'est rien que de parler de pareilles scènes; la plume ni le pinceau ne sauraient en donner une idée à qui ne peut les voir.

Quelle différence pourtant, dans les rôles assignés à chacun de nous, ici-bas; quelle diversité dans les aptitudes et les goûts! c'est ce que je me suis dit bien souvent, lorsque, voyageant dans des pays fort éloignés de ceux où l'on vend, sous forme de peaux desséchées, des oiseaux de cette espèce et d'autres non moins difficiles à se procurer, j'entendais l'amateur ou le naturaliste de cabinet se plaindre qu'on en demandât une demi couronne (1). Notez que le pauvre diable qui osait mettre son oiseau à un si haut prix, l'avait peut-être poursuivi pendant des milles, à travers ces marais que vous savez; et qu'après l'avoir pris et préparé de son mieux, il avait dû faire encore des centaines de milles pour l'apporter au marché! J'aimerais autant, je l'avoue, entendre quelque maître sot se plaindre de l'aspect mesquin de la galerie du Louvre qu'il vient de parcourir sans bourse délier; ou voir un connaisseur de la même force, se lamenter de la perte de son shilling (2), tout en promenant son illustre personne à travers les salles de l'Académie royale de Londres ou dans toute autre collection artistique d'une égale valeur.

Mais revenons à notre histoire.

Le vol de ce pic est particulièrement gracieux; rarement le prolonge-t-il plus de cent verges d'un trait, si ce n'est lorsqu'il lui faut traverser quelque grande rivière. Alors il décrit de profondes courbes; d'abord ses ailes s'ouvrent de toute leur largeur, puis il les referme, pour renouveler bientôt son premier effort d'impulsion. Le passage d'un arbre à l'autre, quand même la distance serait de plus de cent pas, s'accomplit d'un seul mouvement; et l'on dirait que l'oiseau se

(1) Trois francs.

(2) On sait qu'à Londres il faut payer (ordinairement un shilling) pour visiter les monuments, les musées et les collections, que le public à Paris est admis à voir pour rien.

balance entre les deux cimes, tant ses ondulations sont élégantes. C'est à ce moment qu'il étale toute la beauté de son plumage, et charme les yeux. Jamais, tant qu'il est sur ses ailes, il ne pousse aucun cri, sauf dans la saison des amours ; mais en tout temps, dès qu'il vient de se poser, on entend sa voix si remarquable. Grimpant soit contre le tronc des arbres, soit le long des branches dont il gagne toujours le sommet, il avance par petits sauts, et chacun est accompagné d'une note claire, aigüe, et néanmoins assez plaintive, qui se prolonge au loin, quelquefois à un demi-mille, et retentit comme le fausset d'une clarinette. C'est une sorte de *pait*, *pait*, *pait*, ordinairement répété par trois fois de suite, et si souvent, que de toute la journée, c'est à peine si l'oiseau reste un moment silencieux. Cette habitude lui devient funeste, car elle révèle sa présence à ses ennemis; et si l'on cherche à le détruire, ce n'est pas, comme on le suppose, parce qu'il ferait mourir les arbres, mais parce qu'il est un bel oiseau, et parce que la riche peau qui lui recouvre le crâne forme un ornement pour l'habit de guerre de nos Indiens et le sac à balles des pionniers et des chasseurs. Les voyageurs de tous pays recherchent aussi beaucoup la partie supérieure de la tête et le bec du mâle. Lorsqu'un steam-boat s'arrête à l'un de ces lieux que dans le pays on appelle *wooding places* (1), il n'est pas rare de voir des étrangers donner un quart de dollar pour deux ou trois têtes de ce pic; souvent j'ai pu admirer des bau-

(1) Un dépôt de bois.

driers de chefs indiens entièrement recouverts de becs et de huppes de cette espèce, et j'ai remarqué qu'alors on y mettait un très haut prix.

Au printemps, ces oiseaux sont les premiers à faire leur nid, parmi tous les autres de leur tribu. Je les ai vus occupés à percer leur trou dès le commencement de mars. Ce trou, du moins d'après ce que j'ai pu observer, est toujours ouvert dans le tronc d'un arbre vivant (d'habitude un frêne), et à une grande hauteur de terre. Les pics ont bien soin d'examiner la situation particulière de l'arbre et l'inclinaison du tronc : d'abord parce qu'ils préfèrent un lieu retiré; ensuite parce qu'ils cherchent à garantir l'ouverture contre l'accès de l'eau durant les pluies battantes. A cet effet, ils commencent en général à creuser immédiatement au-dessous de la jonction d'une grosse branche avec le tronc. Le trou est d'abord conduit horizontalement, sur une longueur de quelques pouces; puis, à partir de là, directement en bas, et non en spirale, comme certaines gens se l'imaginent. Suivant les cas, la cavité est plus ou moins profonde; parfois elle n'a pas plus de dix pouces, et d'autres fois, au contraire, se continue près de trois pieds. J'ai pensé que ces différences provenaient de la nécessité plus ou moins pressante qu'éprouve la femelle de déposer ses œufs; et j'ai aussi cru reconnaître que plus l'oiseau était vieux, plus son trou s'enfonçait dans l'intérieur de l'arbre. Le diamètre de ceux que j'ai examinés pouvait être de sept pouces en dedans, bien que l'entrée, parfaitement ronde, n'eût juste que la largeur suffisante pour laisser passer l'oiseau.

Le mâle et la femelle travaillent sans relâche à avancer ce trou, l'un se tenant en dehors pour encourager l'autre tandis qu'il pioche, et quand il est fatigué, prenant aussitôt sa place. Je me suis doucement approché de plusieurs arbres où des pics étaient ainsi tout entiers à leur travail; et en y appuyant ma tête, je pouvais facilement distinguer chaque coup de bec. En deux occasions différentes, ma présence les effraya; ils s'envolèrent et ne revinrent plus.

La première ponte est généralement de six œufs d'un blanc pur et qui reposent sur de menus copeaux au fond de la cavité. Les petits s'habituent à grimper au dehors, une quinzaine au moins avant de prendre leur vol vers un autre arbre. Ceux de la seconde couvée font leur apparition vers le milieu d'août.

Dans le Kentucky et l'Indiana, il n'y a d'ordinaire qu'une couvée par saison. Les jeunes sont d'abord de la couleur de la femelle, excepté seulement qu'ils n'ont pas la crête; mais elle pousse rapidement, et vers l'automne, surtout dans la première couvée, elle est déjà près d'égaler celle de la mère. Les mâles, à la même époque, n'ont qu'une légère ligne rouge sur la tête; ce n'est qu'au printemps qu'ils revêtent toute la richesse de leur plumage, et leur accroissement n'est complet qu'à la deuxième année. Même alors on les distingue encore très aisément des individus qui sont plus vieux.

Leur nourriture consiste principalement en hannetons, larves et gros vers. Cependant les raisins ne sont pas plutôt mûrs dans nos forêts, qu'ils se jettent dessus avec une extrême avidité. J'en ai vu de suspendus par les ongles à des branches de vigne, dans la position que prend si souvent la mésange; le corps tendu en bas, ils s'allongeaient tant qu'ils pouvaient, et semblaient atteindre la grappe avec une grande satisfaction. On en voit aussi sur les plaqueminiers, mais seulement lorsque leurs fruits sont devenus tout à fait mous.

Ces oiseaux ne font aucun tort au blé ni aux fruits des vergers, bien qu'ils s'attaquent quelquefois aux arbres qu'on a protégés d'une enveloppe, dans les jeunes plantations, et en détachent des lambeaux d'écorce. Rarement s'approchent-ils de terre; ils préfèrent, en tous temps, les sommets des plus hauts arbres. S'ils viennent à découvrir quelque gros tronc mort, à moitié gisant et brisé, ils se jettent dessus et le travaillent avec une telle vigueur, qu'en peu de jours ils l'ont presque entièrement démoli. J'ai vu les restes de quelques-uns de ces antiques monarques de nos forêts ainsi minés, et d'une façon si singulière, que le tronc chancelant et haché semblait n'être plus soutenu que par l'énorme tas de copeaux qui l'entourait à sa base. Leur bec est si puissant, et ils en frappent d'une telle force, que d'un seul coup ils enlèvent des morceaux d'écorce de sept à huit pouces de long, et peuvent, en commençant à l'extrémité d'une branche sèche, la dépouiller sur une étendue de vingt ou trente pieds dans l'espace de quelques heures. Pendant tout ce temps, ils ne cessent de sautiller en descendant peu à peu, la tête dirigée par en haut, et la tournant de droite et de gauche, ou bien l'appliquant contre l'écorce pour reconnaître où les vers sont cachés. Cela fait, ils recommencent de plus belle à piocher, et entre chaque coup éclate leur cri retentissant, comme s'ils prenaient un vif plaisir à l'ouvrage.

Lorsque les jeunes ont quitté leurs parents, ces derniers se tiennent généralement par couples. La femelle est toujours la plus bruyante et la moins craintive; leur mutuel attachement dure toute la vie. Sauf le cas où ils creusent le trou qui doit recevoir leurs œufs, ils n'attaquent presque jamais les arbres vivants, que pour se procurer de la nourriture, et ils les débarrassent en même temps des insectes nuisibles.

Plusieurs fois j'ai vu le mâle et la femelle se retirer ensemble, pour passer la nuit, dans le même creux où, longtemps auparavant, ils avaient élevé leurs petits. Ils y rentrent ainsi d'ordinaire quelques instants après le coucher du soleil.

Si l'un de ces oiseaux est blessé et qu'il tombe par terre, il gagne immédiatement l'arbre le plus rapproché, y grimpe aussi lestement qu'il peut, et ne s'arrête qu'aux dernières branches, où il se foule et réussit en général à se cacher très bien. Il monte le long de l'arbre en ligne spirale, et faisant toujours entendre son éclatant *pait*, *pait*. Mais il devient silencieux, du moment qu'il a trouvé une place où il se croit en sûreté. Quelquefois ses pattes s'accrochent si fortement à l'écorce, qu'il y reste cramponné des heures entières, même après sa mort. Quand on veut les prendre à la main, ce qui n'est pas sans quelque danger, ils frappent avec violence et blessent cruellement avec leur bec et leurs ongles, qui sont très aigus et très forts. En se défendant ainsi, ils poussent un cri lamentable, et qui véritablement fait pitié.

LES PIONNIERS DU MISSISSIPI.

Que d'impressions de voyages nous ont été données, que de récits on nous a faits sur le compte des pionniers! De tant d'Européens qui, à raison de dix milles à l'heure, ont descendu le cours du Mississipi, pas un qui n'ait voulu dire son petit mot à leur sujet. Et pourtant, au fond, à quoi tout cela revient-il? à les représenter comme des *espèces d'êtres misérables, à la mine hâve et blême, vivant dans des marais et subsistant de gland, de blé indien et de viande d'ours!* Mais ce qui est vrai, ce qui est évident, c'est que celui-là seul qui a pu se mettre parfaitement au courant de leur histoire, de leurs mœurs et de leur condition, est en état de fournir sur eux quelques détails intéressants, c'est-à-dire pris dans la réalité.

Les individus qui deviennent pionniers, choisissent ce genre de vie de leur propre et libre mouvement; ils s'éloignent des parties des États-Unis où ils ont reconnu que la terre est montée à un trop haut prix. Ce sont des gens qui, ayant une famille d'enfants robustes et aventureux, se trouvent dans un grand embarras pour les mettre en position de se suffire à eux-mêmes. Ils ont appris de bonne source que la contrée qui s'étend le long des grands cours d'eau, à l'ouest, est de toutes les parties de l'Union la plus riche par son sol; que c'est là qu'il y a le plus de bois de construction et le plus de gibier; qu'en outre, le Mississipi est la grande route pour l'aller et le retour de tous les marchés du monde, et que chaque vaisseau qui vient sur ses eaux apporte aux nouveaux établissements le moyen de se procurer, soit par achat, soit par échange, les principales commodités de la vie. A ces recommandations s'en ajoute une autre d'un plus grand poids sur des personnes du genre de celles que je viens de nommer : je veux dire, la perspective de posséder de la terre, et peut-être de la garder nombre d'années, sans payer prix, redevance, ni taxe d'aucune espèce. Que de milliers d'individus, dans toutes les parties du globe, tenteraient volontiers fortune, sur de pareilles espérances!

Mon intention n'est pas, croyez-le bien, de revêtir de trop hautes couleurs le tableau que j'entends soumettre à votre examen. Au lieu donc de supposer des individus qui aient ainsi quitté nos frontières de l'est (et certes il n'en manque pas), je vous présenterai les membres d'une famille venue de la Virginie, en vous donnant d'abord une idée de leur condition, dans cette contrée, avant qu'ils se décident à émigrer vers les régions de l'ouest. La terre qu'ils possédaient de père en fils, depuis une centaine d'années, ayant été constamment forcée de rapporter d'une sorte ou de l'autre, se trouve à la fin complétement épuisée ; elle ne montre plus qu'une couche superficielle d'argile rouge, entrecoupée de profondes ravines par où le meilleur du sol s'en est allé peu à peu recouvrir les possessions de quelque heureux voisin qui réside plus bas, au milieu d'une vallée toujours riche et belle. Tous leurs efforts pour ramener la fertilité ont été vains. Alors, à bout de moyens, ils se défont des choses embarrassantes ou trop coûteuses à emporter, ne gardent qu'un couple de chevaux, un domestique ou deux, et tels ustensiles de ménage et autres articles qui peuvent être nécessaires pendant le voyage, ou leur servir quand ils seront arrivés au lieu de leur choix.

Il me semble les voir, en ce moment, équipant leurs chevaux, les attelant aux charrettes déjà chargées des objets de literie, des provisions et des plus petits enfants ; tandis que sur les côtés, en dehors, sont accrochés des rouets, des métiers à tisser, avec un seau rempli de goudron et de suif, qui ballotte suspendu au train de derrière. Quelques haches ont été attachées aux traverses de la voiture ; et dans l'auge à manger des chevaux, roulent pêle-mêle pots, chaudrons et casseroles. Le domestique, devenu charretier, enfourche le cheval de devant, la femme s'assied sur l'autre ; le digne mari, son fusil sur l'épaule, et ses garçons revêtus de bonne grosse étoffe, touchent les bestiaux et conduisent la procession, suivis des chiens de chasse et autres. Le voyage se fait à petites journées et n'est pas tout plaisir ;

d'un côté, c'est le bétail qui, sauvage et entêté, quitte à tous moments la route pour les bois, et donne un mal infini aux pauvres émigrants ; là se rompt un harnais qu'il est indispensable de raccommoder sur-le-champ; ailleurs un baril est tombé par mégarde, et il faut courir après, car ils ont besoin de faire attention à ne rien perdre du peu qu'ils possèdent. Les routes sont affreuses ; plus d'une fois toutes les mains sont requises pour prendre à la roue, ou pour empêcher la charrette de verser. Enfin, au coucher du soleil, ils ont fait environ vingt milles. Fatigués, ils s'assemblent autour d'un feu qu'on a eu souvent grand'peine à allumer; le souper est préparé; on dresse une sorte de camp, et c'est là qu'ils passent la nuit.

Des jours et des semaines, que dis-je? des mois d'un labeur incessant s'écoulent, et ils ne voient pas encore le but de leur voyage. Ils ont traversé les deux Carolines, la Géorgie et l'Alabama ; ils sont en route depuis le commencement de mai jusqu'à celui de septembre, et c'est le cœur serré qu'ils traversent l'État du Missisipi. Mais arrivés maintenant sur les bords du large fleuve, ils contemplent, dans l'étonnement, la sombre profondeur des bois qui les environnent ; ils voient des bateaux de toutes dimensions qui se laissent glisser au courant, tandis que d'autres le remontent avec de pénibles efforts. Ils vont demander assistance aux plus prochaines habitations ; et à l'aide des bateaux et des barques qu'on leur prête, ils traversent tous à la fois le Missisipi, et choisissent le lieu où ils veulent s'établir.

Les exhalaisons des marais qui sont dans le voisinage exercent d'abord sur eux leur funeste influence. Mais ils se mettent résolûment à l'ouvrage, et leur premier soin est de se prémunir contre l'hiver. La hache et le feu ont bientôt préparé une petite place où l'on élève une cabane provisoire. Au cou de chacun des bestiaux est suspendue une clochette, puis on les lâche dans les *cannaies* des environs; les chevaux restent près de la maison, où ils trouvent, à cette époque, une nourriture suffisante. Le premier bateau de commerce qui fait halte dans ces parages leur procure, s'ils veulent, de la farine, des hameçons, des munitions et autres choses dont ils ont besoin. Les métiers sont montés; bientôt les rouets fournissent un peu de laine filée, et en quelques semaines la famille, jetant de côté ses habits en haillons, peut en revêtir d'autres mieux appropriés au climat. Cependant le père et les fils ont planté des pommes de terre, semé des navets avec d'autres légumes; et quelque bateau venu du Kentucky leur a fourni un commencement de basse-cour.

Arrive octobre, nuançant les feuilles de la forêt. Les rosées du matin sont froides, les journées chaudes, les nuits glacées; et en peu de jours la famille, non encore faite au climat, se trouve attaquée de la fièvre. La langueur et la maladie abattent leurs forces, et quelqu'un qui les voit en ce moment peut bien les appeler, en effet, des êtres chétifs et misérables. Heureusement la saison malsaine est bientôt passée, et les gelées blanches commencent à paraître. Insensiblement les forces reviennent, les plus gros frênes sont abattus, leurs troncs coupés, fendus et mis en cordes (1) au-devant de la cabane. Vers le soir, on allume un grand feu au bord de l'eau; bientôt un steamer passe et demande à acheter le bois dont le produit ne laisse pas que d'ajouter à leur bien-être, pour le reste de l'hiver.

Ce premier fruit de leur industrie leur donne un nouveau courage; ils redoublent d'ardeur, et quand revient le printemps, les choses ont pris une tournure bien différente : venaison, viande d'ours, dindons sauvages, oies, canards, et de temps en temps un peu de poisson, ont contribué à les soutenir; et dans le champ maintenant élargi, on sème du blé, des citrouilles, et l'on fait force pommes de terre. Leur bétail commence à s'accroître; le steamer, qui s'arrête de préférence en cet endroit, leur achète tantôt un petit cochon, tantôt un veau, avec tout leur bois; les provisions se trouvent renouvelées, et dans leur cœur pénètre un plus vif rayon d'espérance.

Quel est celui des colons du Mississipi qui ne puisse réaliser de pareils bénéfices? Aucun, assurément, pourvu qu'il sache s'aider soi-même; et au retour des mois d'automne, les voilà déjà mieux préparés pour tenir tête aux fièvres qui vont sévir. Ils ont, pour en repousser les attaques, nourriture substantielle, habits confortables et un bon feu. Laissez passer encore une année, et la famille sera acclimatée tout à fait.

En attendant, les deux garçons ne perdent pas leur

(1) La corde, comme mesure pour le bois, est un terme encore usité chez nous, par exemple, en Normandie,

temps : ils ont découvert un marais rempli d'un excellent bois de construction; et comme ils ont remarqué de grands radeaux d'arbres sciés qui passaient en flottant devant leur demeure, à destination de la Nouvelle-Orléans, ils se décident à tenter le succès d'une petite entreprise. Ils achètent des scies au long, construisent eux-mêmes quelques grossiers chariots aux larges roues; troncs après troncs sont amenés jusqu'au rivage, où bientôt est charpenté leur premier radeau qu'ils chargent de quelques cordes de bois. Lorsque la crue des eaux l'a mis à flot, ils l'attachent avec de longues lianes ou des câbles; puis, le moment propice étant arrivé, le père et ses fils s'embarquent dessus et se laissent aller au cours du grand fleuve.

La descente ne se fait pas sans beaucoup de difficultés; mais enfin, sains et saufs, ils arrivent à la Nouvelle-Orléans. Là ils se défont de leur marchandise, et avec l'argent qui en provient et que l'on peut bien dire tout profit, ils se procurent divers articles de confort et d'agrément. Alors ils obtiennent passage aux dernières places d'un steamer; et le retour ne leur coûte presque rien, car ils savent s'employer à faire du bois et à rendre toutes sortes de services à l'équipage.

Cependant le bateau approche de leur demeure. Voyez là-bas, debout sur le rivage, la mère joyeuse entourée de ses filles. Elles se tiennent au milieu d'un tas de légumes; une grande jarre de lait frais est à leurs pieds, et dans leurs mains sont des assiettes chargées de rouleaux de beurre. Le steamer s'arrête; trois larges chapeaux de paille ondoyant à la brise s'élancent du dernier pont, et bientôt mari et femme, frères et sœurs, sont dans les bras l'un de l'autre. Le bateau emporte les provisions dont, au préalable, il a laissé le prix ; et au moment où le capitaine donne le signal du départ, l'heureuse famille rentre dans sa cabane. Le mari remet à sa bonne ménagère la bourse aux dollars, tandis que les frères présentent à leurs sœurs quelques jolis cadeaux qu'ils ont achetés pour elles. Ah ! que de tels instants dédommagent bien les pionniers de toutes leurs fatigues et de tous leurs maux !

Chaque année de réussite a augmenté leurs épargnes. Maintenant ils sont à la tête d'un beau troupeau de chevaux, de vaches, de porcs ; ils ont abondance de provisions et jouissent d'un vrai bien-être. Les filles ont épousé des fils de pionniers leurs voisins, et ont trouvé de nouvelles sœurs dans les femmes de leurs propres frères. Le gouvernement garantit à la famille les terres sur lesquelles, vingt ans auparavant, ils avaient campé dans la misère et la maladie. Des bâtiments plus spacieux s'élèvent sur des piliers qui les mettent à l'abri des inondations; et jadis où il n'y avait qu'une seule cabane, on voit maintenant un joli village. Des magasins, des boutiques, des ateliers, accroissent l'importance de la place ; les pionniers vivent respectés, et quand l'heure en est venue, meurent regrettés de tous ceux qui les ont connus.

Ainsi se peuplent les vastes frontières de notre pays ; ainsi, d'année en année, la culture gagne sur les solitudes de l'Ouest. Un temps viendra, sans doute, où la grande vallée du Mississipi, couverte encore de forêts primitives et entrecoupée de marais, présentera le riant tableau de champs chargés de moissons et de riches vergers ; tandis que, groupées sur ses rivages, floriront d'industrieuses cités, où des peuples à l'esprit cultivé se réjouiront dans les bienfaits de la Providence.

LA GRIVE DES BOIS.

Voilà mon oiseau favori, celui de tous auquel je dois le plus ! Que de fois je me suis senti renaître, en entendant ses notes sauvages dans la forêt ! comme elles me semblaient douces, après une nuit passée sans repos, sous mon pauvre abri, si mal défendu contre la violence de l'ouragan ! Peu à peu j'avais vu la flamme incertaine et vacillante de mon petit feu s'éteindre sous des torrents de pluie qui confondaient le ciel et la terre en une seule masse d'épaisses ténèbres ; et par intervalles, déchirant la nue, le rouge sillon de la foudre éblouissait mes yeux, et projetait sur les grands arbres autour de moi une lueur sinistre, immédiatement suivie d'un fracas confus, immense, épouvantable, qui éclatait dans la profondeur des bois, et de toutes parts roulant son tonnerre, glaçait le souffle même de la pensée. Oh ! que de fois, après une de ces nuits terribles, loin de mon foyer si calme, privé de la présence des êtres qui me sont chers, fatigué, affamé, manquant de tout, tellement seul et désolé que j'en venais à me demander pourquoi j'étais là, près de voir le fruit de tous mes travaux abîmé, anéanti par l'eau qui envahissait mon camp et me forçait à me tenir debout, tremblant de froid comme dans un fort accès de fièvre, et les regards tristement tournés vers les années de ma jeunesse, en songeant que peut-être je ne devais plus ni revoir ma maison, ni embrasser ma famille ; que de fois, dis-je, je me suis tout à coup réjoui, parce qu'aux premiers rayons de l'aurore se glissant encore douteux à travers les masses sombres de la forêt, venait de retentir à mon oreille, et de là jusqu'à mon cœur, la délicieuse musique de ce messager du jour ! Et qu'avec ferveur alors je bénissais la bonté divine qui, ayant créé la grive des bois, l'avait placée dans ces forêts solitaires comme pour consoler mon abandon, relever mon âme abattue, et me faire comprendre qu'en quelque situation qu'il se trouve, l'homme ne doit jamais désespérer, parce qu'il ne peut jamais dire avec certitude que précisément à cette même heure le secours et la délivrance ne sont pas tout près de lui.

Et ne craignez pas qu'elle se trompe : après une de ces tourmentes que je viens de dépeindre, son chant n'a pas plutôt donné l'éveil, que les cieux commencent à s'éclaircir ; la lumière, réfractée en jets brillants, monte de dessous l'horizon ; bientôt elle resplendit, s'enflamme, et enfin, dans toute sa pompe, le grand orbe du jour éclate aux yeux ! Les vapeurs grises qui flottaient sur la terre sont promptement dissipées ; la nature sourit à cet heureux changement, et déjà les nombreux chantres des bois font répéter, à tous les échos, leurs joyeux cris de reconnaissance. Dès ce moment, plus de craintes; l'espérance seule fait battre le cœur. Le chasseur s'apprête à quitter son camp; il écoute le signal de la grive, en réfléchissant à la direction qu'il doit prendre; et tandis que l'oiseau s'approche et le regarde d'un œil curieux, comme pour surprendre quelque chose de ses projets, il élève son âme à Dieu qui dispose à son gré de tous les événements. Rarement, en effet, ai-je entendu le chant de cet oiseau, sans éprouver en moi cette paix, cette tranquillité qu'inspire si bien la solitude où il se plaît. Les bois les plus profonds et les plus sombres sont toujours ceux qu'il préfère; sa retraite favorite est au bord des ruisseaux murmurants, à l'ombre des arbres majestueux qui s'élèvent sur le penchant des collines, et dont les rayons du soleil pénètrent difficilement la voûte épaisse. C'est là, c'est là seulement qu'il faut l'entendre, notre brillant ermite, pour comprendre et pour goûter tout le charme de sa voix!

Bien que composée d'un petit nombre de notes, elle est si puissante, si distincte, si claire et si moelleuse, qu'il est impossible qu'elle frappe l'oreille, sans que l'esprit n'en soit en même temps vivement ému. Je ne puis comparer ses effets à ceux d'aucun instrument, car je n'en connais pas réellement d'aussi mélodieux. Elle s'enfle peu à peu, devient plus sonore, puis jaillit en gracieuses cadences, et retombe enfin si douce et si basse, qu'on dirait qu'elle va mourir. C'est comme les émotions d'un amant : plein d'espoir et triomphant, il croyait déjà posséder l'objet de ses vœux ; mais l'instant d'après il s'arrête irrésolu, et doutant même que tous ses efforts aient pu lui plaire.

Souvent plusieurs de ces oiseaux semblent s'appeler l'un l'autre, des diverses parties de la forêt, principalement vers le soir ; et comme à ce moment presque tous les autres chants ont cessé sous le feuillage, on écoute ceux de la grive avec un redoublement de plaisir. Alors, c'est comme une lutte d'harmonie où chaque individu veut l'emporter sur son rival; et j'ai cru remarquer que, dans ces rencontres, leur exécution devenait beaucoup plus parfaite encore, car elle déploie une souplesse, une abondance, une variété de modulations qu'il m'est tout à fait impossible d'exprimer. Ces concerts se prolongent jusqu'après le coucher du soleil ; c'est au mois de juin qu'on les entend, pendant que les femelles sont sur leurs œufs.

Cette grive glisse légèrement à travers les bois, et accomplit ses migrations sans se montrer dans les champs, ni dans les plaines. Elle réside constamment dans la Louisiane, où reviennent aussi prendre leurs quartiers d'hiver les nombreux individus qui avaient été nicher dans les diverses parties des États-Unis. Elle arrive en Pensylvanie au commencement ou au milieu d'avril, et de là monte graduellement vers le Nord.

Leur nourriture se compose de baies et de petits fruits qu'elles se procurent dans les bois, sans avoir jamais maille à partir avec le fermier. Ce n'est que par occasion qu'elles se rabattent sur des insectes ou diverses sortes de lichens.

D'habitude leur nid est placé bas, sur quelque branche horizontale de cornouiller, rarement parmi des buissons. Il est large, bien assis sur la branche, et formé extérieurement de feuilles sèches, puis d'une seconde couche d'herbe et de boue, avec un coussin de menues racines au dedans. Les œufs, au nombre de quatre ou de cinq, sont d'une belle couleur bleue uniforme. On trouve ordinairement ce nid dans des enfoncements marécageux, sur le penchant des montagnes.

Quand elle est posée sur la branche, cette grive hoche fréquemment de la queue, et accompagne chaque fois ce mouvement d'un cri sourd et moqueur qui ne ressemble en rien à celui du robin. Par moment, elle se tient immobile, les plumes légèrement relevées en arrière. Elle marche et sautille sur les branches avec beaucoup de grâce, et souvent courbe la tête en bas, pour épier ce qui se passe autour d'elle; fréquemment elle descend par terre et s'occupe à retourner les feuilles en cherchant des insectes, puis à la moindre alarme se renvole sur les arbres.

La vue d'un renard ou d'un raton l'inquiète beaucoup; et elle les suit à une distance respectueuse, en poussant un *cluck* plaintif bien connu des chasseurs. Même pendant l'hiver, ces oiseaux sont nombreux dans la Louisiane. Ils ne se forment jamais en troupes, mais vont seul à seul à cette époque, et on ne les voit par couples que dans la saison des œufs. On les élève aisément à la partie du nid, et ils chantent presque aussi bien en cage qu'en pleine liberté. On les entend quelquefois durant tout l'hiver, particulièrement lorsque le soleil se montre après une ondée. Leur chair est extrêmement délicate et juteuse. On en tue un grand nombre avec le fusil à vent.

UNE CHASSE A L'ÉLAN.

Au printemps de l'année 1833, les élans étaient extrêmement abondants dans le voisinage des lacs Schoodiac (1); et comme la neige s'était trouvée trop profonde, dans les bois, pour qu'il leur eût été possible de s'échapper, beaucoup furent pris. Vers le 1er mars de la même année, nous résolûmes, à trois, de leur donner la chasse, et nous partîmes, munis de raquettes (2), de fusils, de hachettes et de provisions pour une quinzaine. Le premier jour, après avoir fait environ cinquante milles, dans un traîneau tiré par un seul cheval, nous nous arrêtâmes au lac le plus voisin, où l'abri nous fut offert dans la hutte d'un Indien de la tribu des Passamoquoddes (3), du nom de Lewis, et

(1) Schoodiac ou Schoodic, lacs de l'État du Maine, au nombre de trois, assez considérables, et réunis entre eux par de petits courants.

(2) *Snow-shoes*, littéralement, souliers de neige.

(3) Tribu de l'État du Maine et qui, à cette époque, pouvait encore compter environ 300 membres.

qui avait abandonné la vie errante de sa race, pour se livrer à l'agriculture et au commerce du bois. Là nous vîmes faire des raquettes, ouvrage qui réclame encore plus d'adresse qu'on ne serait tenté de le croire. Ce sont les hommes, en général, qui façonnent la charpente, à laquelle les femmes entrelacent des lanières provenant ordinairement de la peau du daim karibou (1).

Le lendemain, nous continuâmes à pied; mais au bout de soixante milles, une forte averse nous surprit et nous retint tout un jour. Ayant mis les raquettes, nous pûmes enfin repartir; et après quelques milles seulement d'une marche pénible, nous atteignions la tête du lac Musquash, où nous trouvâmes un camp que quelques bûcherons avaient dressé l'hiver précédent, et dans lequel nous établîmes notre quartier général. Dans l'après-midi, un Indien poussa jusqu'à un quart de mille de notre camp un élan femelle, avec ses deux petits âgés d'un an. Mais il fut obligé de tuer la mère. Nous désirions avoir les jeunes vivants, et nous réussîmes avec beaucoup de peine à en attraper un, que nous enfermâmes dans une sorte d'étable destinée aux bestiaux des bûcherons. Quant à l'autre, la nuit étant survenue, nous dûmes l'abandonner dans les bois. Nos chiens, de leur côté, avaient forcé deux jolis daims qui, avec quelques tranches de l'élan, nous composèrent un repas des plus délicieux. Il est vrai de dire aussi que nous avions grand appétit. Après ce souper

(1) Nom que certaines peuplades de l'Amérique du Nord donnent au renne.

confortable, nous nous étendîmes devant un large foyer que nos mains venaient de construire; et bientôt nous pûmes nous dire, avec une douce jouissance, qu'il ne dépendrait que de nous d'y faire un bon somme.

De grand matin, nous étions debout et sur la trace d'un élan qui, la veille, avait été chassé de son gîte, ou plutôt de sa remise, par les Indiens. La neige avait cinq pieds d'épaisseur et beaucoup plus en de certains endroits, et il nous fallut faire plus de trois milles pour trouver le lieu où le gibier avait passé la nuit. Depuis une heure environ il en était parti, quand nous y arrivâmes; force était donc de nous lancer à sa poursuite, mais avec l'espoir de bientôt l'atteindre. Toutefois un crochet soudain qu'il fit, ne tarda pas à nous jeter hors de la voie; et quand nous la retrouvâmes, un Indien avait pris les devants et s'était attaché aux pas de l'animal harassé. Peu de temps après, un coup de feu retentit et nous courûmes : l'élan blessé se trouvait acculé dans un fourré, où nous l'achevâmes. Se sentant serré de trop près, il s'était retourné contre l'Indien qui, après lui avoir lâché son coup de fusil, n'avait eu rien de plus pressé que de gagner les broussailles et de s'y cacher. Il était âgé de trois ans, et par suite loin d'avoir atteint toute sa taille, quoiqu'il eût déjà près de six pieds et demi de haut.

On a peine à concevoir comment, par une neige aussi épaisse, un animal peut aller de ce train. Celui dont je parle avait, pendant quelque temps, suivi le cours d'un ruisseau au-dessus duquel, à cause de la température plus élevée de l'eau, la neige s'était considérablement affaissée ; et là, nous eûmes occasion de reconnaître de quelle force il fallait qu'il fût doué pour sauter par-dessus des obstacles comme ceux qui lui barraient le passage. Par endroits, la neige formait de tels monceaux, qu'il semblait absolument impossible qu'aucun animal pût les franchir. Et cependant, nous trouvions qu'il l'avait fait et d'un seul bond, et qui plus est, sans laisser la moindre trace ! Je n'ai pas mesuré ces tas de neige, et ne puis dire exactement leur hauteur ; mais je suis persuadé que, pour quelques-uns, elle ne s'élevait pas à moins de dix pieds.

Nous commençâmes à dépouiller notre élan, dont nous enfouîmes ensuite la chair sous la neige, où elle se conserve des semaines. En l'ouvrant, nous restâmes surpris de la grosseur des poumons et du cœur, comparés avec le contenu de l'abdomen. Le cœur était certainement plus volumineux que celui d'aucun autre animal que j'eusse encore vu. La tête offre une grande ressemblance avec celle du cheval ; mais le muffle est plus de deux fois plus large et susceptible de s'allonger considérablement quand l'animal est en colère. On donne comme un fait certain, dans quelques descriptions, que l'élan est court d'haleine et a le pied tendre ; mais ce que je puis certifier, c'est qu'il est capable de supporter un très long et très rude exercice, et que ses pieds, du moins d'après tout ce que j'ai pu observer, sont aussi durs que ceux d'aucun autre quadrupède.

Le jeune élan était si épuisé, si abattu, qu'il se laissa conduire sans résistance à notre camp. Mais au milieu de la nuit, nous fûmes réveillés par un grand bruit dans l'étable : c'était notre captif qui, commençant à revenir de sa terreur et à reprendre des forces, songeait à s'en retourner chez lui et paraissait furieux de se voir si étroitement emprisonné. Nous ne pûmes absolument rien en faire; car dès que nous approchions seulement les mains de l'entrée de la hutte, il s'élançait contre nous avec une sorte de rage, mugissant et hérissant sa crinière, de façon à nous convaincre qu'en vain nous essayerions de le garder vivant. Nous lui jetâmes la peau d'un daim, qu'en un instant il eut mise en pièces. Cependant, comme je l'ai dit, il n'avait qu'un an et environ six pieds de haut. Nous revînmes pour chercher l'autre que nous avions laissé dans les bois; mais nous reconnûmes bientôt qu'il était retourné sur ses pas jusqu'à la remise, distante d'un mille et demi à peu près. Permettez-moi de vous la décrire en quelques mots:

Aux approches de l'hiver, des troupes d'élans, comprenant depuis deux jusqu'à cinquante individus, commencent à s'acheminer lentement vers le penchant méridional de quelque montagne où, sans avoir besoin de faire de longues courses, ils trouvent à se nourrir dès que la neige vient à tomber. Lorsqu'elle s'est accumulée sur la terre, ils tracent, tout au travers, des sentiers bien foulés ou ils se tiennent, broutant de chaque côté les buissons, et creusant de temps à autre quelque sentier nouveau; de sorte qu'au printemps, beaucoup de ceux qu'ils avaient fréquentés d'abord se trouvent effacés et remplis. Une place ainsi préparée pour une demi-douzaine d'élans peut contenir une vingtaine d'acres.

Un bon chasseur reconnaîtra, même d'assez loin, non-seulement l'existence d'une de ces remises, mais il dira dans quelle direction elle est située, et presque exactement à quelle distance. C'est par certaines marques que portent les arbres qu'il s'en assure : les jeunes érables, et spécialement le *bois d'élan* (1) et le bouleau, ont l'écorce toute rongée d'un côté, jusqu'à une hauteur de cinq ou six pieds; les jeunes branches sont mordillées, avec l'empreinte des dents laissée dessus d'une telle manière, que l'on peut dire, sans se méprendre, la position de l'animal pendant qu'il les broutait. En suivant la voie qu'indiquent ces marques, le chasseur les trouve de plus en plus distinctes et rapprochées, jusqu'à ce qu'enfin il arrive à la remise. Mais les élans n'y sont déjà plus. Avertis par l'ouïe et l'odorat, très fins chez eux, ils ont depuis longtemps quitté la place. Généralement il n'en reste aucun; ils partent tous, les plus vigoureux guidant les autres par une seule trace, ou bien en deux ou trois bandes. Quand ils sont poursuivis, d'ordinaire ils se séparent; excepté les femelles, qui gardent avec elles leurs petits et vont devant pour leur frayer le chemin dans la neige. Jamais elles ne les abandonnent, quel que soit le danger, mais les défendent jusqu'à ce qu'elles succombent sous les coups du chasseur impitoyable. Les mâles, plus spécialement les vieux, sont très maigres en cette saison; ils fuient avec une extrême rapidité, et à moins que la neige ne soit d'une épaisseur extraordinaire, ils se sont bientôt

(1) *Moose-wood* (*Acer pensylvanicum*, Lin.), ou érable jaspé.

mis hors d'atteinte. Généralement ils vont dans la direction du vent, en faisant de fréquents et brusques détours pour ne pas en perdre l'avantage. Quoiqu'ils enfoncent à chaque pas jusqu'aux flancs, on ne peut les forcer en moins de trois ou quatre jours. Les femelles, au contraire, sont remarquablement grasses; il n'est pas rare qu'une seule fournisse cent livres de suif brut.

Mais revenons au jeune mâle, qui avait regagné sa remise.

Nous le trouvâmes encore plus intraitable que la femelle, qui était restée dans l'étable. Il avait foulé la neige sur un petit espace autour de lui et ne voulait pas en sortir, bondissant avec fureur chaque fois qu'on s'approchait de trop près. Il ne nous était pas très facile de faire nos évolutions sur des raquettes; et craignant, si nous voulions à toute force nous en emparer, qu'il ne se fît trop de mal, en se débattant, pour qu'on pût le conserver en vie, nous décidâmes de le laisser là et d'en chercher un autre, dans des conditions plus favorables pour être pris. Selon moi, le seul moyen d'en avoir sans les blesser, c'est, à moins qu'ils ne soient tout jeunes, d'attendre qu'ils se trouvent épuisés et complétement sans défense, de les lier étroitement et de les tenir ainsi jusqu'à ce qu'ils soient devenus pacifiques et aient pu se convaincre que toute résistance est inutile. Si on leur laisse la liberté de leurs mouvements, ils se tuent presque toujours, comme nous le reconnûmes par expérience.

Le lendemain, nous sortîmes encore. Les Indiens

avaient fait lever deux jeunes mâles, dont nous prîmes la piste, et que nous rejoignîmes après une poursuite de deux ou trois milles. Nous tâchâmes de les rabattre du côté de notre camp, ce qui nous réussit d'abord très bien ; mais, à la fin, l'un de ces animaux, après maints efforts pour regagner une autre route, fit volte-face contre le chasseur qui, ne se croyant plus en sûreté, fut obligé de le tuer. Son compagnon, un peu plus docile, se laissa mener encore quelque temps ; cependant, comme il avait plusieurs fois déjà cherché à faire des feintes, et qu'en revenant sur ses pas il pouvait à l'improviste fondre sur nous, sa mort fut également résolue. Nous les dépouillâmes l'un et l'autre; mais nous ne voulûmes emporter que les langues et les muffles, qui sont considérés comme les morceaux les plus délicats.

Nous nous étions remis en quête depuis un quart d'heure au plus, lorsque les marques que j'ai précédemment décrites s'offrirent à notre vue. Nous les suivîmes, et elles nous eurent bientôt conduits à une remise d'où les élans venaient de partir. En ayant fait le tour, nous reconnûmes facilement par où ils étaient sortis; il n'y eut qu'un vieux mâle dont la trace nous échappa, mais que les chiens finirent par découvrir. Nous ne tardâmes guère à rattraper une femelle avec son jeune qui, en très peu de temps, furent tous deux réduits aux abois. C'est merveille de les voir battre et fouler en moins de rien un large espace dans la neige, et se retranchant dans cette espèce de camp, défier la dent des chiens et frapper des pieds de devant avec une telle violence, qu'on s'expose à une mort certaine en les approchant. Cette mère n'avait qu'un petit avec elle, et nous nous assurâmes, en l'ouvrant, qu'elle ne devait encore en avoir qu'un l'année prochaine. Cependant le nombre ordinaire est de deux, presque invariablement un mâle et une femelle. Nous les abattîmes l'un et l'autre, en leur envoyant à chacun une balle dans la tête.

L'élan présente avec le cheval de grands rapports de conformation, et plus encore quant au naturel. Il a beaucoup de sa sagacité et de ses dispositions vicieuses. Nous eûmes une excellente occasion pour nous assurer de la finesse excessive de son ouïe et de son odorat : un de ces animaux, que nous tenions près de nous, dressa tout à coup les oreilles et se mit sur le qui-vive, averti à n'en pas douter de l'approche de quelqu'un ; environ dix minutes après, nous vîmes arriver un de nos chasseurs qui, au moment dont j'ai parlé, devait être éloigné de nous d'au moins un demi-mille ; et cependant l'Élan avait le vent contraire !

Ces animaux aiment à brouter la sapinette, le cèdre et le pin, mais ne touchent jamais au sapin du Canada (1). Ils mangent aussi les pousses de l'érable, du bouleau, et les bourgeons des divers autres arbres. En automne, on les attire en imitant leur cri, que l'on dit véritablement effrayant : le chasseur monte sur un arbre, ou se cache dans quelque endroit où il n'ait rien à craindre ; puis il imite ce cri, en soufflant dans une trompe

(1) *Hemlock spruce*, que les Français du Canada désignent sous le nom de *Perusse*.

d'écorce de bouleau qu'il enroule de manière à donner le ton convenable. Bientôt il entend venir l'élan, qui fait grand bruit; et quand il le juge suffisamment près, il choisit une bonne place où le frapper et le tue. Il n'est pas prudent, tant s'en faut, de se tenir à portée de l'animal, qui dans ce cas ferait certainement à l'agresseur un mauvais parti.

Un mâle entièrement venu mesure, dit-on, neuf pieds de haut; et avec ses immenses andouillers branchus, son aspect est tout à fait formidable. De même que le daim de Virginie et le karibou mâle, ces animaux jettent leur bois chaque année, vers le commencement de décembre; mais la première année, ils ne le perdent pas même au printemps (1). Quand on les irrite, ils grincent horriblement des dents, hérissent leur crinière, couchent les oreilles et frappent avec violence. S'ils sont inquiétés, ils poussent un lamentable gémissement qui ressemble beaucoup à celui du chameau.

Dans ces régions désolées et sauvages qui ne sont guère fréquentées que par l'Indien, l'espèce du daim commun était extraordinairement abondante. Nous avions beaucoup de mal à retenir nos chiens, qui en rencontraient des troupeaux presqu'à chaque pas. Ce dernier, par ses mœurs, se rapproche beaucoup de l'élan.

(1) Il y a ici une apparente contradiction qui s'explique quand on sait que, tandis que les vieux élans déposent leur bois en décembre et janvier, les jeunes ne le perdent qu'en avril et mai ; mais la première année, ils ne le perdent pas du tout, par conséquent pas même au printemps.

Quant au renne ou *karibou*, son pied est très large et très plat; il peut l'étendre sur la neige, jusqu'au fanon (1), de sorte qu'il court aisément sur une croûte à peine assez solide pour porter un chien. Quand la neige est molle, on les voit en troupes immenses, au bord des grands lacs sur lesquels ils se retirent dès qu'on les poursuit, parce que la première couche y est bien plus résistante que partout ailleurs; mais si la neige vient à durcir, ils se jettent dans les bois. Avec cette facilité qu'ils ont de courir à sa surface, il leur serait inutile de se tracer des sentiers au travers, comme fait l'élan; aussi, pendant l'hiver, n'ont-ils pas de remise proprement dite. On ne connaît pas bien exactement quelle peut être la vitesse de cet animal; mais je suis convaincu qu'elle dépasse de beaucoup celle du cheval le plus léger.

LE TROGLODYTE D'HIVER.

La grande étendue de pays que parcourt dans ses migrations ce petit oiseau, est certainement le fait le plus remarquable de son histoire. A l'approche de l'hiver, il abandonne les lieux où il s'est retiré, bien loin au Nord, peut-être jusqu'au Labrador ou à Terre-

(1) C'est, ici, la touffe de crins qui pousse derrière le pâturon.

Neuve, traverse, sur ses ailes concaves et qui semblent si frêles, les détroits du golfe Saint-Laurent, et gagne de plus chaudes régions, pour y demeurer jusqu'au retour du printemps. C'est comme en se jouant qu'il accomplit ce long voyage; il s'en va, sautillant d'une racine ou d'une souche à l'autre, voltigeant de branche en branche, hasardant une courte échappée de droite et de gauche; et cela, sans cesser de chercher sa nourriture, mais toujours sémillant et toujours gai, comme s'il n'avait souci ni du temps ni de la distance. Il arrive au bord de quelque large fleuve; qui ne connaîtrait ses habitudes, pourrait craindre que ce ne fût là pour lui un obstacle insurmontable : point du tout, il déploie ses ailes, s'élance et glisse comme un trait au-dessus du redoutable courant.

J'ai trouvé le troglodyte d'hiver dans les basses parties de la Louisiane et dans les Florides, en décembre et janvier; mais jamais plus tard que la fin de ce dernier mois. Leur séjour dans ces contrées dépasse rarement trois mois; ils en emploient deux autres, tant à bâtir leur nid qu'à élever leur couvée; et comme ils quittent le Labrador vers le milieu d'août, au plus tard, ils passent probablement plus de la moitié de l'année à voyager. Il serait intéressant de savoir si ceux qui nichent au long de la rivière Colombie, près l'océan Pacifique, visitent nos rivages de l'Atlantique. Mon ami T. Nuttall m'a dit en avoir vu élever leurs petits dans les bois qui bordent nos côtes du Nord-Ouest.

En passant à East-Port dans le Maine, lors de mon voyage au Labrador, j'y trouvai ces oiseaux extrêmement abondants, et en plein chant, bien que l'air fût toujours très froid, et même que des glaçons pendissent encore à chaque rocher (on était au 9 mai). Le 11 juin, ils se montrèrent non moins nombreux sur les îles de la Madeleine, et je ne me rendais pas trop compte de quelle manière ils avaient pu venir jusque-là; mais les habitants me dirent qu'il n'y en paraissait aucun de tout l'hiver. Le 20 juillet enfin, je les retrouvai au Labrador, en me demandant de nouveau comment ils avaient fait pour atteindre ces rivages perdus et d'un si difficile accès. Était-ce en suivant le cours du Saint-Laurent, ou bien en volant d'une île à l'autre au travers du golfe? Je les ai rencontrés dans presque tous les États de l'Union, où cependant je n'ai trouvé leur nid que deux fois : l'une près de la rivière Mohauk, dans l'État de New-York; l'autre dans le grand marais de pins, en Pensylvanie. Mais ils nichent en grand nombre dans le Maine, et probablement dans le Massachusetts, quoiqu'il y en ait peu qui passent l'hiver, même dans ce dernier État.

Je ne connais aucun oiseau de si petite taille, dont le chant ne le cède à celui du troglodyte d'hiver. Il est vraiment musical, souple, cadencé, énergique, plein de mélodie; et l'on s'étonne qu'un son si bien soutenu puisse sortir d'un aussi faible organe. Quelle oreille y resterait insensible? Lorsqu'il se fait entendre, ainsi qu'il arrive souvent, dans la sombre profondeur de quelque funeste marécage, l'âme se laisse aller à son charme puissant, et par l'effet même du contraste, en éprouve d'autant plus de ravissement et de surprise. Pour moi, j'ai toujours mieux senti, en l'écoutant, la bonté de l'auteur de toutes choses qui, dans chaque lieu sur la terre, a su placer quelque cause de jouissance et de bien-être pour ses créatures.

Une fois, je traversais la partie la plus obscure et la plus inextricable d'un bois, dans la grande forêt de pins, non loin de Maunchunk, en Pensylvanie; et je n'étais attentif qu'à me garantir des reptiles venimeux dont je craignais la rencontre en cet endroit, lorsque soudain les douces notes du troglodyte parvinrent à mon oreille, et produisirent en moi, une émotion si délicieuse, qu'oubliant tout danger, je me lançai bravement au plus épais des broussailles, à la poursuite de l'oiseau dont le nid, je l'espérais, ne devait pas être loin. Mais lui, comme pour mieux me narguer, s'en allait tranquillement devant moi, choisissant les buissons les plus épineux, s'y glissant avec une prestesse étonnante, s'arrêtant pour pousser sa petite chanson près de moi, et l'instant d'après, dans une direction tout opposée. Je commençais à en avoir assez de ce fatigant exercice, lorsqu'enfin je le vis se poser au pied d'un gros arbre, presque sur les racines, et l'entendis gazouiller quelques notes plus harmonieuses encore que toutes celles qu'il avait jusqu'alors modulées. Tout à coup, un autre troglodyte surgit comme de terre, à ses côtés, puis disparut non moins subitement, avec celui que je poursuivais. Je courus à la place où ils venaient de se montrer, sans la perdre une minute de vue, et remarquai une protubérance couverte de mousse et de lichen, assez semblable à ces excroissances qui poussent sur les arbres de nos forêts, sauf cette différence qu'elle présentait une ouverture parfaitement ronde, propre et tout à fait lisse. J'introduisis un doigt dedans et ressentis bientôt quelques coups de bec, accompagnés de cris plaintifs. Plus de doute : j'avais, pour la première fois de ma vie, trouvé le nid de notre troglodyte d'hiver ! Je fis doucement sortir le gentil habitant de sa demeure, et en retirai les œufs à l'aide d'une sorte d'écope que j'avais façonnée pour cela. Je m'attendais à en trouver beaucoup, mais il n'y en avait que six ; et c'est le même nombre encore que je comptai dans l'autre nid de troglodyte sur lequel, plus tard, je parvins à mettre la main. Cependant le pauvre oiseau avait appelé son camarade, et par leurs clameurs réunies, ils semblaient me supplier de ne pas ravir leur trésor. Plein de compassion, j'allais m'éloigner, lorsqu'une idée me frappa : c'est que je devais avant tout donner une exacte description du nid, et que pareille occasion ne me serait peut-être plus offerte. Croyez-moi, lecteur, quand je me résolus à sacrifier ce nid, c'était autant pour vous que pour moi. — Extérieurement, il mesurait sept pouces de haut sur quatre et demi de large ; l'épaisseur de sès murailles composées de mousses et de lichen, était de près de deux pouces, de façon qu'à l'extérieur, il offrait l'apparence d'une poche étroite dont la paroi était réduite à quelques lignes, du côté où elle se trouvait en contact avec l'écorce de l'arbre. Le bas de la cavité, jusqu'à moitié du nid, était garni de poil de lièvre, et sur le fond ou *nichette*, avaient été étendues une demi-douzaine de ces larges plumes duveteuses que notre tétrao commun porte sous le ventre. Les œufs, d'un rouge tendre, rappelant la teinte pâlissante d'une rose dont la corolle commence à se flétrir, étaient marqués de points d'un brun rougeâtre et plus nombreux vers le gros bout.

Quant au second nid, je le trouvai près de Mohauk, et par un pur hasard : Un jour, au commencement de juin, vers midi, me sentant fatigué, je m'étais assis sur un rocher qui surplombait les eaux, et m'amusais, en me reposant, à voir se jouer des troupes de poissons. Le lieu était humide, et bientôt la fraîcheur me portant au cerveau, je fus pris d'un violent éternument dont le bruit fit partir un troglodyte de dessous mes pieds. Le nid, que je n'eus pas de peine à découvrir, était collé contre la partie inférieure du roc, et présentait les mêmes particularités de forme et de structure que le précédent; mais il était plus petit, et les œufs, au nombre de six, renfermaient des fœtus déjà bien développés.

Les mouvements de cet intéressant oiseau sont vifs et décidés. Observez-le quand il cherche sa nourriture, comme il sautille, rampe et se glisse furtivement d'une place à l'autre, semblant indiquer que tout cet exercice n'est pour lui qu'un plaisir. A chaque instant il s'incline, la gorge en bas, de manière à toucher presque l'objet sur lequel il se tient; puis, étendant tout d'un coup son pied nerveux que seconde l'action de ses ailes concaves et à moitié tombantes, il se redresse et s'élance, en portant sa petite queue constamment retroussée.

Tantôt, par le creux d'une souche, il se faufile comme une souris ; tantôt, il s'accroche à la surface avec une singulière mobilité d'attitudes ; puis soudain il a disparu, pour se remontrer, la minute d'après, à côté de vous. Par moments, il prolonge son ramage sur un ton langoureux ; ou bien, une seule note brève et claire éclate en un *tshick-tshick* sonore, et pour quelques instants il garde le silence; volontiers il se poste sur la plus haute branche d'un arbrisseau, ou d'un buisson qu'il atteint en sautant légèrement d'un rameau à l'autre ; pendant qu'il monte, il change vingt fois de position et de côté, il se tourne et se retourne sans cesse, et lorsqu'enfin il a gagné le sommet, il vous salue de sa plus délicate mélodie ; mais une nouvelle fantaisie lui passe par la tête, et sans que vous vous en doutiez, en un clin d'œil, il s'est évanoui. Tel vous le voyez, toujours alerte et se trémoussant, mais surtout dans la saison des amours. En tout temps, néanmoins, lorsqu'il chante, il tient sa queue baissée. En hiver, quand il prend possession de sa pile de bois sur la ferme, non loin de la maisonnette du laboureur, il provoque le chat par ses notes dolentes ; et montrant sa fine tête par le bout des bûches au milieu desquelles il gambade en toute sûreté, le rusé met à l'épreuve la patience de grimalkin.

Ce troglodyte se nourrit principalement d'araignées, de chenilles, de petits papillons et de larves. En automne, il se contente de baies molles et juteuses.

Ayant, dans ces dernières années, passé un hiver à Charleston, en compagnie de mon digne ami Bachman, je remarquai que ce charmant oiseau faisait son apparition dans cette ville et les faubourgs, au mois de décembre. Le 1er janvier, j'en entendis un en pleine voix, dans le jardin de mon ami qui me dit qu'il ne se montre pas régulièrement chaque hiver dans ces contrées, et qu'on n'est sûr de l'y rencontrer, que durant les saisons extrêmement rigoureuses.

Pour vous mettre mieux à même de comparer ses mœurs avec celles du troglodyte commun d'Europe, (les mœurs des oiseaux ayant toujours été, comme vous le savez, le sujet de prédilection de mes études), je vous présente ici les observations que mon savant ami W. Mac Gillivray a faites sur ce dernier, en Angleterre.

« Chez nous, dit-il, le troglodyte n'émigre pas, et se trouve en hiver dans les parties les plus septentrionales de l'île, aussi bien que dans les Hébrides. Son vol consiste en un battement d'ailes rapide et continu, et par suite, n'est pas onduleux, mais s'effectue en droite ligne. Il n'est pas non plus soutenu; d'ordinaire l'oiseau se contentant de voltiger d'un buisson ou d'une pierre à l'autre. Il se plaît surtout à côtoyer les murailles, parmi les fragments de rochers, au milieu des touffes d'ajoncs et le long des haies où il attire l'attention par la gentillesse de ses mouvements et la bruyante gaîté de son ramage. Quand il veut demeurer en place, il porte sa queue presque droite, et tout son corps s'agite par brusques secousses; mais bientôt il repart en faisant de petits sauts, s'aidant en même temps des ailes, et s'accompagnant de son rapide et continuel *chit*, *chit*. Au printemps et en été, le gazouillement du mâle qu'il répète par intervalles, est plein, riche et mélodieux. Même en automne et dans les beaux jours d'hiver, on peut souvent l'entendre précipiter les notes de sa chanson, si claires, si retentissantes et qui, toutes familières qu'elles sont, surprennent toujours, étant produites par un instrument aussi fragile.

Durant la saison des œufs, les troglodytes se tiennent par couples, habituellement dans des lieux retirés, tels que les vallons couverts de broussailles, les bois moussus, le lit des ruisseaux, et les endroits rocailleux qu'ombragent et défendent des ronces, des épines ou d'autres buissons. Mais ils recherchent aussi les vergers, les jardins et les haies dans le voisinage immédiat de nos habitations dont, même les plus sauvages s'approchent en hiver. Ils ne sont pas, à proprement parler, farouches, puisqu'ils se croient en sûreté à la distance de vingt ou trente mètres de l'homme ; néanmoins, lorsqu'ils voient quelqu'un s'avancer trop près, ils se cachent dans des trous, parmi des pierres ou des racines.

Rien n'est plaisant à voir comme ce petit oiseau. Il est d'une humeur si charmante et si gaie ! Dans les jours sombres, les autres oiseaux paraissent tout mélancoliques ; quand il pleut, les moineaux et les pinsons restent silencieux sur la branche, les ailes pendantes et les plumes hérissées ; mais tous les temps sont bons pour le troglodyte ; les larges gouttes d'une pluie d'orage ne le mouillent pas davantage qu'une légère bruine venant de l'Est ; et quand il regarde de dessous le buisson, ou qu'il présente sa tête par le creux du mur, ne semble-t-il pas aussi mignon, aussi propret que le jeune chat qui fait gros dos sur les tapis du parloir?

C'est vraiment un spectacle amusant que d'observer une famille de troglodytes qui vient de sortir du nid. En marchant à travers des ajoncs, des genêts ou des genévriers, vous êtes attiré vers quelque hallier d'où vous avez entendu s'élever un son doux, assez semblable à la syllabe *chit* plusieurs fois répétée; le père et la mère troglodyte voltigent autour des jeunes rameaux; et bientôt vous voyez un petit qui, d'une aile faible encore, mais en toute hâte, rentre sous le buisson, en poussant un cri étouffé. D'autres le suivent à la file; tandis que les parents s'agitent, pleins d'alarme aux environs, et font retentir leur bruyant *chît chît*, dont les diverses intonations indiquent le degré de passion qui les anime. — En rase campagne, on peut facilement prendre un jeune troglodyte à la course; et j'ai aussi entendu dire qu'un vieux ne tarde pas à être fatigué, par un temps de neige, alors qu'il ne trouve rien pour se cacher. Toutefois, même en pareil cas, il n'est pas aisé de ne jamais le perdre de vue, car au pied d'un monticule, le long d'une muraille ou dans une touffée, qu'il se rencontre le moindre trou, il s'y glisse à l'improviste, et cheminant par-dessous la neige, ne reparaît qu'à une grande distance.

Les troglodytes s'accouplent vers le milieu du printemps, et dès les premiers jours d'avril, commencent à bâtir leur nid, dont la forme et les matériaux varient suivant la localité. Mon fils m'en a apporté un qui m'a paru d'un volume étonnant, comparé à la taille de l'architecte : il n'a pas moins de sept pouces de diamètre sur une hauteur de huit. Ayant été placé sur une surface plate, en dessous d'un banc, sa base en a pris naturellement la forme, et se compose de fougère sèche et d'autres plantes, mêlées à des feuilles d'herbe et à des végétaux ligneux. Les parois, à l'extérieur, sont construites des mêmes matériaux ; et l'intérieur, d'un diamètre de trois pouces, est parfaitement sphérique. Plus en dedans, la paroi ne présente que des mousses encore toutes vertes, et se trouve arc-boutée avec des feuilles de fougère et des brins de paille. Les mousses s'y entrelacent curieusement à des racines fibreuses ainsi qu'à du poil de différents animaux. Enfin, la surface tout à fait interne est lisse et compacte, comme du feutre très serré. Jusqu'à la hauteur de deux pouces, on y remarque une ample garniture de plumes larges et soyeuses, appartenant les unes, et pour la plupart, au pigeon sauvage, d'autres, au faisan, au canard domestique et même au merle. L'entrée, adroitement ménagée vers le haut, sur le côté, a la forme d'une arche surbaissée. Sa largeur, à la base, est de deux pouces; sa hauteur, d'un pouce et demi. Le seuil, si je puis dire, se compose de brindilles très flexibles, de fortes tiges d'herbe et de jeunes pousses, le reste étant feutré de la manière ordinaire. Il contenait cinq œufs, d'une forme ovale allongée, ayant huit lignes de long sur six de large ; le fond en était d'un blanc pur, avec quelques raies ou taches vers le gros bout, et d'un rouge clair.

On trouve ces nids en différents endroits : très souvent, dans un enfoncement, sous le rebord de quelque rive; parfois dans une crevasse parmi des pierres, dans le trou d'un mur ou d'un vieux tronc, sous le toit de chaume d'un cottage ou d'un hangar, sur le faîte d'une grange, sur une branche d'arbre, soit qu'elle s'étende au long d'une muraille, ou croisse seule et sans appui; enfin, parmi le lierre, les chèvrefeuilles, la clématite et autres plantes grimpantes. Quand le nid repose par terre, sa base et souvent tout l'extérieur se composent de feuilles et de brins de paille; mais lorsqu'il est autrement placé, le dehors est d'ordinaire plus lisse, mieux soigné, et principalement formé de mousse.

Quant au nombre d'œufs qu'il contient, les auteurs ne sont pas d'accord. M. Weir dit que d'habitude il est de sept ou huit, mais qu'il peut monter jusqu'à seize ou dix-sept; Robert Smith, un tisserand de Bathgate, m'a raconté qu'il y a quelques années, il trouva un de ces nids sur le bord d'un petit ruisseau, qui en contenait dix-sept; et je tiens de James Baillie Esq, qu'en juin dernier, il en a retiré seize d'un autre qui était sur une sapinette. »

Permettez-moi maintenant, et toujours à propos du troglodyte d'Europe, de vous présenter une petite scène dont je dois la description à l'obligeance de mon ami, M. Thomas M'Culloch de Pictou.

« Une après-midi, pendant ma résidence à *Spring-vale*, non loin de *Hammersmith*, je m'amusais à suivre de l'œil les évolutions d'un couple de poules d'eau qui prenaient leurs ébats, au bord de ces grands roseaux si communs dans les environs, lorsque mon attention se porta sur un troglodyte qui, un fétu dans le bec, s'était enfoncé tout à coup au milieu d'une petite haie, précisément au-dessous de la fenêtre où je me tenais en observation. Au bout de quelques minutes, l'oiseau reparut, et prenant son vol vers un champ voisin où du vieux chaume avait été abandonné, il s'empara d'une seconde paille qu'il apporta juste à la même place où la première avait été déposée. Pendant deux heures à peu près, cette opération fut continuée avec la plus grande diligence ; puis, voulant se donner un peu de bon temps, il se posa sur la plus haute branche de la haie où il modula sa douce et joyeuse chanson qu'interrompit une personne qui vint à passer par là. De tout le reste de la soirée, je n'aperçus plus mon petit architecte; mais dès le lendemain, son ramage m'attira de bonne heure à la fenêtre, et je le vis, quittant sa perche accoutumée, reprendre avec une nouvelle ardeur son travail de la veille. Dans l'après-midi, je n'eus pas le temps de m'occuper de ses allées et venues; mais d'un coup d'œil en passant, je pus m'assurer que, sauf les quelques minutes de relâche où son gazouillement frappait mon oreille, la construction avançait avec un degré d'activité en rapport avec l'importance de l'ouvrage. A la fin du deuxième jour, j'examinai l'état des choses, et reconnus que l'extérieur d'un vaste nid sphérique s'en allait terminé, et que tous les matériaux provenaient du vieux chaume, quoiqu'il fût tout noir et à moitié pourri. Dans l'après-midi du jour suivant, ses visites au chaume cessèrent; il ne fit plus que voltiger et frédonner autour de son ouvrage, et par ses chants prolongés et continuels, semblait plutôt se féliciter de ses progrès que songer, pour le moment, à les pousser plus loin. Au soir, je trouvai l'extérieur du nid complètement achevé; j'introduisis avec précaution mon doigt dedans: la doublure n'était point encore commencée, probablement à cause de l'humidité qu'avait conservée le chaume. J'y revins encore une demi-heure après, avec un de mes cousins : non-seulement l'oiseau s'était aperçu que son nid avait été envahi, mais, à ma grande surprise, je reconnus que dans sa colère, il en avait bouché l'entrée, pour en pratiquer une nouvelle du côté opposé de la haie. L'ouverture était fermée avec de la vieille paille, et le travail si proprement exécuté, qu'il ne restait plus de trace de l'ancienne porte. Tout cela pourtant, était l'ouvrage d'un seul oiseau; et durant tout le temps qu'il mit à bâtir, nous ne remarquâmes jamais d'autre troglodyte en sa compagnie. Dans le choix des matériaux aussi bien que dans l'emplacement du nid, il y avait quelque chose de vraiment curieux. Ainsi, bien qu'au fond et sur les côtés, le jardin fût bordé d'une haie épaisse dans laquelle il eût pu s'établir en parfaite sûreté, et que tout auprès fussent les étables avec une ample provision de paille fraîche, cependant il avait préféré le vieux chaume et la clôture du haut du jardin. Cette partie de la haie était jeune, maigre et séparée des bâtiments par un étroit sentier où passaient et repassaient sans cesse les domestiques; mais les interruptions venant de ce côté lui étaient, je m'imagine, indifférentes, car dérangé de ses occupations à chaque instant, je l'y voyais revenir de suite, et tout aussi confiant que s'il n'avait pas été troublé. Malheureusement tout son travail fut détruit par un étranger sans pitié; mais il ne déserta pas pour cela la place, et se remit à charrier du vieux chaume avec autant de zèle et d'activité qu'auparavant. Cette fois, néanmoins, il prit si bien ses précautions et fit tant et tant de détours, que je ne pus jamais savoir où il avait caché son second nid. »

Le troglodyte d'hiver ressemble tellement au troglodyte d'Europe, que j'ai cru longtemps à leur identité; mais des comparaisons faites avec soin sur un grand nombre d'individus, m'ont appris qu'il existe entre eux certaines diversités constantes de coloration; toutefois j'hésite encore, et n'oserais dire, avec une entière certitude, qu'ils sont spécifiquement différents.

LES PÊCHEURS DE TORTUE.

Les Tortugas sont un groupe d'îles situées à environ dix-huit milles de la *clef* de l'ouest, et les dernières de celles qui semblent servir de boulevard à la péninsule des Florides. Elles consistent en cinq ou six bancs extrêmement bas, entièrement inhabitables, composés de sable et de débris de coquilles, et ne sont guère fréquentées que par les *naufrageurs* (1) et les pêcheurs de tortues. Ces îles, entrecoupées de profonds canaux, forment un labyrinthe inextricable, mais dont les détours sont bien connus de nos aventuriers, ainsi que des capitaines des couttres de la douane que leur devoir appelle sur ces côtes dangereuses. Le *Grand récif*, ou Mur de corail, gît à huit milles de ces îles inhospitalières, dans la direction du golfe; et sur cet écueil, plus d'un navigateur inexpérimenté ou négligent est venu faire tristement naufrage. Tout le fond de la mer à leur pied, est couvert d'une épaisse couche de coraux, de gorgones et autres productions de l'abîme, parmi lesquels rampent d'innombrables multitudes de crustacés ; tandis qu'au-dessus d'eux, des troupes de pois-

(1) Voyez pour ce mot, au second volume, *les Naufrageurs de la Floride.*

sons des plus curieux et des plus beaux se jouent au sein des ondes limpides.

Des tortues de diverses espèces se retirent sur ces bancs pour déposer leurs œufs qu'elles confient à la vivifiante chaleur du soleil ; et des nuées d'oiseaux de mer y arrivent chaque printemps, pour le même objet. Mais à leur suite, arrivent aussi ces individus qu'on appelle des *chercheurs* d'œufs, et qui, lorsque leur cargaison est complète, font voile vers des marchés lointains, pour y échanger leur butin si mal acquis contre quelques parcelles de cet or pour la possession duquel semblent travailler tous les hommes.

Le vaisseau la *Marion* ayant, dans le cours de ses explorations, à visiter les Tortugas, je saisis avec empressement l'occasion qui m'était offerte de voir ces îles fameuses. Quelques heures avant le coucher du soleil, le joyeux cri de « *terre* » annonça que nous en approchions ; et comme il s'était élevé une brise fraîche, et que le pilote connaissait parfaitement toutes ces passes tortueuses, nous continuâmes d'avancer, et jetâmes l'ancre avant la tombée du crépuscule. Si vous n'avez jamais vu un coucher de soleil sous ces latitudes, je vous conseille de faire le voyage tout exprès; car je doute qu'en aucun autre lieu du monde, l'astre du jour fasse ses adieux à la terre avec autant de magnificence et de pompe. Regardez ce grand disque rouge dont les dimensions semblent triplées ; une partie déjà vient de descendre sous la ligne des eaux profondes, tandis que l'autre moitié qui reste encore, inonde les cieux d'un flot de lumière ardente, et revêt d'une frange de pourpre les nuages qui planent à l'horizon lointain. A travers les vastes portiques de l'occident, rayonne un éblouissant éclat de gloire, et les masses de vapeur paraissent comme des montagnes d'un or bouillonnant dans la fournaise. Enfin l'astre tout entier a disparu; et de l'est, monte lentement le voile grisâtre que la nuit tire sur l'univers.

Au léger souffle d'une brise de mer, l'engoulevent s'élance agitant ses ailes silencieuses; les sternes ont gagné la terre et reposent doucement sur leurs nids; on voit passer la frégate qui se dirige là-bas vers les mangliers; et le fou à manteau brun, qui cherche un refuge, s'est perché sur la vergue du vaisseau. Nageant avec lenteur vers le rivage, et leurs têtes seules au-dessus de l'eau, s'avancent les tortues à la lourde carapace, et que presse le besoin de déposer leurs œufs dans les sables bien connus. Sur la surface à peine ridée du courant, je distingue confusément leurs larges formes; et tandis quelles cheminent avec effort, le bruit d'une respiration précipitée trahit par intervalles leur défiance et leurs frayeurs. Cependant, la lune de sa lumière argentée éclaire la scène; et la tortue ayant enfin abordé, tire péniblement sur le rivage son corps pesant; c'est qu'en effet ses pattes en nageoires sont bien mieux organisées pour se mouvoir dans l'eau que sur la terre. Pourtant l'y voilà! elle se met laborieusement à l'œuvre; et voyez avec quelle adresse elle écarte le sable de dessous elle et le rejette à droite et à gauche. Couche après couche, elle dépose ses œufs, les arrange avec le plus grand soin, puis de ses pattes de derrière, ramène le sable par-dessus et recouvre bien proprement le tout. Maintenant sa tâche est accomplie; le cœur joyeux, elle regagne lestement le bord et se plonge dans les flots.

Mais les Tortugas ne sont pas les seuls lieux où les tortues viennent ainsi déposer leurs œufs. Ces animaux visitent plusieurs autres *clefs* et même diverses parties de la côte sur le continent. On en compte quatre espèces différentes qu'on connaît sous le nom de la *tortue verte*, la *tortue à bec de faucon*, la *tortue à grosse tête* et la *tortue à trompe* (1). la première est la plus estimée comme article de table, et son mérite est bien apprécié de la plupart de nos épicuriens. Elle approche des rivages et entre dans les baies, les détroits et les rivières, dès les premiers jours d'avril, après avoir passé l'hiver dans les eaux profondes. Elle dépose ses œufs aux places qu'elle a préparées, et cela en deux fois, la première en mai, la seconde en juin. La ponte de mai est la plus considérable; celle de juin l'est beaucoup moins, et le tout ensemble peut monter à environ deux cent quarante œufs.

La tortue à bec de faucon, dont l'écaille est si recherchée par le commerce et dont on se sert pour différents usages dans l'industrie et dans les arts, vient ensuite pour la qualité de sa chair. Elle ne fréquente

(1) *Chelonia Mydas*, ou tortue franche. — *Chelonia imbricata*, ou caret. — *Chelonia couana*, ou la couane. — *Trunk turtle* (*Trionyx ferox*), ou la grande tortue à écaille molle de Bartram. Voy. Holbrook, *Erpétologie des États-Unis.*

que les clefs les plus reculées, et pond aussi deux fois, en juillet et en août; mais on la voit beaucoup plus tôt grimper sur les bords de ces îles, probablement pour y chercher d'avance un lieu de sûreté. Elle donne près de trois cents œufs.

La tortue à grosse tête visite les Tortugas en avril; et depuis cette époque jusqu'à la fin de juin, elle fait trois pontes, chacune d'environ soixante-dix œufs. Enfin, la tortue à trompe, qui est quelquefois d'une taille énorme et porte une poche comme le pélican, arrive la dernière au rivage. Son écaille et sa chair sont si molles, que le doigt entre dedans comme dans un rouleau de beurre. Aussi considère-t-on cette espèce comme inférieure; et peu de personnes en mangent, si ce n'est les Indiens qui, toujours aux aguets dès que commence la *saison de la tortue*, emportent d'abord les œufs, puis s'emparent de l'animal lui-même. Elle fait deux pontes par an, et le nombre de ses œufs peut être de trois cent cinquante.

Cette dernière et la tortue à grosse tête sont celles qui prennent le moins de précautions, quant au choix de la place qu'elles destinent à garder leurs œufs. Les deux autres ne les confient qu'aux lieux les plus retirés et les plus sauvages. La tortue verte se réfugie soit sur les bords du *Main*, entre le cap Sable et le cap Floride; ou bien elle entre dans l'*Indienne*, l'Halifax et autres grandes rivières ou détroits, d'où elle regagne aussi vite que possible la pleine mer. Il en périt cependant un grand nombre sous les coups des pêcheurs et des Indiens; sans compter ce qu'en détruisent les animaux carnassiers, tels que couguars, lynx, ours et loups. La tortue à bec de faucon, qui est encore plus farouche et plus difficile à surprendre, se tient sur les îles maritimes. Toutes les quatre usent à peu près de la même méthode, quand il s'agit de déposer leurs œufs dans le sable, et comme maintes fois j'ai pu les observer sur le fait; je suis en mesure de vous donner tous les détails voulus, relativement à cette intéressante et délicate opération.

Avant de s'approcher du bord, ce qu'ordinairement elle n'entreprend que dans une nuit calme et par un beau clair de lune, la tortue, bien qu'elle soit encore à trente ou quarante mètres des bancs, lève la tête au-dessus de l'eau, jette autour d'elle un regard inquiet, et passe attentivement en revue chaque objet sur le rivage. Si elle ne remarque rien qui puisse la troubler dans ses desseins, elle pousse une sorte de sifflement très fort, pour qu'à ce bruit qui les étonne, ses ennemis, s'il en est qu'elle n'ait pas vus, courent se cacher et lui laissent le champ libre. Mais qu'elle se doute de la moindre chose, et qu'il y ait la plus petite apparence de danger, aussitôt elle se renfonce sous l'eau et fuit à une distance considérable. Au contraire, si rien ne bouge, elle nage doucement vers le banc, grimpe dessus en dressant sa tête de toute la longueur de son cou; et quand elle a trouvé une place convenable, elle regarde encore, mais sans faire de bruit, tout autour d'elle. Enfin, ayant reconnu que *tout va bien*, elle commence à travailler à son trou, ce qu'elle exécute en écartant le sable de sous elle à l'aide de ses pattes de derrière; et elle le retire avec tant d'adresse, que rarement, pour ne pas dire jamais, il n'en retombe des côtés. Elle l'enlève en faisant alternativement usage de chacune de ses pattes qui lui servent comme de larges pelles, et peu à peu elle l'entasse derrière elle; alors s'appuyant avec force du devant sur le terrain qui lui fait face, elle détache à droite et à gauche, de vigoureux coups de pattes qui l'envoient voler quelquefois à plusieurs mètres. De cette manière, le trou se trouve creusé à dix-huit pouces ou même à plus de deux pieds de profondeur. Notez que tout ce travail, je l'ai vu exécuter dans le court espace de neuf minutes. Cela fait, elle dépose ses œufs l'un après l'autre, au nombre de cent cinquante ou parfois de près de deux cents, et les arrange par couches régulières. Le temps qu'elle emploie à cette partie de l'opération peut être de vingt minutes; alors elle ramène sur les œufs le sable éparpillé, et en nivelle si parfaitement la surface, que peu de personnes s'apercevraient qu'on a remué quelque chose à cet endroit. Lorsqu'ainsi tout est bien terminé à son gré, elle se hâte de regagner l'eau, s'en remettant, pour l'éclosion de ses œufs, à la chaleur du sable. Pendant qu'une tortue, la tortue à grosse tête, par exemple, est dans l'acte même de la ponte, vous aurez beau vous approcher d'elle, elle ne bougera pas, dussiez-vous même lui monter sur le dos; tant elle est, à ce moment, incapable d'interrompre sa tâche, tant il lui semble nécessaire de la continuer coûte que coûte. Mais dès qu'elle a fini, la voilà qui se sauve; et il serait impossible, à moins d'être un hercule, de la retourner alors sens dessus dessous, et de s'en emparer.

Pour retourner une tortue, quand on la surprend sur le rivage, il faut se mettre à genoux, s'appuyer l'épaule derrière sa patte de devant, la soulever petit à petit en poussant de toutes ses forces; puis, par un élan subit, on la jette sur le dos. Quelquefois il faut les efforts réunis de plusieurs hommes pour en venir à bout; et si la tortue est de très grande taille, comme il s'en trouve souvent sur cette côte, le secours de leviers devient indispensable. Il y a des pêcheurs assez hardis pour nager vers elles, quand elles flottent endormies à la surface de l'eau, et leur faire faire la culbute dans leur propre élément; mais dans ce cas, un bateau doit toujours se tenir prêt pour les aider à s'assurer de leur prise. Une tortue ne peut guère mordre au delà de la portée de ses pattes de devant; et il en est peu qui, une fois renversées, parviennent, sans assistance à reprendre leur position naturelle. Néanmoins, on a généralement soin de leur assujettir les pattes au moyen de cordes pour les empêcher de s'échapper.

Les individus qui cherchent des œufs de tortue s'en vont le long des rivages, munis d'un petit bâton ou d'une baguette de fusil avec lesquels ils sondent le sable là où se remarquent les traces de ces animaux, bien qu'il ne soit pas toujours facile de les découvrir, à cause des vents et des averses qui très souvent les ont presque entièrement effacées. Et ce n'est pas seulement l'homme qui fait la guerre à ces nids, mais aussi les bêtes de proie; et les œufs sont recueillis, sinon détruits sur place en grandes quantités: ce qui n'étonnera personne, quand on saura que certaines parties des sables sont connues pour renfermer, dans l'espace d'un mille, les œufs de plusieurs centaines de tortues. Elles creusent un nouveau trou à chaque ponte, et le second est généralement près du premier, comme si l'animal n'avait nullement conscience de l'accident qui lui est arrivé. On concevra sans peine que la multitude d'œufs qui se trouvent dans le ventre d'une tortue ne soient pas tous destinés à être pondus la même année. Le plus qu'un seul individu puisse en pondre dans le courant d'un été, c'est quatre cents environ; tandis que, lorsque l'animal est pris sur le nid ou quand il est près de pondre, les œufs qui lui restent dans le corps, tout petits, dépourvus de coquille et empilés par larges couches, dépassent le nombre de trois mille. Une tortue dans laquelle j'en trouvai juste cette quantité pesait près de quatre cents livres. Les petits, peu de temps après leur éclosion, et lorsqu'ils ne sont encore guère plus larges qu'un dollar, se frayent un passage à travers le sable qui les recouvre, et se jettent immédiatement à l'eau.

La nourriture de la tortue verte consiste principalement en plantes marines telles que la *zostera marina* qu'elle coupe près des racines, pour en avoir les parties tendres et succulentes. On reconnaît les lieux où elle pâture aux masses de ces herbes qu'on voit flotter sur les bas-fonds ou le long des rivages qu'elle fréquente. La tortue à bec de faucon mange du varech, des crabes, diverses espèces de crustacés et de poissons. La tortue à grosse tête s'en tient presque exclusivement aux poissons à conques de grande dimension qu'elle semble broyer aussi aisément qu'un homme casse une noix. On en avait apporté une à bord de la *Marion*, qui fut placée près de la patte d'une des ancres; et elle marqua si profondément l'empreinte de ses dents dans cette pièce de fer forgé, que j'en fus réellement étonné. La tortue à trompe se nourrit de mollusques, de poissons, de crustacés, d'oursins et de différentes plantes de mer.

Les unes et les autres, elles fendent l'eau avec une agilité surprenante. La tortue verte et la tortue à bec de faucon particulièrement rappellent, par la rapidité et l'aisance de leurs mouvements, le vol de l'oiseau. Aussi n'est-il pas facile d'en frapper une avec l'épieu; et cependant c'est ce que sait faire, et même assez souvent, un pêcheur accompli.

En visitant la clef de l'ouest et autres îles sur la côte où j'ai recueilli les observations que je vous présente, j'eus besoin d'acheter quelques tortues pour régaler *mes amis* à bord de *la dame au vert manteau;* non pas *mes amis*, ses galants officiers, ou les braves garçons qui formaient son équipage; car tous, depuis longtemps, s'en étaient donné à cœur joie de soupe de tortue; mais *mes amis* les *hérons* dont j'avais bon nombre en cage, que je destinais à J. Bachman de Charleston, ainsi qu'à diverses autres personnes non moins estimables. Je me rendis donc, accompagné du docteur Strobel, à un *réservoir* pour en marchander; et là, à ma grande surprise, je trouvai que, plus les tortues étaient petites, pourvu qu'elles fussent au-dessus de dix livres, plus on les tenait à un haut prix; à ce point que j'aurais pu en avoir une de l'espèce à grosse tête, pesant sept cents bonnes livres, pour très peu de chose de plus qu'une autre qui n'en pesait que cinquante. Tout en contemplant la grosse, je calculais en moi-même le nombre de soupes que le contenu de sa coquille aurait fournies pour un dîner du *lord maire*, ainsi que la quantité d'œufs renfermés dans son corps énorme ; et je me figurais le beau char qu'on eût fait avec sa carapace : oui ! un char dans lequel Vénus elle-même aurait pu sillonner la mer de Sicile, pourvu que ses tendres colombes eussent bien voulu lui prêter leur assistance, et que ni requin ni ouragan ne fussent venus culbuter l'attelage de la déesse ! Le pêcheur m'assura que *ce monstre*, bien qu'en réalité beaucoup meilleur qu'aucun autre de moindre taille, ne trouverait pas de débouché, s'il ne l'expédiait sur quelque marché lointain. Pour moi, j'aurais volontiers acheté cette tortue, mais je savais qu'une fois tuée, sa chair ne se garderait pas plus d'un jour ; c'est pourquoi je préférai en avoir huit ou dix petites qui firent, en effet, les délices de *mes amis*, et leur suffirent pendant longtemps.

On a recours à différents moyens pour prendre ces tortues sur les côtes des Florides, aux embouchures des fleuves et dans les rivières. Quelques pêcheurs ont l'habitude de tendre de vastes filets à l'entrée des grands cours d'eau, pour profiter du flux et du reflux. Les mailles de ces filets sont très larges, et les tortues, s'y engageant en partie, finissent par s'y embarrasser d'autant mieux, qu'elles font plus d'efforts pour en sortir. D'autres les harponnent à la manière ordinaire ; mais dans mon opinion, il n'y a pas de méthode qui vaille celle qu'employait M. Égan, le pilote de l'île Indienne.

Ce pêcheur émérite était muni d'un instrument de fer qu'il appelait une cheville, et qui présentait à chaque extrémité une pointe assez semblable à ce que les faiseurs de filets appellent un clou sans tête, étant quadrangulaire, mais aplatie, et figurant à peu près le bec du pic à bec d'ivoire, y compris son cou et ses épaules. Donc, entre les deux épaules de cet instrument, une ligne fine, très serrée, et longue de cinquante toises ou plus, est assujettie par l'un des bouts, au centre de la cheville où se trouve pratiqué un trou dans lequel elle passe, tandis que le surplus, soigneusement enroulé, est placé dans une partie convenable du canot. Maintenant, l'une des extrémités de la cheville entre dans un étui de fer qui la retient lâchement attachée à un long épieu de bois, jusqu'à ce que la carapace de quelque tortue ait été transpercée par l'autre pointe. L'homme de la barque, aussitôt qu'il aperçoit une tortue se réchauffant à la surface de l'eau, joue des rames pour s'en approcher le plus silencieusement qu'il peut; et quand il n'en est plus qu'à dix ou douze mètres, il lance l'épieu comme pour atteindre l'animal à cette place que choisirait un entomologiste, s'il voulait piquer quelque gros insecte à une plaque de liége. A peine la tortue est-elle frappée, que le manche de bois se sépare de la cheville à laquelle, comme je l'ai dit, il ne tient que très légèrement. L'animal, fou de douleur, se débat convulsivement; et il paraît que plus la cheville reste dans la blessure, plus elle s'y enfonce, si forte est la pression qu'exerce sur elle l'écaille de la tortue qu'on laisse filer comme une baleine, et qui bientôt s'épuise. Alors on la prend en la ramenant au bout de la ligne avec de grandes précautions. De cette manière, me dit le pilote, huit cents tortues vertes furent capturées en douze mois par un seul homme.

Chaque pêcheur a son *réservoir*, qui est une sorte de construction carrée, ou de parc en bois fait de grosses souches assez distantes l'une de l'autre pour que la marée puisse y entrer librement, et qu'on a enfoncées debout dans la vase. Les tortues sont enfermées dans cet enclos où on les nourrit jusqu'à ce qu'elles soient vendues. Si ces animaux, avant d'être emprisonnés n'ont pas encore pondu, ils laissent tomber dans l'eau leurs œufs qui se trouvent ainsi perdus. Le prix des tortues vertes, pendant mon séjour à la clef de l'ouest, était de quatre à six *cents* par livre.

Les amours de la tortue sont conduites d'une façon véritablement extraordinaire ; mais les détails que j'aurais à donner là-dessus sembleraient peut-être déplacés ici, et j'aime mieux passer sur ce chapitre. Il y a pourtant, en ce qui concerne leurs mœurs, une circonstance que je ne puis omettre, bien que je ne l'aie pas vérifiée par moi-même, et n'en sache que ce que l'on m'a rapporté. Pendant mon séjour aux Florides, plusieurs pêcheurs m'assurèrent que toute tortue prise à la place même où elle dépose ses œufs, et transportée sur le pont d'un navire à une distance de plusieurs centaines de milles, ne manquait jamais, si on la mettait ensuite en liberté, de regagner le lieu où elle avait coutume de pondre, soit immédiatement, soit au plus tard la saison suivante. Si ce fait est vrai, et je le crois tel, quelle nouvelle, quelle éclatante démonstration n'en résulte-t-il pas pour l'homme qui étudie la nature et qui a foi dans l'harmonie et la stabilité des dispositions que de toutes parts elle sait prendre! Ainsi, voilà la tortue qui, comme les oiseaux émigrants, revient sans s'égarer aux mêmes rivages, et peut-être avec les mêmes transports qu'éprouve le voyageur lorsque, après avoir parcouru de lointaines contrées, il rentre une fois encore au sein de sa famille chérie!

FIN DU PREMIER VOLUME.

TABLE DES MATIÈRES.

FIN DE LA TABLE DU PREMIER VOLUME.

www.ingramcontent.com/pod-product-compliance
Ingram Content Group UK Ltd.
Pitfield, Milton Keynes, MK11 3LW, UK
UKHW022322190726
13856UKWH00001B/163